HISTOIRE
NATURELLE

DANS SES APPLICATIONS

GÉOGRAPHIQUES, HISTORIQUES

ET

INDUSTRIELLES

PAR

PAULIN TEULIÈRES,

Professeur de Sciences Naturelles, Officier d'Académie.

SIXIÈME ÉDITION

BAYONNE	PARIS
BOUVANIER,	Paul **DUPONT,**
51, rue Bourg-Neuf, 51.	41, Rue Jean-Jacques Rousseau, 41.

1874

HISTOIRE

NATURELLE

DANS SES APPLICATIONS

GÉOGRAPHIQUES, HISTORIQUES & INDUSTRIELLES

AVIS IMPORTANT

Par son titre même, ce livre s'annonce comme ayant pour objet principal les applications géographiques, historiques et industrielles de l'Histoire Naturelle. Quant aux principes et aux lois de cette science, nous leur avons déjà consacré, pour la zoologie, l'ouvrage intitulé : *Histoire Naturelle des Animaux supérieurs.*

HISTOIRE
NATURELLE

DANS SES APPLICATIONS

GÉOGRAPHIQUES, HISTORIQUES

ET

INDUSTRIELLES

PAR

PAULIN TEULIÈRES,

Professeur de Sciences Naturelles, Officier d'Académie.

SIXIÈME ÉDITION

BAYONNE	PARIS
BOUVANIER,	Paul **DUPONT,**
51, rue Bourg-Neuf, 51.	*41, Rue Jean-Jacques Rousseau, 41.*

1874

PRÉFACE

L'Histoire Naturelle offre seule peut-être une étude si noble à la fois et si pleine de charme que, sérieuse ou légère, toute pensée s'y trouve satisfaite : pensée religieuse, philosophique, industrielle, artistique, littéraire. Seule aussi de toutes les sciences, elle semble faite pour nos heures de loisir, avec le double privilége d'initier l'intelligence aux phénomènes merveilleux de la Nature et de susciter dans l'àme un continuel hommage au divin Créateur.

Sans doute, il faut savoir choisir au milieu de tant de richesses; il faut savoir se défendre et de cette prétention scientifique qui, s'attachant aux moindres détails, n'abandonne une idée qu'après l'avoir épuisée, comme aussi de cette curiosité vaine qui, papillonnant sur toutes choses, ne se donne le temps d'en pénétrer aucune. Averti par la spécialité même de notre ouvrage, nous ne demanderons à l'Histoire Naturelle que des notions simples, usuelles, mais indispensables pour analyser ce qui nous entoure et mettre ainsi de l'ordre dans notre admiration. Nous apprécierons mieux alors tout ce qui nous touche et tout ce qui nous sert. Alors ce sable, qui peut-être nous paraît si vil, aura pour nous tout son prix; car c'est lui qui tour-à-tour se transforme en verre, en vitre, en glace, en cristal. Or, sans glaces et sans vitres que seraient nos demeures? Et, pour porter la question d'un extrême à l'autre, sans les verres d'optique que serait l'Astronomie? Alors aussi, ce fer, qui lui-même en présence de l'or ne rencontre souvent qu'un regard distrait ou dédaigneux, sera pour nous le métal par excellence; car, sans lui, point d'agriculture, point d'industrie, point de civilisation.

Que d'idées à remettre ainsi à leur place! que de faits ainsi méconnus ou incompris! que d'énigmes pour nous dans les plus petits phénomènes domestiques! que de vérités à peine entrevues et de pensées qui nous échappent, non - seulement dans les œuvres d'art ou de science, mais encore dans nos lectures les plus familières.

Et puis, où donc la pensée humaine pourrait-elle trouver un attrait plus élevé, un plus digne délassement que dans cette science aimable qui raconte si bien la grandeur, la puissance et la sagesse de Dieu? Car, sous ce dôme transparent que fait l'air bleu sur nos têtes, est-il un brin d'herbe qui ne soit pour nous un enseignement? est-il un vermisseau qui n'appelle nos méditations et qui ne les retienne par ce charme du vrai, du simple et du beau que la Nature seule peut offrir? Promenez par tout le globe un regard analytique, et cherchez s'il y a place quelque .part pour l'indifférence, depuis la plaine fertile où le zéphyr s'égaie parmi des fleurs, jusqu'à ces roches granitiques où l'aquilon se brise et se plaint; depuis l'humble lichen qui, sous sa fronde satinée, recueille tant d'animalcules divers, jusqu'au gigantesque mahogoni, cité aérienne qu'habitent ensemble le sapajou si agile et l'ara si fier de sa beauté; depuis l'agneau timide, qui a dans la voix une prière, jusqu'au tigre farouche, qui porte une menace dans le regard; depuis le morse aux crochets d'ivoire jusqu'à l'ablette aux squammes d'argent; depuis le papillon, petit bijou de l'air, qui, sur ses ailes de gaze, a toutes les couleurs de l'arc-en-ciel, jusqu'au condor, oiseau immense qui plane au-dessus des neiges éternelles avec ses plumes de velours et son collier d'hermine. Cherchez et dites si la grandeur manque jamais aux plus petites choses, si toutes n'ont pas ce caractère de perfection qui atteste leur commune origine. Et il en devait être ainsi, car Dieu ne pouvait refuser à aucune de ses œuvres le cachet de sa toute-puissance.

Mais la Terre n'est pas seulement, pour nous, un magnifique spectacle; c'est un domaine offert à l'industrie, cette fille de l'Homme qui semble continuer encore l'œuvre de la création, en donnant à la matière des formes si variées, si gracieuses, si nouvelles. Voyez, à cet effet, quelle puissance lui est confiée. Sous sa main, les sables stériles cèdent la place à de riches moissons, des villes somptueuses s'élèvent sur le sol raffermi des marais, les montagnes s'entr'ouvrent et les forêts tombent pour prêter passage à des routes et à des canaux. Sous sa main, l'acier devient docile comme la cire, le granit se découpe en fine dentelle, l'argile se change en porcelaine laiteuse, et le sable en limpide cristal. Sous sa main, une machine inerte fonctionne avec intelligence; l'air, malgré ses caprices, travaille avec méthode; et la vapeur, s'animant d'une force miraculeuse, supprime à la fois la pesanteur, l'espace et le temps. Sous sa main, la lumière dessine, artiste habile, avec une précision mathématique; et l'électricité, messagère incomparable, transporte les dépêches avec toute la vitesse, pour ainsi dire, de la pensée. Et toutefois, pour que l'Homme, en la contemplation de ses œuvres, ne s'éblouisse pas de lui-même, pour qu'il sache bien que, dans les merveilles de son génie, rien cependant ne lui est propre, puisqu'il a tout reçu, Dieu lui donne souvent un modèle, un précepteur dans un insecte.

Nous aurons donc à suivre l'industrie humaine dans les diverses transformations qu'elle est spécialement chargée d'accomplir. Notre première étude ira d'abord à cette industrie domestique, qui nous vêt, nous loge, nous nourrit; qui chaque jour, dans nos demeures, inquiète et prévoyante, met les dons de la nature au service de nos besoins ou de nos désirs. En l'accompagnant ainsi dans ses applications les plus modestes, nous nous sauverons au moins de cette ignorance ingrate et honteuse que signalent Réaumur et Rollin. Les paroles de Réaumur sont sévères. Dans celles de Rollin, que nous devons citer, le reproche n'en est pas moins pénétrant, bien qu'il soit exprimé sous une forme toute paternelle :

« Rien n'est plus commun parmi nous que
« l'usage et du pain et du linge; rien n'est
« plus rare que de trouver des *enfants* qui sa-
« vent comment l'un et l'autre se préparent,
« par combien de façons et de mains le blé et

« le chanvre doivent passer avant de devenir du
« pain et du linge. Il en faut dire autant des
« étoffes de laine, qui ne ressemblent guère à la
« toison des brebis dont on les forme; non plus
« que le papier et les chiffons de linge qu'on
« ramasse dans les rues. Pourquoi ne pas ins-
« truire les enfants de ces ouvrages merveilleux
« de la nature et de l'art, dont ils font usage
« tous les jours sans y faire réflexion? »

Pénétrés de ces considérations, Monsieur le
Ministre de l'Instruction publique et Monsieur
le Préfet de la Seine, voulurent bien nous charger d'un cours dont cet ouvrage n'est, pour
ainsi dire, que le résumé. Ce cours a porté ses
fruits : les suffrages éminents qu'il s'est con-
ciliés lui ont ouvert dans plusieurs notables
Institutions une place choisie.

On a remarqué que, par ses nombreuses applications géographiques, historiques et industrielles, il présente un avantage qui lui est
propre. En effet, tout ce qui passe habituellement sous nos yeux, animé ou inerte, produit
de la nature ou produit de l'art, y devient,
pour l'élève, une mnémonique intéressante et
récréative. Ne citons, pour exemple, que le
chêne, roi de nos forêts. Les différentes variétés
de cet arbre se distinguent presque toutes par

des propriétés spéciales. Ainsi, quelques chênes restent toujours verts et donnent des glands savoureux; d'autres fournissent le liége, si nécessaire pour les bouchons, la noix de galle qui fournit un des éléments de l'encre à écrire. Tous sont recherchés pour la supériorité de leur bois, tous sont caractérisés par l'excellence de leur tannin. Consacré par les poètes à Jupiter, il fut si vénéré qu'une seule de ses branches, tressée en couronne, était la plus digne des récompenses civiques; et, tandis que les chênes de Dodone rendaient de sinistres oracles, ceux de la Gaule étaient, pour les Druides, des autels privilégiés. Dans le blason, le chêne fut adopté comme symbole de la force et de la durée. Parmi les faits historiques où se mêle son nom, rappelons la promesse solennelle que reçut Abraham, la mission hardie confiée à Gédéon, la mort imprévue d'Absalon, le mémorable combat des Trente, les derniers et sublimes moments de Bayard, le refuge singulier de Charles II, roi d'Angleterre; mais surtout la loi célèbre des *Douze Tables*, qui, si longtemps, a régi le monde, et les nobles loisirs de Saint Louis nous donnant, à Vincennes, le modèle d'une des plus belles institutions modernes, celle des juges de paix.

Ajoutons qu'il doit bien y avoir aussi quelque avantage littéraire dans une science qui a produit et Linnée et Buffon : Linnée se créant pour l'écrire une langue nouvelle ; Buffon, demandant à la sienne toute sa noblesse, toute sa clarté, toute son harmonie.

Terminons par un point, très-secondaire sans doute, mais qui répond peut-être au désir de quelques mères de famille.

Dans nos applications géographiques, historiques et industrielles, nous avons dû citer des faits divers, employer même des expressions techniques, nous en référant, pour les détails, aux livres spéciaux de géographie, d'histoire, de physique, de chimie, etc. Cependant nous avons voulu mettre à la disposition de l'Elève les renseignements parfois indispensables qu'on ne trouve pas toujours au besoin. Ainsi les mots écrits en italique ont, à la fin de l'ouvrage, des notes explicatives qui les concernent, et nous avons réuni dans l'ordre alphabétique toutes ces notes, afin d'en rendre plus facile la recherche. Par ce moyen, notre texte, sans être obscur pour l'Elève, se trouve dégagé de définitions, de périphrases, qui le rendraient lourd et diffus.

HISTOIRE

NATURELLE

DANS SES APPLICATIONS

GÉOGRAPHIQUES, HISTORIQUES & INDUSTRIELLES

Selon le mode d'existence qui leur est propre, les corps de la Nature forment trois groupes considérables qu'on appelle *Règnes*, parce qu'ils sont régis, en effet, par des conditions particulières, bien que reliés entre eux par des lois qui leur sont communes.

Le Règne Minéral comprend les *Minéraux*, c'est-à-dire les corps qui existent sans avoir besoin de se nourrir.

Le Règne Végétal comprend les *Végétaux* ou *Plantes*, c'est-à-dire les corps qui, pour exister, ont besoin de se nourrir, mais n'ont pas besoin de chercher leur nourriture.

Le Règne Animal comprend les *Animaux*, c'est-à-dire les corps qui n'existent qu'à la double condition

1

de se nourrir et de chercher leur nourriture (1).

Le Règne Minéral est le fondement essentiel des deux autres : il fournit aux plantes et aux animaux les éléments qui les composent.

Les trois Règnes de la Nature forment, séparément, le domaine de trois sciences spéciales : la Minéralogie, la Botanique (2) et la Zoologie.

MINÉRALOGIE.

Les Minéraux constituent la partie solide, la partie liquide et la partie gazeuse de notre planète, c'est-à-dire la terre, l'eau et l'air.

Ils se divisent en quatre classes : les *Gaz*, les *Combustibles*, les *Métaux* et les *Pierres*.

I. GAZ.

Les *Gaz* sont des corps à molécules tellement éparses qu'ils échappent au toucher.

Les quatre gaz qui nous intéressent essentiellement sont l'*Oxygène*, l'*Hydrogène*, l'*Azote* et l'*Acide Carbonique*. Ces gaz se dérobent par eux-mêmes à nos sens, mais il est facile de signaler immédiatement chacun d'eux.

---

(1) Ce livre n'ayant pour objet que les diverses applications de l'Histoire Naturelle, nous pensons qu'il doit nous suffire de distinguer ainsi les trois Règnes de la Nature. Pour les définitions plus scientifiques, voir les mots *minéral, végétal, animal,* aux notes explicatives qui sont, dans l'ordre alphabétique, à la fin de l'ouvrage.

(2) Voir ce mot, aux notes explicatives.

L'Oxygène est le seul qui ait la propriété de rallumer une allumette éteinte (pourvu que cette allumette conserve encore quelques points en ignition). L'Hydrogène est le seul qui s'enflamme lui-même au contact d'un corps enflammé. Enfin l'Azote et l'Acide carbonique se distinguent l'un de l'autre, parce qu'ils se comportent différemment, quand on y agite de l'eau tenant en dissolution une certaine quantité de chaux. En effet, avec l'Azote, l'eau reste limpide ; tandis qu'elle se trouble par l'action de l'Acide Carbonique, qui, en s'unissant à la chaux, forme une poussière blanche, la craie. Cette poussière, après avoir flotté quelque temps dans le liquide, se dépose peu à peu.

L'Oxygène uni à l'Hydrogène, constitue l'Eau ; mêlé avec l'Azote, il compose l'Air ; combiné avec le Carbone, il produit l'Acide Carbonique.

1° AIR.

L'Air est un gaz permanent, c'est-à-dire qu'il reste toujours à l'état gazeux. Il est invisible, subtil, sans odeur ni saveur. Il est à la fois très-compressible et très-élastique ; c'est donc un ressort parfait. Il entoure le Globe d'une couche qui a plus de quinze lieues d'épaisseur. Cette enveloppe transparente est une sorte de voile, qui modère la chaleur du jour comme le refroidissement de la nuit. On l'appelle *Atmosphère* (sphère de vapeur), parce que, d'une part, elle se calque sur la forme sphérique de la Terre et que, d'autre part, elle contient toujours plus ou moins de vapeur d'eau.

L'air est très-mobile, et la moindre variation de température suffit pour le mettre en mouvement. Quand il est agité, il constitue le zéphir, le vent ou l'aquilon, suivant que sa vitesse est faible, moyenne ou extrême.

Le vent est le grand régulateur du temps sous tous les climats.

L'air est composé d'oxygène et d'azote. L'oxygène, qui en est le seul principe vivifiant, y entre pour un peu plus d'un cinquième et s'y trouve à l'état libre, c'est-à-dire dégagé de toute combinaison.

L'acte par lequel nous prenons dans l'air ce gaz, qui doit transformer le sang *veineux* en sang *artériel*, se nomme respiration, et l'organe chargé de cette fonction est le poumon. Tous les êtres organisés sont pourvus d'un appareil respiratoire, dont la disposition varie, selon qu'ils vivent sur le sol ou dans l'eau, c'est-à-dire selon qu'ils ont une respiration aérienne ou aquatique; car, sans l'oxygène, les phénomènes de la vie, ni ceux de la végétation, ne peuvent s'accomplir. Les animaux et les plantes terrestres l'absorbent d'autant plus facilement qu'ils y sont continuellement plongés; les animaux et les plantes aquatiques, ou viennent l'aspirer à la surface de l'eau, ou s'emparent de celui que ce liquide tient en dissolution. Ces soustractions d'oxygène sont continuellement compensées par un échange admirable qui s'opère entre le règne animal et le règne végétal ; car, tandis que les animaux vicient l'air atmosphérique, dont ils combinent l'oxygène avec leur excès de carbone, les plantes, au contraire, le purifient, en remettant son oxygène en liberté pour s'emparer du carbone, qui est nécessaire à leur développement. Ainsi se conserve toujours égale la proportion d'oxygène qui rend l'air vital ou respirable. L'air devient, en effet, impropre à la respiration, dès qu'il ne contient plus une quantité suffisante d'oxygène libre. On conçoit dès lors qu'une personne placée dans une pièce hermétiquement fermée, c'est-à-dire où l'air ne se renouvelle pas, doit bientôt succomber, surtout si du charbon allumé vient augmenter la dépense d'oxygène ; comme aussi, lorsqu'un étang se couvre d'une couche de glace qui intercepte la communication de l'air avec l'eau, les poissons ne tardent pas à y périr, non de froid, mais d'*asphyxie*.

L'air, qui est 775 fois plus léger que l'eau, ne peut cependant se dérober à la loi de la pesanteur. C'est ainsi qu'il exerce à la surface de la Terre une pression qui se modifie sans cesse, selon qu'il est plus ou moins agité, et plus ou moins saturé de vapeurs. Cette pression se mesure avec le *baromètre*, instrument qui est indispensable pour l'exactitude de quelques expériences scientifiques, mais qu'on ne peut guère consulter avec certitude sur la pluie ou le beau temps. C'est la pression de l'air qui détermine le jeu du siphon et l'ascension de l'eau dans les pompes. C'est elle qui, s'appliquant mollement sur notre corps, en maintient les formes, car elle maîtrise les liquides qui s'efforcent de distendre la peau pour se dilater.

Et, quand cette pression diminue, nous éprouvons comme une difficulté d'être, une certaine lassitude que le langage vulgaire explique au rebours, en disant que *le temps est lourd*, puisque l'air atmosphérique est devenu plus léger.

La pression normale de l'atmosphère est tellement assortie à nos organes qu'elle ne se modifie jamais, en plus ou en moins, que dans une limite assez restreinte.

Quand on s'élève dans l'atmosphère, cette pression diminue graduellement avec le nombre des couches superposées, et c'est d'après cette loi que *Pascal* détermina, par le baromètre, la hauteur du Puy-de-Dôme, et que *Gay-Lussac* mesura son ascension aérostatique. Ce voyage aérien, si célèbre comme exploration scientifique, fut en même temps une tentative hardie ; car, laissant à sept mille mètres au-dessous de lui la demeure des hommes, le savant aéronaute se vit bientôt suspendu dans l'espace, par une frêle nacelle, à ces hauteurs inaccessibles où l'air est déjà trop rare et le froid, excessif. La science, du reste, peut reproduire des circonstances semblables sous le récipient de la *machine pneumatique,* où l'eau se congèle alors, et l'oiseau meurt asphyxié; et quoique l'air, qui pénètre partout, ne puisse être complètement chassé de nulle part, cependant, dès qu'on a poussé très-loin sa raréfaction, on dit qu'on a fait le vide. On peut, au contraire, par la pompe de compression, condenser l'air et lui donner ainsi plus de force élastique. C'est par l'effet de sa réaction que l'air comprimé dans la cloche du plongeur empêche l'eau d'y pénétrer.

Outre la vapeur aqueuse à laquelle il doit sa couleur bleue, l'air atmosphérique contient accidentellement des gaz qui peuvent l'altérer plus ou moins : quelquefois, par exemple, beaucoup trop d'acide carbonique (comme dans la fameuse *grotte du Chien,* près de Naples), quelquefois, des gaz odorants et vraiment délétères. Pour purifier l'air, dans le premier cas, on le renouvelle lui-même par une simple *ventilation* ; dans le second cas, on agit directement sur ces gaz pour les neutraliser, et telle est ici l'action du *chlore.* Quoi qu'il en soit, pour être averti de la présence de l'Acide carbonique, gaz à la fois invisible et inodore, on doit, quand on entre dans une atmosphère suspecte, s'y faire précéder d'un flambeau, qui s'éteindra si l'air est mêlé d'une trop grande quantité de ce gaz. Pour que l'air soit propre à la respiration, l'acide carbonique doit ne s'y trouver qu'en proportion très-petite, mais il doit s'y renouveler sans cesse, afin de fournir aux plantes le carbone nécessaire à leur développement. C'est aussi pour les plantes que l'air doit contenir toujours un peu d'*ammonia-que*. Enfin, le *microscope* nous manifeste dans l'atmosphère la présence d'innombrables corpuscules qui, beaucoup plus qu'on ne le pense généralement, interviennent dans les grands phénomènes *physiologiques* et *pathologiques*. Parfois, les êtres qui proviennent de ces germes invisibles semblent naître, par cela même, d'une manière spontanée.

C'est dans l'atmosphère aussi qu'apparaissent ou éclatent ces météores brillants ou terribles, dont l'origine n'est pas toujours bien connue ; quelquefois même, il s'en précipite des masses pierreuses ou métalliques nommées *aérolithes,* dont l'existence fut longtemps contestée. Ainsi, lorsque, dans l'année 1794, on annonça la pluie ferrugineuse tombée au Bengale, un rire moqueur tint en échec l'opinion des savants, et il ne fallut rien moins qu'une pluie de pierres, tombée à l'Aigle, pour que la question des aérolithes fût sérieusement posée et définitivement admise. Depuis, des faits analogues se sont reproduits, et naguère encore, une grêle de pierres a failli détruire la ville de Marsala.

Le rôle de l'air dans la Nature est immense. Messager de la parole humaine, du chant des oiseaux et du parfum des fleurs, il préside surtout aux phénomènes de la vie et de la végétation ; et, dans les splendeurs comme dans les cataclysmes de la Terre, il intervient toujours grandiose et solennel : soit que, limpide et azuré, il forme au-dessus d'elle un dôme magnifique ; soit qu'assombri de nuages, il verse sur elle des torrents de pluie, de grêle ou d'électricité.

Les arts lui demandent aussi d'innombrables services. Tantôt, en effet, il tourne avec méthode les ailes d'un moulin, ou bien il pousse légèrement un navire au delà des mers ; tantôt il dessèche les graines, la poudre, le papier, ou bien il anime le feu dans les usines et vaporise l'eau du sucre dans les raffineries. Sans l'air, enfin, nos salons seraient sans lumière, et nos cuisines sans foyer ; car l'éclairage n'est qu'une combustion, et la combustion elle-même n'est que la combinaison de l'oxygène de l'air avec le carbone du bois ou de la houille. Cette combinaison peut être activée par le soufflet, qui porte sans cesse sur la matière combustible de nouvelles proportions d'oxygène ; et le carbone, ainsi gazéifié, s'enfuit par la cheminée, ne laissant pour résidu que les cendres ou matières non volatiles.

L'air est donc un des corps qu'il importe le plus de connaître. Et si *Lavoisier*, corrigeant l'erreur d'*Aristote*, a prouvé que l'air *n'est pas un élément,* comment n'être pas saisi d'admiration en voyant un mélange si mobile rester toujours le même au milieu des phénomènes qui, sans cesse, lui prennent et lui rendent tour-à-tour l'un de ses principes constituants.

2° EAU.

L'Eau est un corps transparent, incolore, sans odeur ni saveur. Liquide à la température ordinaire, elle devient solide ou gazeuse, c'est-à-dire *glace* ou *vapeur*, selon qu'une certaine quantité de chaleur lui est soustraite ou bien surajoutée. Dans les deux cas, elle augmente de volume et met en éclats les vases qui lui refusent la place qu'elle exige. La température de l'eau qui se congèle, et puis celle de l'eau qui bout, marquent les deux points fondamentaux du *thermomètre*, instrument qui sert à mesurer les températures ordinaires de presque tous les corps, dans la Nature et dans les arts.

L'eau est le grand modérateur de la température à la surface de la Terre.

Elle a pour réservoir l'Océan, dont la plus grande profondeur égale à peu près la plus grande altitude des montagnes ; mais sa présence étant nécessaire aussi dans l'atmosphère et dans le sol, toutes ces conditions se trouvent satisfaites par une loi merveilleuse d'économie et de simplicité. La gouttelette d'eau, évaporée par les rayons solaires, quitte l'Océan, dégagée du sel qui la gêne, et désormais légère comme l'air qu'elle doit parcourir, elle y marque son passage par son contact rafraîchissant et par un doux reflet d'azur ; puis, déposée par le vent sur le front des montagnes, elle s'y arrête solidifiée ; puis enfin, redevenue voyageuse sous une autre forme, elle coule dans la plaine, alimente en passant la jeune plante, et descend aux abîmes de la mer pour y recommencer son œuvre.

L'eau n'est pas un élément, c'est-à-dire un corps simple, puisqu'elle est composée des deux gaz, oxygène et hydrogène, que le chimiste isole ou combine à son gré. Elle n'est jamais, dans la Nature, à l'état parfait de pureté. Il faut même qu'elle contienne, en petite proportion, diverses substances nécessaires à nos organes ; il est essentiel surtout qu'elle soit aérée.

Quand l'eau ne renferme aucun principe qui puisse lui communiquer une saveur, une odeur ou bien une propriété médicamenteuse, on l'appelle eau potable. On la qualifie de crue ou calcaire, quand elle contient une quantité notable de chaux ; telle est ordinairement celle des puits. L'eau calcaire est impropre au blanchissage, parce que la chaux réagit sur le savon qu'elle défait en partie pour former un corps insoluble qui, se fixant sur le linge, intercepte l'action de l'eau savonneuse. De même, l'eau calcaire ne peut guère servir à faire cuire les aliments ; car la chaux, abandonnée par l'eau que l'ébullition vaporise, enveloppe bientôt la substance alimentaire et la défend contre l'action de la chaleur.

Quand l'eau calcaire s'évapore d'elle-même, c'est-à-dire à la température ordinaire et lentement, elle peut produire ces stalactites pittoresques de tant de grottes célèbres, comme aussi ces pétrifications simulées des fontaines incrustantes.

Pour purifier l'eau que des substances étrangères rendent odorante ou bien terreuse, on la *distille*, c'est-à-dire on la vaporise d'abord par la chaleur, et puis on la condense par le froid, dans un appareil qui se nomme *alambic*. Les premiers moments de la distillation chassent les gaz, qui sont plus volatils que l'eau ; et bientôt après, l'ébullition, volatilisant l'eau à son tour, l'isole des parties terreuses, qui sont fixes. L'eau distillée est d'un grand usage en pharmacie ; elle serait indigeste pour nous et mortelle pour les poissons, si on ne lui restituait l'air dont elle est alors privée. Elle est indispensable surtout dans la photographie. Enfin, son identité parfaite, toujours et partout, quand elle est distillée et à la température de $+ 4^{\circ}$, la fait adopter pour unité de poids des solides et des liquides.

Quant à l'eau de mer, le problème à résoudre n'était pas de la rendre potable, mais d'y parvenir avec économie. Ce résultat, obtenu naguère, est d'autant plus heureux, pour la marine militaire, qu'on peut ainsi céder aux provisions de guerre et de bouche toute la place que tenait la réserve d'eau. Il serait à désirer que la marine marchande utilisât aussi ce procédé, car la réserve d'eau s'altère avec le temps, si l'on n'emploie l'action désinfectante du charbon. Le charbon absorbe, en effet, les gaz fétides qui proviennent toujours de la décomposition de substances que l'eau tient en dissolution; car, par elle-même, l'eau ne peut se corrompre.

Souvent aussi l'eau produit des animaux ou des plantes microscopiques issus de germes invisibles, qui n'attendent qu'une circonstance favorable pour naître et se développer. Telle est l'origine des moisissures.

Tandis que la distillation purifie l'eau, le filtrage la clarifie seulement, c'est-à-dire la dégage des substances qui en altèrent plus ou moins la transparence.

Quand l'eau contient des substances minérales en proportion assez forte pour n'être plus propre aux offices domestiques, on l'appelle *minérale* ou bien encore *médicinale,* parce que ces substances lui communiquent certaines propriétés que la médecine utilise diversement. D'après la nature même de la substance dominante, l'eau minérale est dite sulfureuse, ferrugineuse, acidule, alcaline ou gazeuse; et, d'après sa propre température, elle est froide ou thermale. Cette température est d'autant plus élevée que l'eau provient d'une plus grande profondeur. L'eau thermale est assurément un des phénomènes les plus remarquables de la Géologie. L'industrie s'en empare quelquefois d'une manière ingénieuse, notamment à *Chaudes-Aigues.* Les eaux souterraines apportent à la surface la température des couches qu'elles ont traversées.

En effet, si l'on pénètre plus ou moins profondément dans le sol, on rencontre des nappes d'eau qui, glissant entre deux couches imperméables, descendent ainsi vers la mer par une voie cachée. Pour les faire jaillir à l'horizon, il suffit qu'une issue leur soit ouverte au moyen d'un puits foré. Ces fontaines artificielles, si précieuses dans quelques contrées où manquent les sources, sont pour toutes un agréable embellissement.

Indispensable comme l'air, l'eau toutefois est diversement utile, selon qu'elle est liquide, solide ou gazeuse.

A l'état liquide, elle entre comme partie constituante dans presque tous les corps des trois règnes, surtout dans les plantes et dans les animaux. Elle est notre boisson la plus saine. Nous lui devons la propreté du linge et du corps, la préparation de presque tous nos aliments, la fraîcheur de l'air et la fécondité de nos terres. Sans elle, en un mot, point de végétation, point de vie. Aussi, non-seulement elle sillonne le sol dans tous les sens et sous toutes les formes de ruisseau, de rivière ou de fleuve, mais encore elle descend de l'atmosphère, en rosée ou en pluie, sur les points trop éloignés de ces courants pour en ressentir l'influence. Elle est un des agents principaux de l'industrie, depuis la simple gouttelette qui mouille la pierre à aiguiser, jusqu'au jet abondant qui maîtrise l'incendie ; elle est aussi l'intermédiaire le plus naturel du commerce, depuis l'humble courant qui porte le bois de flottage, jusqu'à la masse océanienne qui réunit les continents. Que sont, auprès de tant d'immenses services, quelques inconvénients partiels qui se lient d'ailleurs aux lois incessantes de composition et de décomposition ! Sans doute, l'eau désorganise les corps où elle s'infiltre en trop grande quantité. Sans doute; elle cause aussi de notables dégâts dans les champs qu'elle inonde ; mais, par une sorte de compensation, elle détruit une multitude de rongeurs et d'insectes contre lesquels l'action de l'homme ne peut rien, et tous ces parasites destructeurs se trouvent ainsi transformés en engrais. Ajoutons que, par lui-même, le débordement des rivières apporte et laisse sur le sol un limon nutritif. C'est ainsi que les eaux surabondantes du Nil se déversent périodiquement dans les terres pour les fertiliser. Le plus souvent, l'eau, cristallisée en neige ou en glace, se tient en réserve au sommet des montagnes, ne se liquéfiant que par degré pour ne descendre qu'avec mesure dans la plaine. Telle est, en effet, la principale fonction de l'eau à l'état solide.

La médecine se sert souvent de la glace comme d'un auxiliaire fort utile, et le limonadier l'emploie pour solidifier ses sirops, ou seulement pour les rafraîchir. Quant à l'usage fréquent des boissons glacées, il est pernicieux surtout dans les bals ; car, plus d'une fois, à la transpiration produite par la danse succède soudainement le frisson de la fièvre, précurseur d'un trouble profond dans les fonctions *physiologiques*. Le commerce de la glace à Boston est, pour ainsi dire, aussi actif qu'à Bordeaux le commerce du vin.

A l'état gazeux, l'eau est inappréciable comme moteur puissant et comme véhicule d'une extrême chaleur. Appliquée par le commerce aux voies de transport par terre et par eau, la vapeur anime d'une telle vitesse les bateaux et les wagons, qu'elle semble supprimer les distances et se jouer de la pesanteur. Dans les arts, c'est par elle qu'on triomphe, pour ainsi dire, de toute résistance ; qu'on peut, avec économie et sûreté, maintenir dans les appareils une température uniforme et constante, ou bien encore, chauffer d'énormes étuves avec un seul foyer. Cette dernière application de la vapeur est une des plus belles améliorations de la teinturerie. La chaudière unique, placée sur le foyer, fournit la vapeur que des conduits distribuent ensuite aux étuves, un robinet permettant de n'en laisser entrer dans chacune d'elles que la proportion nécessaire pour y porter la chaleur convenable. Dans vingt autres branches industrielles, la vapeur est encore un auxiliaire qu'il serait bien difficile de remplacer.

Pour exprimer toute l'importance géographique de l'eau, disons qu'elle occupe les trois cinquièmes de la surface du globe ; et, pour mieux résumer tous les souvenirs mémorables où se mêle son nom, qu'il nous suffise ici de rappeler que presque toutes les villes sont assises sur le littoral des mers ou sur les rives des cours d'eau.

L'eau rappelle surtout le plus grand cataclysme des temps historiques : le déluge.

Mais, dans les merveilles de la nature, que son intervention est magnifique et variée ! Sur nos têtes, le sombre nuage qui recèle la foudre ; à nos pieds, le ruisseau limpide où se mirent les fleurs ; ici, de l'eau douce qui jaillit du sein de la mer; là, une colonne d'eau bouillante qui s'élance du milieu d'un glacier ; plus loin, une onde écumeuse dont l'œil se fatigue à mesurer le sommet, ou bien une montagne de neige que couronne une aigrette de feu ; plus loin encore, un lac dont le disque étincelle au reflet de la lune comme de l'acier poli ; ou bien un fleuve qui bondit et se précipite en une immense nappe, à travers laquelle le soleil vient jeter mille couleurs. Partout enfin la présence de l'eau ; partout, sinon l'air serait sans azur, la prairie sans verdure, et la rose sans carmin.

Ne nous étonnons donc pas que *Thalès* ait pu considérer l'eau comme le principe initial de notre planète. *Aristote* lui-même en fit un des quatre éléments; et cette erreur, adoptée par l'admiration qu'inspirait ce grand naturaliste, s'est transmise presque jusqu'à nous.

Newton, le premier, par un de ces éclairs qui

sont le privilége du génie, soupçonna dans l'eau la présence d'un corps combustible, hypothèse qui heurtait de front toutes les idées reçues. Maker, physicien français, fit aussi remarquer que l'hydrogène en brûlant produit de l'eau. Mais l'opinion d'Aristote avait si bien pour elle la double sanction du temps et de l'habitude, que les savants eux-mêmes, déconcertés, n'osaient croire que l'eau pût être un corps composé. Cependant, il fallut bien se rendre à la double démonstration de notre illustre *Lavoisier*, qui prouva d'une manière éclatante que l'eau est formée d'oxygène et d'hydrogène. Ainsi fut justifiée la pensée de Newton, car l'hydrogène est le plus combustible de tous les corps.

II. COMBUSTIBLES.

Les Combustibles sont des corps qui se combinent vivement avec l'oxygène, et dégagent ainsi de la lumière et de la chaleur. Les combustibles minéraux que nous devons signaler ici (1) sont le *Carbone*, le *Bitume*, le *Soufre* et le *Phosphore*.

1° CARBONE.

Le Carbone est un des corps simples les plus importants. C'est l'élément qui domine dans le Règne Végétal et dans le Règne Animal, car tous les êtres organisés résultent de la combinaison du

(1) Voir les notes explicatives.

Carbone avec des proportions variables d'oxygène, d'hydrogène et d'azote. S'il n'est pas aussi essentiel dans le Règne Minéral, il y occupe cependant une assez grande place, puisqu'il concourt à former les *carbonates*, une des parties les plus notables de la croûte terrestre. De plus, il constitue ces réserves de combustible *fossile* qu'on appelle houillères. La houille s'est formée sous le sol, par la chaleur *géologique*, comme notre charbon de bois est obtenu en brûlant le bois avec petit accès d'air. Dans cette combustion incomplète, la chaleur dissipe l'eau et le charbon reste avec les *Sels* minéraux qui constituent les cendres. Ajoutons seulement que, dans les forêts ensevelies sous le sol, la pression exercée par les couches superposées n'a pas permis au goudron de se dissiper.

Le Carbone est le charbon pur, c'est-à-dire isolé des matières terreuses appelées cendres. Il est solide, noir, sans odeur ni saveur, insoluble, presque infusible. Il a deux fois et demie le poids de l'eau. Il s'allume à 250° de chaleur, et brûle sans flamme et sans odeur. La flamme qui le surmonte dans nos foyers est due à l'hydrogène qui s'y trouve mêlé ; et l'odeur que nous attribuons au charbon provient des substances qui le rendent impur. Il est désinfectant et décolorant, propriétés qu'on utilise : l'une, sur les navires, pour conserver la provision d'eau potable ; l'autre, dans les raffineries, pour donner au sucre toute sa blancheur. Il se laisse difficilement traverser par le *calorique*, de telle sorte qu'un fragment de charbon, quoique rougi par le feu à l'une de ses extrémités, peut, à l'autre, rester complètement froid.

Le charbon est d'origine différente et, sous ce rapport, il se distingue en charbon animal, charbon végétal et charbon minéral ou fossile. Le charbon animal est le plus décolorant, parce qu'il est le plus divisé; le charbon végétal est le plus désinfectant, parce qu'il est le plus poreux; le charbon fossile, appelé houille, est le plus calorifique, parce qu'il est le plus dense.

La houille n'était pas connue des Anciens. Son utilité cependant est d'autant plus grande, que c'est un combustible moins cher que le charbon de bois et plus calorifique. Car, sous le même volume, elle contient plus de matière combustible, plus de carbone. Aussi la houille est-elle principalement employée à l'exploitation des mines et au travail des métaux. Elle est moins souillée de cendres que le charbon de bois, mais elle a l'inconvénient de répandre une odeur désagréable, parce qu'elle contient des substances volatiles qui en sont chassées par le feu. Une de ces substances est l'hydrogène, qui sert aujourd'hui pour l'éclairage, et qui ne produirait pas une flamme brillante, s'il n'emportait avec lui une certaine quantité de charbon. Selon qu'on veut retirer de la houille le gaz pour l'éclairage, ou le charbon pour le chauffage, on la distille rapidement ou lentement : rapidement, afin que l'hydrogène emporte une proportion suffisante de charbon ; lentement, afin que l'hydrogène en emporte le moins possible.

La houille, dégagée de toutes ces substances volatiles, prend le nom de *coke* ; le coke, isolé lui-même des substances terreuses qui l'altèrent encore, est le Carbone.

Quel merveilleux produit que la houille ! que de substances diverses elle contient ! Signalons du moins : un liquide éminemment propre à l'éclairage, une substance qui a toutes les qualités agréables de l'amande amère sans en avoir le danger, un acide *(phénique)* que la science considère aujourd'hui comme le plus puissant des *anti-septiques*, une cire nacrée qui rivalise avec la *cétine* (ou blanc de baleine) et des substances colorantes qui sont d'une incomparable beauté.

Le diamant et le carbone sont chimiquement identiques, et cependant leurs propriétés physiques, apparentes, diffèrent tellement, qu'on serait tenté de les considérer comme deux corps de nature différente. Le carbone est noir, le diamant est, le plus souvent, incolore ; le carbone est opaque, le diamant, transparent ; le carbone a peu de dureté, le diamant est le plus dur de tous les corps. Mais le chimiste peut ramener le diamant à l'état du carbone, et les employer d'une manière parfaitement égale dans la composition de l'acier. Enfin, par la combustion, le diamant et le carbone donnent la même quantité d'acide carbonique. L'acide carbonique ou acide du charbon est un gaz qui résulte de la combinaison du carbone avec une certaine proportion d'oxygène. Il se dégage notamment des liquides qui fermentent ; et c'est lui qui, si prompt à s'échapper, produit la mousse du vin de *Champagne*, de la bière et de l'eau de seltz, en soulevant tumultueusement ces liquides. L'acide carbonique est impropre à la respiration, mais il n'est pas vénéneux ; tandis que le carbone, en se combinant avec une plus petite proportion d'oxygène, forme un gaz des plus délétères, qui ne se trahit par aucun signe extérieur. Ce gaz, appelé oxyde de carbone, se produit quand la combustion du charbon est imparfaite, par exemple, quand elle commence ; aussi ne doit-on jamais allumer du charbon sans le placer sous le courant d'air d'une cheminée.

Les qualités distinctives du diamant sont la *dureté*, la *transparence* et la *réfrangibilité*.

La dureté du diamant lui permet d'user tous les corps par le frottement. C'est ainsi qu'il a servi à perforer la roche qui traverse le tunnel du mont Cenis : un fragment de ce corps au bout d'une tige d'acier a criblé de trous la roche, et, dès lors, le marteau a pu facilement briser les cloisons interposées entre les trous.

La transparence et la réfrangibilité du diamant lui assignent la primauté dans la joaillerie.

Le graphite, que le vulgaire appelle si improprement plombagine ou mine de plomb, ne diffère peut-être aussi du carbone et du diamant que par des caractères physiques, et notamment par son mode de cristallisation en paillettes. Le graphite est la matière première du crayon. Il est plus mou que le papier, puisqu'il y laisse sa trace. Dans la *galvanoplastie*, on s'en sert spécialement pour favoriser le dépôt de l'or, de l'argent ou du cuivre, sur le bois, sur le soufre et sur le plâtre.

La houille, acquisition des temps modernes, est une des principales richesses des nations; car la grande économie du combustible constitue leur puissance industrielle. C'est là ce qui explique cette supériorité de l'Angleterre, qui exploite, à Newcastle, les houillères citées longtemps comme les plus productives du globe. La France en possède elle-même plus de deux cents, et celles d'Aubin, dans le département de l'Aveyron, pourraient seules suffire longtemps à sa consommation; mais les frais de transport ne permettent pas encore de les bien exploiter. Cependant Saint-Etienne (Loire) et Anzin (Nord), fournissent une grande quantité de houilles, recherchées à différents titres: les unes, pour les usines à forges, parce qu'elles ne produisent pas de flamme; les autres, pour les usines à chaudières, parce qu'elles en produisent beaucoup. Celles d'Alais (Gard) valent celles de la Grande-Bretagne et ne coûtent pas plus cher.

Ajoutons que le bassin houiller du nord de la France est le plus étendu et le plus riche du continent. Il s'étend de Béthune et de Douai (France) jusqu'à Aix-la-Chapelle (Prusse), en traversant la Belgique. La France en fournit plus du cinquième de la production annuelle. La Belgique en fournit près des 3/5mes.

En ne comptant que la consommation annuelle de houille pour le service des voies ferrées en Europe, on trouve le chiffre énorme de 5 milliards 1/2 de kilogrammes. On peut donc se demander si les houillères de l'Europe ne finiront point par en être épuisées. Mais d'autres riches dépôts de houille sont exploités en Amérique et on en découvre, de jour en jour, sur d'autres points du globe. C'est ainsi que, dans les évolutions géologiques de la Terre, la divine Providence nous mit en réserve ce précieux combustible.

Quant au diamant, il attira, dès la plus haute antiquité, l'attention des hommes; non par son éclat, car le diamant brut, c'est-à-dire qui n'a pas été taillé, est d'un aspect presque terne, mais par son extrême dureté. Le grand-prêtre Aaron portait un diamant placé sur le *pectoral*, petite pièce d'étoffe dans laquelle étaient enchâssées douze pierres précieuses gravées des noms des douze tribus. Les Anciens s'en servaient pour rayer les pierres les plus dures. Leurs poëtes, pour exprimer l'inflexible sévérité de *Minos*, d'*Eaque* et de *Rhada-*

mante, leur attribuaient un cœur de diamant.
Comme le merveilleux ne pouvait manquer de
s'attacher à une substance si exceptionnelle, *Pline*
et *Scaliger* lui supposèrent des propriétés surna-
turelles. Du reste, comme on ignorait l'art de le
tailler, on l'employait tel qu'il était sorti de la terre.
L'agrafe du manteau de *Charlemagne* était formée
ainsi de l'assemblage de plusieurs diamants bruts.
Tels étaient encore les diamants dont était composé le collier d'*Agnès Sorel*, qui, la première en
France, les adopta pour parure; mais bientôt après
ils prirent faveur, lorsque le hasard découvrit à
Louis de Berquen, natif de Bruges, la manière de
les tailler. Ce fut lui qui, en 1476, tailla le beau
diamant de *Charles-le-Téméraire*. Ce diamant, que
le duc perdit la même année à la bataille de *Morat*
(Suisse), et qui appartient aujourd'hui à l'empereur d'Autriche, fut vendu pour un *écu* par un
Suisse; ce qui ne doit pas étonner, puisque la
vaisselle d'argent fut prise et vendue comme vaisselle d'étain. L'invention de Berquen éleva considérablement le prix du diamant, et en rendit l'usage
beaucoup plus rare. Peu à peu les bijoux d'or et
les perles le remplacèrent. Toutefois le diamant
reprit la vogue sous Louis XIV, et formait la parure
distinctive des dames de la cour; mais ce luxe
gagnant bientôt les hommes, on vit le diamant
scintiller aux couvercles de tabatières, aux bou-
tons d'habits, aux ganses de chapeaux, aux poignées

d'épées. Le diamant est resté le symbole de l'opulence, et il a en effet une très-grande valeur, quand il est d'une *belle eau*, c'est-à-dire quand il est limpide et incolore. Jusqu'au XVIIe siècle, les *Indes-Orientales* fournirent exclusivement les diamants; mais, à cette époque, *Golconde* et *Visapour* ont dû céder au Brésil ce riche monopole. La couronne de France possède deux beaux diamants: le *régent* et le *sancy*. Mais le plus beau diamant connu est celui que possède la cour de *Russie*; il a le volume d'un œuf de pigeon, et formait un des yeux de la fameuse statue de *Scheringan*; enlevé de cette pagode par un soldat, il fut enfin acheté par l'impératrice Catherine II. La taille du diamant est une industrie spéciale de la ville d'Amsterdam (Hollande).

La *houille* se lie, par des transitions insensibles, à l'anthracite, au lignite et à la tourbe, qui sont aussi les produits d'un antique enfouissement de végétaux minéralisés par le temps.

L'anthracite n'est que de la houille presque dépouillée de bitume, ce qui en rend la combustion plus difficile à décider. Il abonde surtout dans l'Amérique Septentrionale.

Le *lignite* est de la houille moins dense, moins minéralisée, parce que la formation géologique en est moins ancienne. Aussi dégage-t-il moins de chaleur; et puis, l'odeur qu'il exhale en brûlant le rend moins propre au chauffage. Le plus

riche dépôt de lignite se trouve dans le territoire
de Cologne (Prusse).

La *tourbe* contient encore moins de carbone que
le lignite, parce qu'elle provient, non de végétaux ligneux, mais de plantes herbacées et surtout d'herbes marécageuses. Du reste, c'est une
minéralisation qui s'accomplit même sous nos
yeux et qui, en général, n'exige pas plus d'un
siècle. La Hollande n'a pas d'autre combustible
que la tourbe, qui, sur tous les points, s'y trouve
à une petite profondeur.

2° BITUME, SUCCIN, COPAL.

Le *Bitume*, substance inflammable que nous
avons signalée surtout dans la houille, paraît avoir,
comme elle, une origine végétale. Il a reçu, selon
sa consistance, des noms divers. On l'appelle
asphalte, quand il est dur, cassant; *pétrole,* quand
il est visqueux. Sous la forme d'asphalte, il est
plus lourd que l'eau pure; et s'il flotte à la surface
du lac *Asphaltite,* c'est qu'en effet les eaux de ce
lac, qui porte ainsi les traces de la catastrophe de
Sodome, ont acquis accidentellement beaucoup de
densité. L'*Auvergne* et l'*Alsace,* *Seyssel* (Ain) et
Dax (Landes) en ont de grandes exploitations.
L'asphalte sert surtout à faire des mastics. Dans
la confection des trottoirs, on l'étend, ramolli par
la chaleur, sur un fond convenablement préparé,
et on le saupoudre de gravier. L'asphalte, en se

refroidissant, reprend assez de dureté pour fixer le sable, qui doit supporter le frottement.

Le *Pétrole* acquiert, de jour en jour, une plus grande importance industrielle. L'Amérique du Nord, notamment au pied des monts Alleghanys, présente des sources naturelles de cette huile minérale, analogue à celle que fournit artificiellement la distillation de la houille. L'exploitation de ces sources, ainsi que l'emploi de cette huile pour l'éclairage, exige des précautions toutes spéciales, car le pétrole est très-inflammable. A Paris, pour en atténuer le danger, on le mêle avec une certaine quantité d'huile végétale, qui en corrige aussi l'odeur. Sous le rapport de l'éclairement ou effet utile de la lumière, l'huile minérale l'emporte sur le gaz *carboné ;* puis, sous le rapport surtout de l'économie, elle est, de beaucoup, préférable au gaz et aux huiles ordinaires. Elle menace même, par son grand pouvoir calorifique, de faire une concurrence réelle à la houille pour le chauffage. Notons en effet, que, par sa combustion, le pétrole produit quatre fois autant de chaleur qu'un poids égal de charbon; et, comme le gaz de la fumée et le cendrier absorbent environ la moitié de la chaleur dégagée par le charbon, il en résulte que, si l'on parvient à éviter toute perte de chaleur dans la combustion du pétrole, un kilogramme de cette huile pourra remplacer huit kilogrammes de charbon. Or, il serait bien important de réduire la quantité de combustible qu'exigent les *steamers* de long cours. Les navires à vapeur sont forcés de renouveler leurs provisions de charbon dans des *escales* plus ou moins rapprochées. Deux itinéraires importants restent ainsi interdits à la vapeur : celui du cap Horn (Amérique méridionale) et celui du cap de Bonne-Espérance (Afrique). La houille, par son volume, enlève au tonnage des navires un espace considérable. Quant à la question de sécurité, voici comment on arrive à ce que le pétrole n'offre pas plus de danger que la houille. L'huile est contenue dans une double caisse de fer. La caisse intérieure est le récipient du pétrole; la caisse extérieure, qui sert d'enveloppe à la caisse intérieure, en est séparée par un intervalle de deux à trois centimètres, et cet intervalle est empli d'eau.

Dans la *Birmanie*, on compte plusieurs centaines de sources, qui fournissent annuellement plus de 100 millions de pétrole et de goudron; elles alimentent de cire, à Londres, la fabrique de bougies *stéariques* la plus considérable du globe.

Le *Succin* ou ambre jaune est, comme le bitume, une substance composée et un produit géologique. C'est une sorte de résine fossile diaphane. Elle empâte quelquefois des insectes contemporains des arbres qui jadis la produisirent elle-même, et qui sont aujourd'hui transformés en charbon. Le succin, recueilli presque uniquement sur les bords de la *Baltique*, fut connu des Anciens, qui donnèrent son nom *(Electron)* à cet agent que la physique appelle encore *Électricité*. Il s'électrise, en effet, par le simple frottement. Il fut autrefois très-estimé comme objet d'ornement, car il peut recevoir un beau poli. On peut aussi lui donner diverses teintes, et le ramollir au point d'y incruster des corps étrangers qui en rehaussent le prix.

Le *Copal* est aussi une résine, mais qu'on obtient par incisions faites à l'arbre qui porte son nom. On l'emploie pour fabriquer des pommes de canne, des bracelets, des colliers, des peignes, des boucles d'oreille. Il entre dans la composition des meilleurs vernis, ainsi que le succin.

Pour ne pas confondre le succin et le copal, il suffit de noter que l'huile essentielle de *cajeput* dissout le copal et ne dissout pas le succin.

3° SOUFRE.

Cet élément, d'un jaune verdâtre, a deux fois la densité de l'eau; il est fusible à 108° de chaleur, inflammable à 150°; insoluble, mauvais conducteur du calorique et de l'électricité. Il brûle avec flamme, parce qu'il est volatil. A mesure qu'on le chauffe, on voit sa couleur s'exalter jusqu'au rouge, puis revenir au jaune par le refroidissement. Cette circonstance prouve que le phénomène de coloration ne tient qu'à l'arrangement différent des molécules.

Par lui-même ou par ses composés, le soufre a une telle importance que la puissance industrielle d'un pays peut être mesurée sur la proportion de soufre qu'il consomme.

Il n'est pas aussi rare, heureusement, qu'on pourrait le croire en voyant toute l'Europe tributaire de la Sicile, sous ce rapport. Assurément les solfatares célèbres de l'Etna (Sicile), comme celles du Vésuve (Italie), le donnent à profusion et presque à l'état pur. Mais on peut le retirer de ses combinaisons, c'est-à-dire de ses *sulfures* et de ses *sulfates*. Le sulfure le plus répandu est le sulfure de fer, qui porte le nom de *pyrite*. La montagne brûlante de *Sarrebourg* (Meurthe) n'est qu'une houillère brûlant par le sulfure de fer qui, au contact de l'air et de l'eau, change de nature, mais avec une vive chaleur, car c'est comme une véritable combustion. Le sulfate le plus commun est le sulfate de chaux, vulgairement appelé *Plâtre*. La France possède un gisement de soufre près de Florac (Lozère).

Ce combustible fut d'autant plus connu des Anciens, qu'il se signale immédiatement par sa belle couleur et qu'il abonde dans cette partie de l'Italie si longtemps le grenier du Peuple-Roi.

Les emplois du soufre sont très-nombreux. Il entre dans la composition de la poudre de guerre, il *vulcanise* le caoutchouc, il détruit une foule de parasites et notamment l'*oïdium*, il sert d'amorce aux allumettes, il constitue le principe essentiel des eaux dites sulfureuses.

Il est précieux pour la gravure des médailles, parce qu'il prend les empreintes avec une extrême précision. C'est une conséquence de la singulière propriété qu'il a de se dilater en se solidifiant, de telle sorte qu'il s'applique de plus en plus sur le moule, à mesure qu'il s'y refroidit.

Uni à l'oxygène, le soufre forme l'acide *sulfureux* et l'acide *sulfurique;* uni à l'hydrogène, il forme l'acide *sulfhydrique*. Ces trois corps sont vénéneux. Mais, d'abord, il n'y a guère que le troisième qui se rencontre à l'état libre dans la Nature, et l'odeur infecte de ce gaz en signale de loin les moindres traces. Et puis, ces trois acides sont éminemment utiles. L'acide sulfureux sert au blanchîment de la soie, de la laine, des plumes, de la paille, et principalement au *mutage* des vins blancs. L'acide sulfurique est un agent énergique que réclament plusieurs industries; il convertit la fécule en glucose (sucre) et retire de la craie le gaz qui constitue l'eau de seltz. Quant à l'acide sulfhydrique, c'est lui qui donne aux eaux de Barèges et d'Enghien leur odeur et leur efficacité; c'est par lui que le soufre monte dans l'atmosphère, retombe avec la pluie, pénètre dans les plantes et, par les plantes alimentaires, devient partie intégrante des animaux.

Le soufre est, en effet, nécessaire à l'homme,

à tous les animaux et à toutes les plantes. Nous le trouvons en notable proportion dans le jaune d'œuf. Quand un œuf se putréfie, le soufre s'en dégage sous la forme d'acide sulfhydrique, comme il se dégage également des huitres et des moules, quand elles sont gâtées. Il peut alors déterminer des accidents graves. Il a de plus l'inconvénient de noircir l'argent, l'or, la peinture au blanc de plomb; et c'est pour ce motif, aussi, qu'il importe de veiller à ce que le gaz de l'éclairage en soit suffisamment purifié.

4° PHOSPHORE.

Le *Phosphore* est un élément solide, qui ne doit être manié qu'avec précaution, car il produit de profondes brûlures. Dans l'obscurité, le phosphore émet une lumière faible qui lui est tellement propre qu'elle porte le nom de phosphorescence. Il est peu soluble dans l'eau; mais il la rend très-délétère, pour peu qu'elle en contienne seulement quelques traces.

On ne le trouve jamais à l'état libre dans la Nature, parce qu'il a beaucoup d'affinité pour tous les corps et surtout pour l'oxygène. Uni à ce gaz, il forme, à froid, l'acide phosphoreux et, à chaud, l'acide phosphorique.

Le phosphore entre en partie notable dans la substance cérébrale; il constitue essentiellement avec la chaux le squelette de l'homme et des animaux supérieurs. C'est à l'état de *phosphate de chaux*, que l'eau pluviale le dissout et le porte dans les plantes; par les plantes, il passe dans les animaux herbivores et, par les animaux herbivores, dans les animaux carnassiers. On le retire principalement des os de mouton. Nos dents sont formées de phosphate de chaux; l'émail qui les recouvre et les protége est une combinaison que les chimistes appellent *fluorure de calcium*. Ce qu'il importe de noter, c'est que, privée d'émail, la dent se carie par l'action des acides et, même, de l'acide carbonique produit par la respiration.

Le *phosphate de fer* sert en médecine pour introduire dans l'organisme deux éléments importants : le phosphore et le fer. Le *phosphate de cobalt* fournit à l'industrie toutes les teintes roses jusqu'au violet pourpre.

La substance des *feux follets* qui se dégagent parfois des fissures du sol dans les soirées chaudes de l'été, est un *phosphure d'hydrogène,* corps éminemment combustible.

L'emploi le plus commun du phosphore consiste dans la fabrication des allumettes à frottement. Ces allumettes sont d'une incontestable utilité : mais elles présentent un double danger, puisqu'elles portent un corps vénéneux et incendiaire. Le phosphore prend feu à 40° de chaleur; un simple frottement suffit pour l'élever à cette température; et c'est ainsi que dans les allumettes, le phosphore prenant feu, enflamme le soufre qui, à son tour, enflamme la bûchette.

Le contre-poison du phosphore est la magnésie calcinée, en suspension dans de l'eau bouillie, c'est-à-dire presque complètement privée d'air. On vient de signaler aussi, comme réactif efficace du phosphore, l'essence de térébenthine.

Quand une fabrique de phosphore est en pleine activité, surtout la nuit, elle impressionne à la fois tous les sens. L'œil est ébloui par les étincelles de phosphore qui jaillissent, quoi qu'on fasse, de divers creusets, et la flamme jaunâtre d'hydrogène phosphoré lui paraît d'autant plus livide qu'elle se mêle à la flamme bleuâtre d'oxyde de carbone. A cet aspect sinistre, ajoutez le bouillonnement tumultueux des vapeurs et des gaz, l'insupportable rayonnement calorifique de la fournaise, la saveur pénétrante des vapeurs phosphoriques et l'odeur suffocante des gaz phosphorés.

Le phosphore ne coûte guère, aujourd'hui, que dix francs le kilogramme. Les allumettes à frottement en consomment la plus grande part. Or la quantité d'allumettes qu'on fabrique tous les ans est incroyable, et il est triste de songer à quel prix infime est vendu ce produit, qui présente tant de périls pour l'ouvrier. Chaque année, Londres fabrique plus de cinq milliards d'allumettes, et Vienne (Autriche), plus de quarante-cinq milliards. Les deux fabriques autrichiennes occupent six mille personnes et livrent quatre cents allumettes pour cinq centimes. En France, l'État s'est réservé le monopole de ce produit.

5° ARSENIC.

L'*Arsenic*, au point de vue chimique, est sur la limite entre les *métalloïdes* et les *métaux*. Comme on l'emploie rarement seul, cet élément semble d'abord n'avoir qu'un médiocre intérêt; mais, par ses combinaisons, il acquiert une telle importance, que la France seule en consomme annuellement plus de deux cent mille kilogrammes.

L'arsenic est d'un gris d'acier. Quand il est pur, il n'est pas vénéneux; mais il contracte aisément des propriétés toxiques. Il est combustible à une température très-élevée.

Uni au cuivre, il constitue le cuivre blanc; il forme avec le plomb la grenaille de chasse.

Il forme avec l'oxygène deux acides : l'acide arsénieux et l'acide arsénique.

La fabrication de l'acide arsénieux, vulgairement appelé mort-aux-rats, est d'autant plus dangereuse que cet acide est volatil. Pour n'être pas pénétré par cette vapeur vénéneuse, l'ouvrier doit se revêtir de peau, avoir à la bouche et aux narines une éponge mouillée et, par surcroît de précaution, boire de l'huile. En Silésie, c'est un travail de criminels.

Nous verrons que ce corps est très-utile dans la cristallerie.

L'acide arsénique n'est pas aussi délétère que l'acide arsénieux. Combiné avec l'oxyde de cuivre, il donne un très-beau vert employé pour papiers peints et pour étoffes; toutefois il est prohibé pour les fleurs artificielles, pour les pains à cacheter, pour les bonbons. La sueur peut le dissoudre et, par conséquent, l'introduire dans les organes; cette circonstance devroit suffire pour l'exclure de la fabrication des tissus.

L'empoisonnement par l'arsenic est ordinairement produit par l'acide arsénieux. Cet acide a pour contre-poison un oxyde de fer qui le rend insoluble. Or, rendre un corps insoluble, c'est chimiquement le neutraliser. Dans les constatations judiciaires, on peut, par l'appareil de Marsh, signaler un milligramme d'acide arsénieux. Cet appareil est appelé Arsénioscope. Un moyen facile de distinguer l'acide arsénieux consiste à le projeter sur des charbons ardents, car il brûle alors en répandant une odeur d'ail tout-à-fait caractéristique.

III. MÉTAUX.

Les Métaux sont des minéraux denses et fusibles. Ils sont, en général, souterrains et forment, à diverses profondeurs, des masses plus ou moins considérables qu'on appelle mines. Ils ne tiennent pourtant qu'une petite place parmi les substances qui composent l'écorce terrestre, mais leur importance industrielle les met au premier rang. Nous ne devons nous occuper ici que des plus employés, des plus utiles.

1° FER.

Le *Fer* est, de tous les métaux, le plus utile à la fois et le plus répandu. Sa couleur est d'un gris bleuâtre. Il a le rare privilége de pouvoir se souder directement, et c'est sur cette propriété que repose l'art remarquable du forgeron.

Malléable et *ductile,* il peut, en conservant beaucoup de force, s'étendre au laminoir en feuilles minces et s'étirer à la filière en fils très-déliés. La plus mince plaque de fer qu'on ait encore laminée est la feuille sur laquelle a été écrite une lettre adressée d'Amérique à un journal de Birmingham : elle n'est que deux fois plus lourde qu'une feuille de papier à lettre. La *densité* du fer n'est que sept fois celle de l'eau. Sa *ténacité* cependant est extrême ; car, réduit en un fil d'un millimètre d'épaisseur, il peut supporter, sans se rompre, un poids de soixante kilogrammes. Cette qualité le rend éminemment propre à la confection des ponts suspendus. Sa ténacité est encore soutenue par sa *dureté*.

Le fer est, en effet, un métal dur. C'est à ce titre qu'il sert par excellence pour constituer, d'abord tous les outils, puis les rails sur lesquels courent les wagons, enfin les bandes ou les lames qui protégent les roues des voitures ou les pieds des chevaux. On ne le fond qu'avec peine, à moins qu'on n'excite le feu avec de l'air chaud.

On ne le trouve parfaitement pur, ni dans la Nature, ni dans les arts. Il s'enchaîne et se dissimule dans des combinaisons si intimes et si complexes, qu'on éprouve beaucoup de peine à le reconnaître et, bien plus encore, à l'isoler. Quand on traite son *minerai* par le feu, on n'obtient d'abord que la fonte, c'est-à-dire une combinaison de fer avec une certaine quantité de carbone et de silicium, dont on ne parvient même à le séparer qu'imparfaitement par une opération assez longue qu'on appelle *affinage*. Le fer le mieux affiné retient toujours quelques traces de carbone.

Quand le fer est uni, naturellement ou artificiellement, à une petite proportion de carbone, il devient *acier*. Pour élever le fer à l'état d'acier, c'est-à-dire pour augmenter de beaucoup sa dureté, on le chauffe mêlé avec du charbon, et quelques millièmes de carbone pénètrent alors dans le fer. Cependant, comme la carburation n'est pas uniforme, parce que les couches extérieures du fer sont plus carburées que les couches intérieures, l'acier doit être fondu pour devenir aussi complètement *homogène*. L'acier sert principalement à constituer les instruments tranchants, ainsi que les limes et les ressorts.

Pour le besoin des arts, on rend l'acier très-souple ou bien très-dur, selon qu'après l'avoir rougi au feu, on le refroidit très-lentement ou bien très-vite. La nature de l'acier est la même dans les deux cas, mais l'arrangement des molécules en est différent : quand le refroidissement est doucement gradué, les molécules ont le temps de prendre la disposition relative qui leur est naturelle ; tandis que, dans le second cas, elles sont forcées de rester dans la situation où le froid les a brusquement saisies. Pour que l'acier soit plus rapidement refroidi, on le plonge dans l'eau. Cette opération en a reçu le nom de trempe ; elle produit sur l'acier le même effet que le martelage : elle le rend plus dense. Certaines eaux sont plus aptes à produire la trempe, telles sont celles du Furens, petite rivière qui traverse la ville de St-Etienne.

Le fer est quelquefois altéré par la présence du soufre. Il est alors plus fusible, mais cassant ; or le soufre, quoique vaporisé par le feu dans l'opération de l'affinage, ne peut être éliminé cependant que d'une manière incomplète, car il est ici retenu par une puissante affinité.

Le fer s'oxyde, c'est-à-dire se rouille, au contact de l'air humide. Cette oxydation, qui le rend pulvérulent, résulte de la combinaison du fer avec une forte proportion de l'oxygène de l'air ; l'humidité la favorise en fixant sur le métal ce gaz, qui, par lui-même, est très-mobile. Pour empêcher la formation de la rouille, on recouvre le fer d'un vernis, comme dans les grilles de nos jardins ; ou bien on le revêt d'une feuille métallique, par exemple, d'une feuille d'étain, et alors on a ce fer étamé qu'on appelle fer-blanc.

La combinaison du fer avec une moindre proportion d'oxygène constitue l'*aimant* naturel, qui est doué d'une propriété merveilleuse. C'est un exemple bien remarquable de la puissance créatrice qui varie si profondément les propriétés d'un corps en variant les proportions relatives des éléments qui le composent. Puis, de l'aimant perfectionné, la science a fait cet instrument, si précieux pour la marine, qui porte le nom de boussole. La boussole est une aiguille aimantée, qu'on place dans une boite vitrée au centre d'un cercle indicateur, et qui, libre de prendre toutes les directions, persiste à se tourner toujours vers le pôle. Cet instrument ne fut point inventé par le Napolitain Flavio Gioja ; car, s'il n'était pas connu des Chinois depuis plusieurs siècles, du moins les Arabes s'en servaient déjà, bien avant, pour se diriger dans le désert et pour se tourner vers la Mecque au moment de la prière.

Du reste, le fer doit passer par l'état d'oxydation pour entrer dans nos organes, où sa présence est nécessaire, comme aussi pour se dissoudre dans les eaux dites ferrugineuses, qu'emploie si souvent la médecine. C'est un de ses oxydes qui est le contre-poison de l'arsenic, contre-poison d'autant plus précieux qu'il peut être pris à forte dose sans aucun danger.

Nous avons vu que le *phosphate de fer* est un médicament qui porte à la fois dans nos organes : le phosphate, un des éléments constitutifs du cerveau, et le fer, un des éléments constitutifs du sang.

Les services du fer sont innombrables : c'est le pivot de l'industrie. Il intervient dans presque tous les arts, il colore aussi presque toutes les substances minérales. Nous avons déjà signalé plusieurs de ses applications, nous devons en citer quelques autres. A l'état de fer proprement dit, il est surtout employé dans la serrurerie, les manufactures d'armes, le charronnage, la clouterie. Mis en feuille, il forme la tôle, dont on fait les tuyaux de poêle.

Le fer tend à se substituer au bois, à la pierre, au bronze. Il est surtout facile de comprendre tout l'avenir que l'architecture civile et la décoration des monuments réservent à la fonte qui résiste beaucoup plus que le bois et la pierre, et qui coûte dix fois moins que le bronze.

Le fer doux, c'est-à-dire le fer pur, qui n'a été ni martelé ni tordu, s'aimante et se désaimante, pour ainsi dire, spontanément, lorsqu'il est soumis et soustrait tour-à-tour à l'action d'un *électro-aimant*. C'est sur cette propriété que repose le jeu du télégraphe électrique, merveilleux messager qui porte les dépêches avec une vitesse que surpasse seule la vitesse de la pensée.

Le *sulfate de fer*, employé dans l'arrosage, augmente le volume des fruits et en améliore la qualité. Il sert aussi, avec la noix de galle, à la composition de l'encre ordinaire.

De toutes les divisions de l'industrie des fers, aucune n'a été plus lente à s'établir en France que la fabrication de l'acier. Cette lacune se comble tous les jours. Nous pouvons même dire que, pour l'acier fondu, Rive-de-Gier (Loire) ne craint la concurrence d'aucune manufacture anglaise, et que nos ressorts égalent tout ce que l'Angleterre produit de meilleur.

Le fer était connu dans la période antédiluvienne ; mais sa mise en œuvre offre tant de difficultés, qu'il est permis d'affirmer que les Anciens n'ont réellement employé que la fonte. Du reste, il n'y a pas dans Homère le plus petit vestige de fer. On peut en conclure que chez les Grecs, à l'époque de la guerre de Troie, ce métal était du moins fort rare. Chez les Romains eux-mêmes, le fer ne dut être encore que de la fonte ; car ils ne pouvaient l'affiner, ne connaissant ni le charbon de terre, ni l'action de l'air chaud. Mais, chez les Grecs déjà, on savait l'effet de la trempe sur la fonte.

Dans le Moyen-Age, le travail du fer était, par exception, si estimé, qu'un gentilhomme pouvait, sans dérogeance, être forgeron : ce qui explique pourquoi, dans les vieilles gravures, les forgerons sont représentés souvent l'épée au côté. Cette exception en faveur du métal de Mars, qui sert à fabriquer les armes par excellence, doit se comprendre à une époque où la guerre était elle-même considérée comme la plus noble de toutes les professions. La fabrication des armes était la principale branche industrielle de la France; et Strasbourg, Mâcon, Autun, Soissons, Amiens, conservèrent longtemps la réputation dont leurs manufactures avaient joui sous les Gaulois.

Aujourd'hui, tout l'avenir des arts est lié au travail du fer. Une nation qui ne connaît pas le fer ou qui ne l'emploie point, est une nation sauvage; car, sans lui, point d'agriculture, point d'industrie, point de civilisation. Le fer est donc le véritable roi des métaux. La Suède, la France et l'Angleterre en possèdent les mines les plus riches. Si ce métal était plus rare, les seules mines de la Suède seraient plus productives que les mines d'argent du Pérou, que les mines d'or de la Californie.

2° CUIVRE.

Le *Cuivre* est rouge, ductile, malléable, tenace; mais, surtout, il est le plus sonore des métaux et le meilleur conducteur de l'électricité. Plus fusible que le fer, moins fusible que l'argent, il a neuf fois la densité de l'eau. Quoique très-commun, il ne se présente presque jamais à l'état pur. Le frottement en dégage une odeur désagréable, et il a une saveur nauséabonde.

On l'emploie rarement seul; mais il forme avec différents métaux de nombreux alliages, dont les qualités et les nuances sont très-variées : le cuivre blanc (avec l'arsenic), le cuivre noir (avec le fer), le cuivre jaune ou laiton (avec 0,33 de zinc), le chryso-cale ou similor (avec moins de zinc), le bronze ou l'airain (avec des proportions différentes d'étain).

On appelle *clinquant* de petites feuilles de cuivre couvertes de vernis diversement colorés; ces feuilles prennent ainsi l'apparence d'objets d'une grande valeur.

L'industrie profite de la parfaite sonorité de ce métal pour en fabriquer des instruments retentissants, des cordes harmoniques, des cloches, des timbres. La peinture lui doit, pour ainsi dire, ses couleurs vertes; la marine l'applique au doublage des vaisseaux pour les défendre du taret qui les mettrait bientôt hors de service, car ce mollusque, creusant le bois pour s'y loger, détruit ainsi jusqu'aux digues de la Hollande. Dans les monnaies et la bijouterie, on se sert du cuivre pour donner à l'or et à l'argent une dureté convenable. Ailleurs, on le façonne en mille objets d'ornement et d'utilité, car il est docile au marteau et se coule assez bien; et comme, à l'état de bronze, il se conserve mieux que la plupart des métaux, c'est cet alliage qui, sous forme de médaille, de statue, de monument, est chargé de transmettre à la postérité les personnalités illustres et les grands souvenirs. Le nouveau bronze, formé de 90 de cuivre et de 10 d'*aluminium*, est un similor magnifique.

L'*oxyde* de cuivre, dissolvant fort bien le coton, peut en constater ainsi la présence et les proportions dans les tissus mélangés de coton et de laine, ou de coton et de soie. Les deux oxydes que forme le cuivre servent à colorer les verres et les cristaux, l'un en bleu, l'autre en rouge vif.

Le travail du cuivre n'est pas sans danger, parce que ce métal se volatilise aisément. Quoiqu'il ait le triple avantage d'être d'un prix peu élevé, de pouvoir supporter une forte température et de ne communiquer aux aliments aucune saveur, son usage dans les ustensiles de cuisine devrait être écarté. En effet, à froid, il est attaqué par les acides les plus faibles et devient alors *vert-de-gris*. Pour prévenir la formation de ce poison, d'autant plus dangereux qu'il ne se trahit ni au goût ni à l'odorat, on étame le cuivre, c'est-à-dire on le couvre d'une couche d'étain, qui le soustrait ainsi au contact des acides ; mais l'étamage exige une continuelle surveillance, et n'empêche pas qu'il ne fût beaucoup plus sage de renoncer à l'emploi du cuivre dans la préparation des aliments. En cas d'empoisonnement par le vert-de-gris, le malade devra prendre du blanc d'œuf délayé dans de l'eau froide.

Le cuivre est même vert-de-grisé par l'acide carbonique que contient l'atmosphère, et cette altération se manifeste encore dans les alliages où ce métal n'entre qu'en très-petite proportion. Le cuivre jaune est plus employé que le cuivre pur, parce qu'il est plus dur, plus éclatant, moins altérable et moins cher.

Pour constater l'emploi du cuivre dans les temps les plus reculés, il n'est besoin de parler ni du *serpent* de Moïse, ni du *lion* d'Athènes, ni du *colosse* de Rhodes, ni du *porte-voix* des acteurs grecs, ni des *monnaies* de Numa; car on sait que, durci par la trempe ou converti en bronze, il tenait lieu chez les Anciens et de fer et d'acier. On le retirait alors principalement de l'île de Chypre, où était Paphos; et c'est pour ce motif que les alchimistes l'appelèrent métal de Vénus. Les fouilles d'Herculanum prouvent que les Romains l'employaient dans leurs monuments les plus somptueux comme dans les ustensiles les plus grossiers, et qu'ils l'étamaient avec l'argent; mais, pour juger seulement de tout le cuivre dont l'art statuaire avait orné la capitale du monde, rappelons, avec un de leurs auteurs, qu'il y avait dans Rome *un peuple de bronze qui égalait presque le nombre des citoyens.* Les statues, en effet, encombraient les places et les portiques, et on en comptait près de trois mille au seul théâtre de Scaurus. Au-dessus d'elles s'élevait avec majesté la colonne de Trajan, qui a servi de modèle à la colonne de Napoléon.

Quant aux fameux airain de Corinthe, c'était un alliage extrèmement complexe auquel il serait difficile de donner un nom bien exact, mais qui fut estimé longtemps à l'égal de l'or. Cet alliage fut produit fortuitement par l'incendie qui fondit les innombrables statues, vases et autres ornements qui décoraient les temples, les lieux publics et les palais de cette ville célèbre.

Mais que de nouveaux emplois du cuivre surgirent au Moyen-Age, depuis l'horloge de *Dondis* jusqu'à la planche de *Finiguerra;* depuis le *beffroi* de l'église jusqu'au *tamtam* de la mosquée; depuis le *cor-de-chasse* féodal jusqu'au *canon* de Crécy!

Aujourd'hui, malgré les innombrables services du fer et de l'acier, la privation du cuivre laisserait encore un vide immense parmi les importantes productions des arts; et son utilité, au lieu de se restreindre, s'est étendue, quoique l'industrie dispose cependant de plusieurs autres métaux inconnus des Anciens. Comment citer, en effet, tous les emplois actuels de ce métal, depuis l'épingle exiguë, auxiliaire indispensable de la toilette, jusqu'au fil télégraphique, merveilleuse voie de l'électricité. Les premières épingles furent apportées d'Angleterre, en 1543. La consommation de ce petit produit s'élève annuellement à 75 millions de francs. Quant aux fils télégraphiques, c'est par économie qu'on substitue le fer au cuivre dans les lignes ordinaires.

Ajoutons enfin une application fort importante du cuivre pour la conservation des bois ouvrés qui doivent rester exposés à l'air, comme les échalas, les tuteurs, les pieux, les treillages. Pour les rendre presque inaltérables, il suffit de les immerger durant quelques jours dans une dissolution de *sulfate de cuivre*. Mais il faut que le bois ait été fraichement abattu. En effet, si le bois était desséché, l'air, ayant pris alors la place de la sève évaporée, s'opposerait à la pénétration du sulfate de cuivre, comme il s'oppose mécaniquement à l'introduction des liquides dans un tube *capillaire*.

N'oublions pas que tous les composés du cuivre sont vénéneux. Elle est donc bien coupable la fraude qui consiste à colorer ainsi certains comestibles : les cornichons, quand ils ont été jaunis par le temps ; les huîtres, quand on veut leur prêter les apparences d'huîtres vertes, afin d'en surfaire le prix. Pour reconnaître la fraude dans ces deux cas, il suffit de faire pénétrer une aiguille dans le cornichon ou dans l'huître, après les avoir inondés de vinaigre. Le cuivre alors ne tarde pas à se fixer sur l'aiguille, avec sa couleur naturelle, c'est-à-dire rouge.

Les contrées les plus riches en cuivre sont : la Californie et l'Angleterre, pour la quantité ; la Russie, pour la qualité. La France en possède plusieurs mines ; mais la plupart ne sont pas exploitées, et la seule peut-être qui mérite d'être citée est celle de Chessy (Rhône). C'est ce qui nous rend si précieuse la mine abondante de Mouzaïa (Algérie).

4

3° PLOMB.

Le *Plomb* est d'un gris éclatant, mais se ternit promptement au simple contact de l'air. On ne peut donc, dans la Nature, le trouver à l'état pur. Il a peu de dureté, de ténacité, de ductilité. Il est trop mou pour être sonore, mais il est assez malléable. Il s'allie facilement aux autres métaux, surtout avec l'argent. On ne l'emploie guère à l'état pur.

Sa densité, qui est onze fois celle de l'eau, le place, sous le rapport de la pesanteur, après le mercure, l'or et surtout le platine. Mais cette densité suffit pour le rendre le plus propre à servir de projectile, en raison de son abondance et de sa fusibilité, qui permettent aussi de l'appliquer à un grand nombre d'usages. Il fut, de tous les métaux, le moins estimé des alchimistes, qui lui donnèrent le nom de Saturne.

Sur lui repose toute l'industrie du plombier, qui le façonne en tuyaux, en plaques, en balles, en grenaille. Mais on avait cherché longtemps à souder ce métal avec lui-même, sans alliage et par la seule fusion, lorsque M. Desbassyns a résolu très-nettement le problème par un dard de flamme qui devient ainsi pour l'opérateur un véritable outil de feu. Suffisamment comprimé, le plomb peut, par des orifices latéraux, passer à la manière du macaroni, et forme ainsi des tuyaux cylindriques d'une longueur indéfinie et d'une parfaite régularité. Ces tubes, à cause de leur souplesse, sont commodes surtout pour conduire le gaz de l'éclairage. Quant à la fabrication de la grenaille, il importe d'ajouter une très-petite proportion d'arsenic; car le plomb, s'il était seul, ne se détacherait pas du tamis par globules, mais passerait en filets. Cette fabrication exige qu'on opère à une assez grande hauteur, afin que les globules aient le temps de se refroidir, c'est-à-dire de reprendre l'état solide, avant d'éprouver le choc d'un corps dur. Et comme, par l'effet de la vitesse acquise, ils se déformeraient en tombant sur le sol, on les reçoit dans une nappe d'eau qui ralentit leur chute et achève de les solidifier.

La métallurgie se sert du plomb pour épurer l'argent; l'imprimerie lui doit en grande partie ses caractères, et la peinture, quelques couleurs : la belle couleur blanche nommée céruse, la couleur rouge ou minium. La chimie ne pourrait, sans le plomb, fabriquer en grand l'acide sulfurique, car l'usage du platine serait ici beaucoup trop cher. La pharmacie utilise quelques-unes de ses propriétés. Enfin l'optique lui doit de brillants effets de lumière, et l'astronomie surtout, la perfection de ses instruments; car, uni au verre en proportion convenable, le plomb l'élève à l'état de cristal, c'est-à-dire le rend plus beau, moins fragile, plus facile à tailler. Le cristal peut ainsi réfracter, disperser les rayons lumineux, de manière à produire les couleurs étincelantes des pierres précieuses.

Les composés du plomb ont une saveur légèrement sucrée, ce qui peut le rendre dangereux pour
les enfants dans les boîtes de couleurs, dans le fard
des poupées, dans le glacé des cartes de visite.

. L'eau qui passe par un simple robinet de plomb
est empoisonnée. Ajoutons que les seules vapeurs
de ce métal, respirées habituellement, ne sont pas
sans danger. Le tabac à priser, renfermé dans des
vases de plomb, devient *toxique*. Ce n'est donc
pas avec des feuilles de plomb qu'on doit envelopper certains comestibles, par exemple, les tablettes
de chocolat. Ajoutons encore qu'il est bien essentiel de ne laisser aucune parcelle de plomb dans
les bouteilles, quand on s'est servi de la grenaille
pour les nettoyer.

Le plomb se noircit au contact du soufre. C'est
ainsi que s'explique l'action des peignes de plomb
sur les cheveux, dont il fonce un peu la couleur,
en se combinant avec les vapeurs légèrement sulfureuses qui se dégagent de la tête.

Quant à l'expression *mine de plomb* ou *plombagine*, que le langage vulgaire applique au crayon,
nous avons dit, en parlant du carbone, combien
elle est impropre. Le crayon ne contient pas un
atome de plomb; seulement il laisse sur le papier
une trace qui a la couleur de ce métal.

Le plomb fut peu employé chez les Anciens,
quoiqu'il ait été connu dès la plus haute antiquité.
Il forme aujourd'hui une des principales richesses

de l'Espagne, de l'Angleterre et de l'Allemagne. Les mines de plomb du Finistère sont les exploitations métalliques les plus considérables de la France; elles sont argentifères.

4° ÉTAIN.

L'*Étain* a presque la blancheur de l'argent, mais il perd bientôt son éclat au contact de l'air. Il n'a que cinq fois le poids de l'eau; il développe une odeur désagréable, quand on le frotte, et produit un cri, quand on le tord. La Nature ne le présente jamais à l'état complet de pureté. Ses alliages cependant sont peu nombreux; il se combine fort bien avec le cuivre pour former le bronze, et avec le fer pour constituer le fer-blanc. Quand on substitue à l'étain l'aluminium, on obtient un bronze de qualité supérieure. Quant au fer-blanc, c'est une véritable combinaison qui s'opère aisément. Il suffit de plonger la feuille de fer dans l'étain fondu. L'étain s'unit au fer et cristallise en se refroidissant. Uni à l'oxygène, ce métal forme un acide, appelé *stannique,* dont se sert la teinture pour donner à la couleur écarlate une extrême vivacité.

L'étain n'est pas attaqué par les acides végétaux, et s'applique facilement sur le cuivre : double propriété qui le rend très-utile pour l'étamage de quelques ustensiles de cuisine. Cet étamage, toutefois, serait plus durable et plus beau, si on alliait ce métal à une petite proportion de nickel et de fer qui lui donnent, en effet, plus d'éclat et plus de dureté. Cet alliage serait surtout bien utile pour étamer la fonte, sur laquelle l'étain pur ne s'applique que difficilement. Le plus bel emploi de l'étain, peut-être, consiste dans l'étamage des glaces ; car, adhérent au verre par l'intermédiaire du mercure, il forme cette couche métallique qui donne au miroir sa propriété réfléchissante. On obtient un miroir parfait en substituant l'argenture à l'étamage, c'est-à-dire une feuille d'argent à la feuille d'étain.

Le potier d'étain, après avoir durci ce métal par une certaine quantité de bismuth, le travaille sous différentes formes, toutes plus ou moins utiles et d'un prix modéré. Toutefois cette branche d'industrie eut plus d'importance encore au Moyen-Age, époque à laquelle l'argenterie se montrait à peine sur les tables les plus somptueuses ; car aujourd'hui, pour la vaisselle, l'argent, en grande partie, remplace l'étain, comme l'étain lui-même a remplacé le bois. Depuis longtemps, en France, on le substitue au plomb pour les vases qui contiennent le tabac à priser, comme aussi pour les feuilles qui servent d'enveloppe aux tablettes de chocolat.

L'étain fut dédié à Jupiter. Les Anciens l'employèrent presque exclusivement comme élément du bronze et de l'airain, composés métalliques qui jouent un si grand rôle dans leurs armes de guerre et dans leurs monuments. Son

exploitation fut une des principales richesses commerciales des Tyriens. Leurs navires allaient le
chercher secrètement dans le Cornouailles, et
préféraient même s'abîmer que de laisser voir aux
autres peuples le but de leur expédition. Aujour-
d'hui, ce sont les mines de Cornouailles qui fournissent encore la plus grande quantité de ce métal,
mais celui de la presqu'île de Malacca est le plus
estimé. Jusqu'en 1806, la France n'en posséda
même pas une seule mine; et depuis, elle a dû
rester, sous ce rapport, tributaire de l'étranger,
quoique ses deux mines de Vaulry et de Piriac
offrent un étain de qualité remarquable.

5° ZINC.

Le *Zinc*, métal d'un blanc bleuâtre, d'une texture
lamelleuse et miroitante, n'était encore connu que
des Chinois avant le XVIᵉ siècle. Il est cependant
très-répandu dans la Nature, mais toujours à l'état
de combinaison, et particulièrement avec l'oxygène
sous le nom de calamine. La chaleur le rend malléable, et c'est ainsi qu'il est devenu pour les arts
une conquête importante. Ce métal est éminemment combustible et, comme il peut se volatiliser,
il jette alors une flamme très-vive, circonstance
dont s'est emparée la *pyrotechnie* pour produire ses
beaux effets de lumière et ses étoiles éblouissantes.

Laminé, le zinc sert à doubler les bassins, les
baignoires, car le prix n'en est pas élevé. Moins

lourd et plus solide que le plomb, il lui est préféré surtout pour couvrir les édifices; mais, comme il a l'inconvénient d'être très-dilatable, on le coupe en ardoises afin qu'il puisse tour-à-tour, et sans se déchirer, céder aux influences contraires du jour et de la nuit. Il n'exige dans les toitures que la faible pente nécessaire à l'écoulement des eaux; permet, par conséquent, d'établir des charpentes gracieuses, dégagées, économiques, au lieu de ces charpentes hautes, massives et dispendieuses que nécessitent le plomb, l'ardoise et surtout la tuile.

Ce métal contracte aisément des propriétés vénéneuses, et ne peut, pour ce motif, être employé dans l'économie domestique. Elle est donc bien criminelle, la fraude qui souvent le substitue à l'étain dans l'étamage du cuivre! Heureusement, pour le mettre à découvert, il suffit de faire bouillir du vinaigre dans le vase suspect; car le zinc est attaqué par cet acide, qui n'a pas d'action sur l'étain. Toutefois, comme il est moins dangereux que le plomb, on tend à le substituer à ce métal dans la composition des couleurs et dans la fabrication des cristaux.

Rappelons aussi que le zinc, uni au cuivre, forme le laiton et le chrysocale.

Le zinc ne fut pas individuellement connu des Anciens. *Paracelse*, en Europe, fut le premier chimiste qui parvint à l'isoler, en 1541; mais les propriétés n'en ont été bien connues que dans ces derniers temps. Aujourd'hui ce métal s'applique aux grands travaux comme aux objets les plus usuels. La consommation s'en accroit graduellement. La France en présente quelques minerais épars, et l'Angleterre en possède de puissantes couches; mais la plus célèbre et la plus riche des mines est celle de la *Vieille-Montagne*, près d'Aix-la-Chapelle.

6° ARGENT.

L'Argent est le plus blanc de tous les métaux et le meilleur conducteur de la chaleur. Sa belle couleur, qui n'éprouve aucune altération au contact de l'air ni de l'eau, permet de le reconnaître immédiatement. Il se présente quelquefois à l'état pur; mais le plus souvent à l'état de combinaison, surtout avec le plomb. Il est plus fusible que l'or, moins malléable et moins dense. Il s'allie fort bien avec lui, ainsi qu'avec le cuivre, offrant même cette particularité remarquable, qu'une grande proportion de ces métaux ne lui fait pas perdre sa couleur. Comme il peut prendre un poli très-brillant, que le toucher ne ternit pas, l'optique obtient aujourd'hui des miroirs parfaits, en substituant l'argenture à l'étamage.

Ce métal est vivement attaqué par l'acide *azolique* qui, dans le commerce, porte le nom d'*eau forte*, et devient alors un agent très-actif, vulgairement appelé *pierre infernale*.

Uni à l'azote lui-même, il forme une combinaison fulminante qu'on ne peut guère manier sans péril.

En s'unissant avec le soufre, l'argent devient noir. Telle est l'altération que présente bien vite l'argenterie, quand on la plonge, à chaud, dans le jaune d'œuf, qui contient, en effet, une assez grande proportion de soufre.

Ce métal, encore plus estimé dans les temps anciens que de nos jours, fut dédié à Diane, parce qu'il semble avoir tout l'éclat de la Lune, astre consacré à cette déesse. Très-rare en Europe, durant le Moyen-Age, il fut toujours, avec l'or, l'attribut de l'opulence, et lui fut associé dans les prohibitions des lois somptuaires. Il partage avec lui, quoique d'une manière secondaire, le privilége d'être le signe représentatif de toutes les valeurs chez tous les peuples civilisés. Mais, comme l'or, il doit être durci par une certaine quantité de cuivre, dont les limites sont déterminées par la loi, et garanties par le contrôle. L'orfèvre le façonne aujourd'hui avec autant de grâce que de magnificence; et, comme le prix en reste accessible à toutes les fortunes, l'argent se substitue à l'étain dans les maisons les moins riches. Il fournit ainsi à l'économie domestique une vaisselle propre, saine et solide. Toutefois, on ne peut pas faire bouillir impunément de l'eau salée dans un vase d'argent, attendu que par la décomposition du sel marin, il se forme du *chlorure d'argent,* qui est un *toxique.*

L'argent possède enfin une propriété fort remarquable au point de vue scientifique : réduit en lame mince, il est suffisamment diaphane, sans être diathermal, c'est-à-dire qu'il laisse passer assez bien les rayons lumineux et ne se laisse pas traverser par les *rayons calorifiques,* bien qu'il soit le meilleur conducteur de la chaleur. (1) Cette propriété particulière permet à l'astronome d'observer le soleil avec facilité, puisqu'il peut ainsi en obtenir au foyer de l'*objectif* une image douce, calme et nette.

L'usage assez général de l'argenterie est dû principalement à la découverte de l'Amérique. Depuis trois siècles, cette partie de la Terre a fourni une telle masse d'argent qu'on en pourrait former une sphère ayant plus de 14 mètres de rayon. C'est, en effet, au sein des Andes, au milieu de ces frimas éternels de l'équateur, que la Terre recèle ce métal ; dans ces montagnes prodigieuses d'où descendent avec majesté, d'une part, l'Amazone, roi des fleuves; et, d'autre part, la Plata, ou rivière d'argent. Quelques filons s'en montrent çà et là dans notre Europe, notamment dans la Saxe, en Norwège, à Guadalcanal, cette mine espagnole si riche du temps des Romains , mais aujourd'hui presque épuisée.

On présume que les Alpes et les Pyrénées doivent contenir des mines d'argent; mais, jusqu'à

(1) Voir ces mots aux notes explicatives.

présent, nous n'exploitons que quelques mines de plomb argentifère, principalement dans la Bretagne, qui est comme le Cornouailles de la France.

7° OR.

L'*Or* se signale d'abord par sa belle couleur jaune; il se présente dans la Nature presque toujours à l'état pur. Il n'a ni odeur ni saveur, et ne salit pas la main qui le travaille. Sa densité est plus de dix-neuf fois celle de l'eau. Il est inaltérable à l'air, à l'eau et au feu; mais, vivement attaqué par le chlore, il forme avec ce gaz des composés très-actifs que les médecins n'emploient qu'avec réserve.

Il est le plus ductile et le plus malléable des métaux. On l'étire en fils dont la ténuité surprend l'imagination elle-même, et que le brodeur unit fort gracieusement à la soie. La traction nécessaire pour les passer à la filière limite seule leur finesse, parce qu'ils deviennent trop faibles pour y résister, quoique l'or ait une ténacité fort remarquable. On peut aussi l'étendre en feuilles si minces qu'elles se balancent au moindre souffle, légères comme le duvet, quoique l'or soit, après le platine, le plus pesant de tous les corps. Cependant il conserve encore, ainsi réduit, une complète opacité. Par la *galvanoplastie* surtout, on peut l'appliquer sur des objets grossiers qu'il revêt ainsi de tout son éclat.

Il s'allie avec tous les métaux, mais particulièment avec le mercure, et c'est à la faveur de cette grande affinité qu'on exploite les minerais ou les sables aurifères. Pour en retirer l'or, en effet, on lave le sable ou le minerai dans le mercure, qui d'abord dissout l'or, et puis l'abandonne par la distillation. Cette opération constitue le lavage des *orpailleurs*.

L'or exige, pour se fondre, une assez haute température; il peut être volatilisé par l'étincelle électrique, et produit alors un nuage de belle couleur pourpre. Toujours, lorsqu'il est très-divisé, il reproduit cette même couleur, mais avec des nuances qui varient selon le degré de divisibilité ; et c'est ainsi que sont colorés, dans les arts, la porcelaine, le verre et les émaux.

L'or est principalement employé pour les monnaies, la bijouterie, l'orfèvrerie et la joaillerie; mais il ne pourrait conserver assez bien les empreintes et les formes délicates qu'il reçoit, s'il n'était durci par l'alliage du cuivre, qui exalte aussi sa couleur. Toutefois, comme il importe que, sous prétexte de donner à l'or la dureté qui lui manque, la fraude n'y ajoute pourtant pas une trop grande quantité de cuivre, le Gouvernement intervient pour garantir, par le *contrôle*, qu'on a concilié la solidité du bijou avec sa valeur intrinsèque.

Pour constater le degré de pureté de l'or, c'est-à-dire son titre, on l'essaie, et le principal agent de cette vérification est l'acide *azotique*, qui n'a pas d'action sur l'or, tandis qu'il s'empare du cuivre. La séparation des deux métaux étant ainsi opérée, on compare leurs proportions respectives. Comme cet essai demande une couple d'heures, les bijoutiers ont un moyen plus expéditif, mais beaucoup moins précis. Ce procédé consiste à frotter le bijou sur un silex noir que l'acide ne peut attaquer, et qu'on appelle *pierre de touche*. On obtient ainsi, à la surface de cette pierre, un trait plus ou moins délié, sur lequel on passe l'acide. L'or reste jaune, le cuivre devient vert, et la nuance plus ou moins verdâtre que présente le trait détermine à peu près, pour un œil exercé, les quantités proportionnelles de l'alliage. Dans les monnaies, les proportions sont 0,9 d'or, et 0,1 de cuivre ; dans les bijoux, la proportion de cuivre est un peu plus plus forte.

L'or fut connu dès la plus haute antiquité ; car les pépites, c'est-à-dire les petites masses naturelles d'or pur, durent d'abord frapper par leur riche reflet. Les *alchimistes* lui donnèrent le nom d'*Apollon*, parce qu'il a la couleur du soleil. Ils l'appelèrent aussi le roi des métaux, parce qu'ils le regardaient comme la matière métallique portée au suprême degré, vers lequel tendaient tous les autres métaux ; de telle sorte que, dans cette hypothèse, en épurant un métal quelconque, on devait l'amener à l'état d'or. La science doit cependant beaucoup aux patientes recherches des alchimistes ; car elle a profité de nombreuses vérités que leur fit rencontrer l'imprévu, qui joue toujours un si grand rôle dans tous les genres de découvertes. L'or fut peu rebelle à l'industrie ; aussi le voyons-nous briller sous toutes les formes ; mais toujours précieux, et rachetant par sa propre valeur les imperfections mêmes de l'art. Avouons cependant que la gastronomie romaine l'égara dans l'emploi le plus inattendu, le plus bizarre ; et c'est ainsi qu'au XIV siècle encore, on couvrait de poudre d'or tous les mets, luxueux usage que la Provence tenait de Rome payenne et qu'elle transmit au reste de la France.

L'or réunit surtout les conditions qui le font préférer pour les monnaies. On conçoit sans peine que les hommes aient dû choisir ou accepter comme signe représentatif de toutes les valeurs, un métal si peu altérable et si beau qui, n'étant pas trop commun, présente une valeur suffisante sous un petit volume, et qui, mis en poussière, conserve encore presque tout son prix. Avant la découverte de l'or, les relations commerciales n'étaient, pour ainsi dire, que des échanges ; mais cette façon de commercer était hérissée d'inconvénients. Deux nations, en effet, pouvaient n'avoir que les mêmes produits, et ces produits étant supposés de nature différente, l'appréciation relative en était difficile dans les affaires en grand, et devenait impossible dans le détail. La vente fut véritablement connue, dès que l'or fut adopté pour servir d'intermédiaire. Seulement, comme chacun était obligé de porter sur soi des balances pour régler au poids de ce métal le payement des marchandises, on se délivra de cet assujettissement en l'employant sous forme de petites pièces appelées *monnaie*. Ce nom leur fut donné d'un mot latin qui signifie *avertir*, parce que chacune de ces pièces témoigne par elle-même de son poids et de sa pureté. L'histoire des monnaies serait pleine d'intérêt sans doute, mais nous éloignerait beaucoup trop de notre sujet. Qu'il nous suffise de dire ici que l'altération des monnaies fut toujours une calamité publique, et que la monnaie française (or et argent) est, de toutes, la plus belle, la plus régulière et la plus loyale. Aussi circule-t-elle avec faveur dans tous les pays. Ajoutons que le numéraire en France dépasse la somme de cinq milliards. C'est quatre fois plus que n'en possède l'Angleterre, et c'est plus de la moitié de la somme totale du numéraire en Europe et en Amérique.

L'Amérique est encore le pays qui fournit le plus d'or. Cependant aux mines du Mexique, du Brésil et de la Californie, s'ajoutent, pour une grande part, les mines de l'Oural et celles de l'Australie.

8° PLATINE.

Le *Platine* est moins blanc que l'argent, mais il est moins altérable même que l'or. De tous les métaux, il est le plus pesant, car sa densité est vingt-deux fois celle de l'eau. Il est aussi, de tous, celui qui se dilate le moins par la chaleur; et, comme il suit dans sa dilatation la marche la plus régulière, il est, par cela même, plus spécialement propre à former des pièces délicates d'horlogerie, et surtout des mesures de toute espèce. C'est ainsi qu'il servit à faire les étalons du *mètre* et du *kilogramme* présentés à l'Institut en 1800.

Il sert à faire la pointe du paratonnerre, parce que, ne s'*oxydant* pas à l'air humide et ne se fondant que difficilement, il est d'autant plus apte à l'écoulement de l'électricité. C'est aussi le conducteur habituel dont on se sert pour fermer le circuit de la *Pile*.

On ne peut le fondre qu'en s'aidant de moyens extraordinaires. Cette circonstance encore est inappréciable pour la confection des creusets, qui, résistant à de très-hautes températures, donnent au chimiste la possibilité de réaliser des expériences qui furent si longtemps impraticables.

Le platine n'est attaqué que par le chlore; il serait donc infiniment supérieur à l'étain pour l'étamage des ustensiles de cuisine. On l'utilise quelquefois pour en recouvrir d'une couche très-mince la surface des porcelaines, qui ont ainsi le reflet de l'acier, avec le caractère d'une parfaite inaltérabilité. Son extrême dureté, qui lui permet de recevoir un poli parfait, le rend précieux pour la fabrication des miroirs télescopiques. Par sa malléabilité, il offre un excellent moyen de le mettre en œuvre, et déjà même il a pris, sous le marteau, des formes variées, car il se soude directement comme le fer. Mais, tandis que, brut, il est moins cher que l'argent, fabriqué, il acquiert un prix qui se rapproche de celui de l'or. Quand il est très-divisé, il présente une propriété fort singulière. En effet, au contact de l'hydrogène, il s'échauffe alors en condensant ce gaz, et ne tarde pas à l'enflammer. Enfin le platine, parmi les métaux, réunirait le plus de qualités utiles, s'il était plus abondant et surtout moins difficile à réduire, c'est-à-dire à obtenir véritablement pur. Mais il se trouve toujours combiné dans la Nature avec quatre métaux rares, dont il n'est séparé qu'avec peine : le Rhodium, le Palladium, l'Irridium et l'Osmium.

Découvert seulement en 1741, au Pérou, par le Portugais Ulloa, ce métal fut d'abord appelé *or blanc*, puis *platine* ou petit argent. S'il eût été contemporain de l'alchimie, les expériences n'auraient certainement pas été épargnées pour l'élever au moins à l'état d'argent. Les Péruviens et les Espagnols eux-mêmes le rejetèrent longtemps avec dédain ; mais la science est venue lui assigner une grande valeur, dès qu'elle a pu le mettre à notre service et nous en faire apprécier ainsi les qualités.

C'est encore le Pérou qui fournit, avec la Russie, tout le platine employé en Europe et en Amérique. Les mines de l'Oural paraissent être plus puissantes que celles des Andes.

9º MERCURE.

Le *Mercure* a tout l'éclat de l'argent, et il est peu altérable. C'est le seul métal liquide à la température ordinaire; mais il peut, comme l'eau, être solidifié par le froid (— 40º) et vaporisé par la chaleur (+ 360º). En 1836, le froid à Moskou ayant fait descendre le thermomètre à — 43º,7, on fabriqua des balles de mercure qui pouvaient percer une planche de deux centimètres d'épaisseur. On trouve quelquefois le mercure à l'état de pureté, mais le plus souvent à l'état de sulfure, c'est-à-dire combiné avec le soufre. Ce sulfure offre même un exemple remarquable des différentes couleurs que peut revêtir une substance par sa seule division extrême, et sans que sa nature soit changée. Ainsi ce corps, pris en masse, est noir; vaporisé, il devient rougeâtre sous le nom de *cinabre;* et le cinabre pulvérisé devient d'un rouge rutilant, car c'est le *vermillon,* couleur si recherchée pour la peinture.

Le mercure n'a ni odeur ni saveur, mais l'exploitation de ses minerais est dangereuse, parce que, se réduisant facilement en vapeur, il pénètre ainsi jusqu'aux poumons par les voies aériennes. Sa dilatation par la chaleur est, dans certaines limites, assez régulière pour qu'on ait dû le préférer dans la construction du *thermomètre;* et sa densité, qui est treize fois et demie celle de l'eau, est plus précieuse encore pour la construction du *baromètre*. Comme il ne mouille pas le verre, on comprend que, dans l'un et dans l'autre de ces deux instruments, il se meut avec une extrême facilité. Sa double propriété de se combiner aisément avec l'or et l'argent, et puis d'en pouvoir être isolé par une simple distillation, le rend très-utile pour la métallurgie de ces métaux.

Dans les arts, le mercure est surtout employé pour l'étamage des glaces. Cette opération consiste à appliquer sur le verre une feuille d'amalgame d'étain, c'est-à-dire une combinaison de mercure et d'étain, car l'étain seul n'adhérerait pas. Cette surface métallique forme le véritable miroir; c'est elle, en effet, et non le verre, qui réfléchit les images.

Le mercure forme avec l'acide *fulminique* un composé dont la fulmination est si spontanée, si terrible, qu'aucune arme n'y pourrait résister, si on ne l'atténuait, d'abord en n'employant qu'une petite quantité de cette poudre fulminante, et puis en la dispersant même parmi de la poudre ordinaire. Une application importante en a été faite dans les armes à feu : le fusil à percussion ou à capsule remplace le fusil à silex. La capsule est une enveloppe dans laquelle on renferme un peu de fulminate de mercure. On le manipule humide, et alors il n'y a pas grand danger, car l'eau éteint la chaleur et divise les particules du composé.

Pour déterminer l'explosion, il faut un choc sec, c'est-à-dire de deux corps durs l'un contre l'autre. Le frappement suffit, quoique le fulminate de mercure soit entremêlé de poudre qui établit la solution de continuité. La capsule coiffe la cheminée, petit cylindre en acier qui, rempli de poudre, conduit la flamme dans l'intérieur du fusil. Aujourd'hui de notables modifications ont été introduites dans le système des armes à feu, surtout des armes portatives.

Chez les Grecs, le mercure était appelé *eau-argent*, et chez les Romains *vif-argent;* les alchimistes le nommèrent *mercure.* Ce métal était pour eux de l'argent liquide, qui ne demandait qu'à être chauffé longtemps pour se concentrer et prendre la densité propre de l'argent. Leur espoir ici fut extrême, et le temps manqua plutôt à leurs expériences que la patience à leurs efforts.

New-Almaden (Californie), le Pérou, Almaden (Espagne), Idria (Autriche), possèdent les mines les plus riches de mercure. La Californie est pour plus de moitié dans le produit total de ces mines. Les vapeurs mercurielles qui s'échappent des cheminées de l'usine à New-Almaden détruisent la végétation jusque dans les collines assez éloignées. Les arbres sont dépourvus de feuillage, et les animaux qui pâturent dans les terrains plus rapprochés sont atteints d'une abondante salivation.

IV. PIERRES.

Les *Pierres* sont des minéraux solides, incombustibles, infusibles. Ces trois propriétés les distinguent nettement des gaz, des combustibles et des métaux. La minéralogie distribue les pierres en groupes nombreux selon leur composition chimique, c'est-à-dire selon les éléments dont elles sont composées, comme aussi d'après les formes cristallines qu'elles affectent. Mais, dans les applications de l'industrie, l'influence de cette classification strictement scientifique ne se fait presque point sentir. Nous allons donc étudier les pierres d'après la substance qui leur sert de base et à laquelle est due principalement leur utilité.

1° SILICE.

La *Silice* est le plus abondant de tous les corps qui composent l'écorce terrestre ; elle en constitue, en effet, plus de la moitié. Mais elle ne se trouve guère à l'état de pureté, ni dans la Nature, ni dans les arts. On l'appelle *sable*, *grès*, *silex* ou *cristal de roche*, selon qu'elle se présente sous forme de petits grains isolés, de petits grains en masse, de cristaux confus ou de cristaux géométriques.

Le sable, sous la main de l'homme, se change tour-à-tour en verre, en vitre, en glace, en cristal.

L'opération principale consiste à vaincre son infu-
sibilité par l'action de la soude ou de la potasse.
Le sable entre alors en fusion à une haute température, et se vitrifie par le refroidissement; mais on
profite de son état fluide pour le souffler en verre
ou en vitre, et pour le couler en glace ou en cristal.
Le verre à bouteille est coloré et moins transparent que le verre à vitre, parce que les matières
premières en sont moins choisies, moins épurées.
Une *glace* est une lame de verre derrière laquelle
on applique une feuille métallique destinée à réflé-
chir les images; on l'appelle *miroir*, quand elle a
de petites dimensions. Le cristal artificiel, qu'il ne
faut pas confondre avec le cristal de roche, est
un verre auquel on a ajouté une certaine quantité
de plomb, qui lui donne plus de consistance, de
blancheur et de solidité.

Le grès est employé pour le pavage des rues
et pour les constructions; l'industrie lui doit une
infinité de vases et surtout la pierre à aiguiser.

Le silex, dans ses variétés, nous offre la pierre
meulière, la pierre à feu, l'agate et l'opale. L'agate
est le silex à pâte fine; elle jouit d'une translucidité douce et moelleuse qui plait beaucoup. L'opale,
si riche en reflets, ne doit sa beauté qu'à la présence de l'eau; l'action du feu la réduit en pierre
laiteuse.

Le cristal de roche, ou quartz, est d'une limpi-
dité parfaite, propriété qui lui fit donner par les

Anciens le nom de *cristal*, c'est-à-dire *eau conge-
lée*. Le nom de cristal s'est étendu depuis à tous
les minéraux qui se présentent, comme le quartz,
sous des formes géométriques régulières. Il est
rarement incolore; mais, de tous les quartz colorés,
la joaillerie n'emploie guère aujourd'hui que l'améthyste, dont le prix s'élève infiniment, quand sa
teinte est d'un beau violet pourpré. Le cristal de
roche servait à faire, chez les Anciens, des objets
d'ornement et de luxe; nous citerons notamment
les deux coupes précieuses que Néron brisa dans
son désespoir. Jusqu'au XVIᵉ siècle encore, on exécuta des ouvrages remarquables en cristal de roche;
mais, à cette époque, furent inventés ces cristaux
artificiels qui l'ont remplacé avec autant d'effet que
d'harmonie, et peut-être le seul chef-d'œuvre du
genre qui subsiste en ce moment est la statue de
Bouddha, dans le temple de Candy, monolithe
curieux où la lumière se joue et se divise en mille
couleurs..

La silice constitue en grande partie une substance fibreuse, l'*amiante* ou *asbeste,* qui est une
des plus singulières productions de la Nature. En
effet, sa texture filamenteuse, son éclat souvent
soyeux, la facilité avec laquelle on isole ses fils, et
leur inaltérabilité complète au feu de nos foyers,
en font pour la science et pour les arts, un minéral fort remarquable. Les Anciens savaient tisser
l'amiante, qu'ils retiraient des environs de Caryste,

ville de l'île d'Eubée, et c'était dans ces toiles incombustibles qu'ils brûlaient les corps des grands, pour conserver leurs cendres pures et séparées de celles du bûcher. Ces toiles étaient fort chères, parce que l'amiante, aujourd'hui très-commun, était alors fort rare et que son travail était assez difficile. La bibliothèque du Vatican possède, du reste, un bel échantillon de toile d'amiante, qu'y fit déposer le pape Clément XI, et qui avait été trouvé dans une urne funéraire. Mais, pour rappeler un souvenir historique, ajoutons que, de cette substance terreuse et textile, furent faites notamment les serviettes incombustibles dont s'amusèrent, à quinze siècles de distance, deux empereurs qui n'étaient guère hommes de loisir : Néron et Charles-Quint. Toutes les préparations de l'amiante consistent, pour ainsi dire, à le laver dans de l'eau ordinaire, ou à le passer par le feu pour le débarrasser des matières hétérogènes dont il peut être souillé. En Chine, on en façonne des fourneaux à thé, qui résistent mieux au choc et au feu. Toutefois, c'est en Italie que le travail de l'amiante a le plus de succès : on en fabrique du papier incombustible, des mèches qui jamais ne se consument, des vêtements pour garantir les pompiers au milieu des flammes. Mais, dans un incendie, le danger le plus menaçant peut-être, c'est l'asphyxie. Aussi devons-nous noter comme un utile progrès l'appareil qui permet au pompier d'emporter avec lui sa provision d'air respirable.

La silice entre encore dans la composition d'une substance minérale appelée *mica*, qui se présente en feuilles minces, diaphanes, flexibles, élastiques. Le mica remplace le verre à vitre, particulièrement en Laponie ; il pourrait lui être substitué avec avantage dans les vaisseaux de guerre, où une explosion vive peut mettre le verre en éclats.

De tous les composés que nous devons à la silice, le plus précieux assurément est le verre : matière dure, fragile, transparente, qui ne se laisse rayer presque que par le diamant, et n'est attaquée que par l'acide *fluorhydrique*. Il peut supporter, sans se fondre, une très-haute température ; mais s'il est brusquement surpris par la chaleur, il se casse, à moins qu'il n'ait de très-minces parois.

Son utilité dans les arts est aussi essentielle que variée. Sous forme de cristal, le verre fournit à l'économie domestique des récipients commodes et gracieux ; sous forme de glace et de vitre, il agrandit nos demeures à la fois et les décore ; sous forme de lentille, il soulage ou corrige la vue, ou bien, modifié lui-même dans ses courbures et dans ses dimensions, il nous ouvre à notre gré le monde stellaire et le monde microscopique, c'est-à-dire l'infiniment grand et l'infiniment petit. La science lui demande une foule d'instruments d'autant plus avantageux, que leur parfaite transparence permet au regard d'y surveiller les phénomènes, et de les voir ainsi nettement s'accomplir On profite encore de sa diaphanéité pour en fabriquer une espèce de tuiles qui sont d'un très-grand secours dans les constructions où, faute d'ouverture latérale, la lumière ne peut être admise que par le haut. Sa sonorité a permis aussi d'en faire des cloches qui tintent fort bien.

Très-mauvais conducteur du calorique, le verre est de tout les corps le moins perméable à l'électricité.

Sans lui, la chimie serait au dépourvu ; la physique, imparfaite ; l'astronomie, dans l'enfance ; sans lui, Newton n'eût pas analysé les couleurs prismatiques dont la lumière blanche se compose, et nous ne saurions pas que les corps dont nous admirons le plus les nuances n'ont cependant pas de couleur qui leur soit propre. La chimie, dont le verre est une des plus belles conquêtes, en augmente à son tour la valeur et l'éclat par les diverses couleurs dont elle a trouvé le secret de le pénétrer, de l'enrichir. Le verre ainsi coloré se nomme *strass*, et fournit à la joaillerie des pierres artificielles, qui ont aujourd'hui presque toute la dureté, toute la splendeur des gemmes naturelles. Elles constituent ainsi des parures fort belles et peu coûteuses, en imitant le grenat, l'émeraude, la topaze, le saphir, le rubis et le diamant lui-même.

Signalons une récente et curieuse application du verre pour le doublage des navires au long cours. Une lame de verre remplace avec avantage celle de cuivre qui est habituellement employée. On a constaté que ce placage, après une traversée de trois mois, non-seulement ne présentait aucune trace d'incrustation, mais encore était aussi net qu'au moment du départ.

Les peuples antiques, et peut-être même les Grecs, au temps d'Aristote, ne connurent pas le verre, car il eût été, pour leurs poëtes, le sujet de plus d'une allégorie. Mais Pline rapporte qu'à Rome on commença, sous Tibère, à le fabriquer. Cet art, né à Sidon, et dans lequel bientôt Alexandrie n'eut pas de rivale, avait déjà produit des chefs-d'œuvre que l'histoire ne mentionne qu'avec surprise. Ainsi Claudius fait l'éloge de l'admirable sphère céleste d'Archimède, ouvrage de verre si célèbre chez les Anciens. Pline rapporte que l'édile Scaurus fit élever un theâtre dont la scène était composée de trois ordres : le premier, de marbre ; le second, de verre ; le troisième, de bois doré. Clément d'Alexandrie raconte que *saint Pierre*, visitant avec ses disciples un temple de l'île d'*Aradus*, fut bien plus émerveillé des immenses colonnes de verre dont ce temple était orné que des statues mêmes dont *Phidias* l'avait embelli. Tous ces monuments n'étaient peut-être pas en verre, mais en cristal de roche, que les Anciens savaient scier, en effet, et tailler sous tant de formes.

Quoi qu'il en soit, plusieurs siècles durent s'écouler avant que l'art de fabriquer le verre pût atteindre la perfection à laquelle il est aujourd'hui parvenu. Longtemps même, le progrès fut retardé par l'incertitude des procédés à suivre et des proportions à établir; ainsi les vitres remarquées à quelques maisons d'Herculanum, ville de plaisance pour les familles patriciennes, sont d'un verre massif et coloré. Les traditions de l'art faillirent ensuite se perdre à l'invasion des peuples du Nord, devant lesquels l'industrie de l'Europe s'enfuit sans trouver, comme l'instruction, un refuge dans les cloîtres. Ainsi, nous voyons la serge et le papier huilé y tenir lieu de vitres jusqu'au XIIe siècle. Enfin, l'art du verrier reparut d'abord en Italie, puis en France, puis en Angleterre, et fut si considéré, que cette branche d'industrie partagea seule, avec celle du fer, le privilége de pouvoir être exercée par un gentilhomme. Les premières vitres étaient petites, rondes et liées par des morceaux de plomb. Cependant, à l'art de fabriquer le verre, s'ajouta bientôt l'art de fixer à sa surface, avec le secours du feu, des couleurs minérales. On ignore le pays natal de la peinture sur verre, qui prit d'abord un caractère exclusivement religieux, et qui florissait aux XIIIe, XIVe et XVe siècles. En France, Jean Cousin et Pinaigrier rivalisèrent, du temps de Primaticcio, avec les plus célèbres artistes de l'école italienne. Vers la fin du XVIe siècle commença la décadence de cet art, qui fut presque oublié dans le XVIIIe siècle, et qui renaît aujourd'hui. Cette circonstance est d'autant plus heureuse que certains tableaux ne peuvent être bien rendus qu'à l'aide d'un corps diaphane, à travers lequel la lumière solaire vient rehausser l'éclat des couleurs, et donner à la peinture de la vie presque et du mouvement. Durant plusieurs siècles, Venise eut le monopole de la fabrication des glaces, et le mérita par la supériorité de ses produits.

Quant au verre de Bohême, il doit ses qualités supérieures à l'excellence même des matières premières qui se trouvent réunies sur ce point de l'Europe : le sable, la *potasse* et le calcaire de Moravie. Dans le verre de France, la *soude* remplace la potasse, qui est d'un prix plus élevé. Le verre à bouteille doit sa couleur à l'oxyde de fer, qui se trouve naturellement dans les matières dont il est formé. On peut le rendre presque blanc par l'action d'un oxyde de *Manganèse,* surnommé, pour ce motif, *savon des verriers.*

On colore le verre en rose, par l'oxyde de chrome ; en rouge, par l'oxyde de cuivre ; en pourpre, par l'or volatilisé ; en jaune, par le chlorure d'argent ; en bleu, par l'oxyde de cobalt ; en vert, par l'oxyde d'urane ; en violet, par l'oxyde de manganèse.

Le *cristal,* comme nous l'avons dit en parlant du plomb, est le verre élevé à sa qualité superlative, non-seulement pour l'industrie, mais encore, et surtout, pour l'optique. Aussi, pour le composer, choisit-on les matières premières les plus pures : sable, oxyde de plomb, potasse. Toutefois, rappelons qu'en substituant au plomb le zinc, on obtient un cristal encore plus limpide peut-être et plus beau.

Aujourd'hui, la France tient le premier rang pour la cristallerie : il suffit ici de nommer sa célèbre manufacture de *Saint-Gobain*. Les cristaux anglais, tous à base de plomb, sont d'une blancheur et d'un éclat qui rivalisent avec les cristaux de la France, de la Bohême et de Venise; mais ne les égalent point pour la variété des couleurs. Un des grands progrès dans notre cristallerie est assurément l'introduction de l'acide borique. Il en résulte le cristal le plus limpide, le plus incolore, mais qui, avec le temps, s'altère trop pour être adopté dans les instruments astronomiques. Notons aussi l'utile emploi de l'acide *arsénieux*, vulgairement appelé *mort aux rats*. Cet acide est volatil à une haute température. Ajouté aux éléments du verre, il s'en dégage complètement, dès que le verre entre en fusion; mais, comme il ne s'échappe que bulle à bulle, il brasse ainsi le mélange et le rend homogène.

2° ALUMINE.

L'*Alumine* est une substance terreuse qui n'existe guère à l'état pur que pour le chimiste. Ses plus beaux titres ne sont point de donner à la joaillerie le rubis, le saphir, la topaze, ni d'être un des éléments de l'émeraude, du spinelle, du grenat, de la turquoise; mais bien de donner à l'industrie le pyromètre et l'émeri, et surtout d'être un des principes constituants de l'argile.

Douce et onctueuse au toucher, l'*argile* ou terre glaise se présente diversement colorée par différentes substances, qui, du reste, ne s'y trouvent qu'accidentellement. De toutes ses propriétés, la plus précieuse est celle de faire avec l'eau une pâte liante qui se durcit au feu; et c'est ainsi que, docile d'abord à tous les caprices de l'art, elle conserve ensuite très-bien les formes qu'elle en a reçues. L'argile la plus grossière est employée pour faire des briques, des tuiles, des carreaux, de la poterie et de la faïence commune; plus fine, elle sert à la fabrication de la belle faïence; mieux choisie enfin et mieux élaborée, elle forme la porcelaine. Toutefois, pour que l'argile cuite ne laisse point, par ses pores, filtrer les liquides et soit propre dès lors aux usages domestiques, on la couvre d'un vernis vitrifié ou bien d'un émail. La poterie commune ne reçoit seulement qu'un vernis, moyen économique sans doute, mais qui n'est pas sans danger; car ce vernis est presque entièrement composé de plomb, métal qui peut se dissoudre par les acides et passer ainsi dans les aliments. La faïence, au contraire, et la porcelaine sont revêtues d'un *émail*, corps opaque et vitreux, qu'on lait d'autant plus stable et qui devient, par conséquent, d'autant plus cher, qu'il est destiné à couvrir une plus belle poterie. Cet émail est rendu vitrifiable par l'action de l'acide *Borique,* déjà signalé comme éminemment utile dans la cristallerie.

L'argile, soumise à l'action d'une extrême chaleur, éprouve une contraction qui en mesure, pour ainsi dire, l'intensité. C'est sur cette propriété que repose le *pyromètre,* instrument qui indique, en effet, des points fixes dans les températures élevées. Le pyromètre est d'une utilité toute spéciale dans les arts qui demandent l'emploi d'un feu violent, car on s'y trouvait livré, sans lui, aux hasards de l'hypothèse.

L'émeri ou alumine pulvérisée sert, par son extrême dureté, à polir les glaces, le marbre, les métaux, les pierres précieuses.

Enfin, les peintres ne nous pardonneraient pas d'oublier que c'est à l'alumine que nous devons la lazulite, qui donne cette belle couleur bleue, si recherchée sous le nom d'*outremer.*

Il est aisé maintenant de pressentir tout l'intérêt historique d'une substance qui, douée de propriétés si essentielles et de qualités si magnifiques, touche ainsi à la fois aux choses de grand luxe et de première nécessité, c'est-à-dire aux deux points extrèmes du règne industriel.

Les pierres précieuses nous viennent principalement de l'Inde et du Brésil ; plusieurs ont presque la dureté, l'éclat et le prix du diamant. Elles étaient très-estimées des Anciens, qui en décoraient les statues des dieux; les dames romaines surtout en ornaient avec art leur coiffure. Les plus nobles patriciens, les *Scipion*, les *Pompée*, les *César*, y faisaient graver avec splendeur leur cachet de famille. Bientôt on en monta des bagues pour toutes les conditions, et le caustique *Juvénal* ajoute que les élégants, afin de soulager leurs doigts affaiblis, en avaient de plus légères pour l'été. La gravure sur pierre au moyen du diamant était d'ailleurs d'une perfection merveilleuse; et nos souvenirs ici pourraient citer ou l'émeraude somptueuse offerte par *Ptolémée* à l'opulent *Lucullus,* ou la grande améthyste de *Trajan,* que possède l'empereur d'Autriche. Mais l'émeraude de *Néron* mérite peut-être, sous un autre rapport, d'être plus spécialement rappelée. Ce prince, en effet, était myope, et son émeraude lui était d'autant plus chère qu'elle corrigeait le vice de sa vue; il ne vint à l'idée de personne que cette pierre devait, non à sa nature, mais seulement à sa forme, une propriété si singulière. Plus près de nous, on pourrait citer encore, et le rubis étincelant sur lequel le fameux *Coldoré* grava le portrait d'*Henri IV,* et l'émeraude veloutée qui surmonte la tiare du Souverain-Pontife.

Quant au travail de l'argile, cet art surtout remonte à une haute antiquité, comme l'attestent les porcelaines de la Chine et du Japon. Mais l'Europe ancienne ne connut même pas la faïence; car ce fut dans une argile grossière que Sparte prépara son brouet et Rome, sa fromentée, comme les Gaulois et les Francs firent cuire leur orge. Ce fut encore dans une argile plus ou moins imparfaite que se confectionnait avec tant de soins la soupe au lard de nos pères, durant le Moyen-Age, époque d'industrie naissante, où la seule cruchette tenait lieu de carafe à la fois et de verre; où la simple escabelle, même à la cour, servait de siége; où la vaisselle plate de la bourgeoisie s'achetait chez le potier d'étain. Mais, vers le milieu du XVIe siècle, la fabrication de la poterie fit un immense progrès : *Bernard Palissy* inventa l'art de vernisser. Hommage à Palissy que la misère faillit arrêter dans ses opiniâtres recherches. Hommage à Palissy ! car, du vernis à l'émail, la transition était déjà marquée; comme il n'y avait, aussi, qu'un pas de la poterie commune à la faïence et, de la faïence, à la porcelaine. Une circonstance fortuite fit naître la faïence en Italie, et parmi nos villes de France, *Nevers,* la première, devint bientôt l'émule de *Faenza.* Mais ce furent les indications de notre célèbre *Réaumur* qui dévoilèrent enfin, vers le milieu du XVIIIe siècle, le secret de la porcelaine, dont les Chinois et les Japonais étaient si jaloux de se réserver le monopole. Chez ces peuples, du reste, la porcelaine doit avoir d'autant plus de prix, qu'elle y remplace le verre et les cristaux. Elle y revèt même quelquefois des proportions monumentales : telle est, par exemple, cette tour majestueuse de Nan-King, qui, miroitante et sonore, s'élance dans les airs avec ses mille clochettes et ses mille couleurs. Mais, pour que notre préférence n'aille plus par habitude à des produits que leur origine exotique ne peut rendre plus parfaits, n'oublions pas que la porcelaine française, aujourd'hui, n'a pas de rivale pour la finesse de la pâte, la netteté des formes et l'heureuse hardiesse des peintures. Il est vrai que la France a pour cette fabrication un avantage fondamental, car elle possède à Saint-Yrieix le plus pur de tous les *kaolins*.

Moins fragile que la porcelaine, la faïence, par la franchise et la pureté des tons qu'elle reçoit, se prête mieux à l'art décoratif, qui demande des effets puissants.

On est parvenu dans ces derniers temps à isoler de l'alumine le métal qui en est le *radical* et qu'on appelle *Aluminium*. Ce métal est blanc, très-léger, peu fusible, malléable, ductile, dur, tenace, inaltérable à l'air et à l'eau; il se soude à lui-même et peut être ciselé.

Citons surtout deux de ses applications industrielles : 1° l'aluminium, par sa merveilleuse sonorité, permet d'en faire des cloches volumineuses qu'un enfant peut, sans le moindre effort, mettre en mouvement et qui produisent des sons très-intenses, quoique doux et vibrants comme le cristal; 2° il forme avec le cuivre un alliage très-dur, qui

a l'aspect riche du vermeil et ne coûte guère que
le prix du bronze ordinaire.

Nous croyons devoir consacrer ici quelques lignes
au radical d'une autre matière terreuse, au *Magne-
sium*. Ce métal est aussi léger que le verre, sa
couleur est celle de l'acier. Il brûle avec un tel
éclat que sa puissance lumineuse est 1/500 de celle
du soleil. Son action photographique est 1/300 de
celle de cet astre. Il serait pour nos cités un magnifique mode d'éclairage, si n'était le prix de ·
revient. Le photographe utilise déjà cette propriété
remarquable, pour remplacer l'action solaire, quand
il veut opérer la nuit, ou quand le temps est trop
nébuleux. Le produit de sa combustion est la *Magnésie*, substance qui a pris le nom de la ville d'où
la retire le commerce.

3° CHAUX.

La *Chaux*, substance infusible, est un des minéraux les plus utiles et les plus répandus. Elle
se trouve presque toujours unie à l'acide carbonique, et se présente ainsi sous des formes très-
variées, depuis la craie, qui est la plus confuse,
jusqu'au spath-fluor, qui est la plus parfaite. Isolée
par l'action du feu, qui chasse l'acide, elle prend
le nom de *chaux vive*. Elle est alors très-caustique,
et surtout si avide d'eau qu'elle absorbe ce liquide
avec effervescence. Quand elle en est saturée, elle
forme une pâte d'un blanc de neige : c'est la *chaux*

éteinte, base de tous les ciments. On appelle *chaux hydraulique* une combinaison de chaux, de silice et d'alumine, sorte de ciment qui, devenant au contact de l'eau plus dur que la pierre, est singulièrement propre aux constructions qui doivent être submergées. En trempant dans une dissolution de *silicate de potasse* la pierre calcaire la plus poreuse, la plus tendre et la plus friable, on lui donne toutes les qualités de la chaux hydraulique. Une statue de plâtre, par exemple, devient ainsi très-dure et tout-à-fait imperméable. Pour la parfaite préservation de nos murs, il faudrait donc les peindre avec une dissolution de silicate de potasse. La craie silicatisée acquiert elle-même toutes les qualités de la pierre.

La chaux, que les plantes alimentaires renferment en plus ou moins grande quantité, constitue le squelette des animaux vertébrés et l'enveloppe solide de tous les coquillages. Nous lui devons aussi la solidité de nos édifices, soit que, sous le nom de moellons, elle en compose les murs intérieurs, ou, sous celui de pierre de taille, elle en développe les façades; soit que, sous le nom de mortier, elle en soude les pierres ensemble, ou, sous celui de plâtre, elle en décore les plafonds. Nous lui devons: la pierre lithographique, sur laquelle s'improvise la gravure; l'albâtre, dont la cristallisation laiteuse et translucide se prête aux formes les plus ornées; le marbre surtout, auquel ses couleurs, sa dureté, son poli, semblent donner une destination monumentale, et qui joue effectivement un grand rôle dans l'histoire des beaux-arts.

Les Grecs employaient avec profusion les marbres de l'Archipel, réservant celui de Paros pour le ciseau des Phidias. A l'exemple de Palmyre et d'Athènes, Rome devint, sous les empereurs, comme une ville de marbre; et Pline lui-même reprochait aux censeurs, qui avaient fait des lois somptuaires contre les repas, de n'avoir posé aucune limite à la passion des Romains pour les marbres étrangers. Constantin, en transportant à Byzance le siége de l'empire, voulut faire oublier Rome, et la nouvelle reine du monde s'éleva toute radieuse de marbres de tous les pays.

Mais le pied des Barbares vint mutiler toutes ces magnificences, et ces statues gracieuses, comme ces élégantes colonnes, furent calcinées pour faire de la chaux. Cependant le goût pour les marbres reparut un moment chez les Maures; et, s'il ne reprit faveur que vers le XVe siècle, il redevint bientôt une passion, en Italie sous les Médicis, en France sous Louis XIV. Rome alors fouilla dans ses ruines pour y retrouver ses chefs-d'œuvre, et Florence s'embellit de tous ces palais somptueux devant lesquels l'admiration s'arrête encore aujourd'hui. Ajoutons que l'Italie, restée sans rivale par ses Michel-Ange et ses Canova, possédait aussi naguère le plus beau de tous les marbres dans le marbre de Carrare (d'une blancheur éclatante comme celui de Paros, dont les carrières sont épuisées). Mais nos marbres des Pyrénées, qui ont naturellement la transparence de la peau et presque l'incarnat de la chair, sont préférés maintenant par la plupart des artistes. On dit que la Californie possède un marbre qui est d'une extrême dureté, puisqu'il raie celui de Carrare.

4° SEL.

Le *Sel* est un minéral incolore, composé de *chlore* et de *sodium*, éléments dont l'action isolée détruirait nos organes. On le trouve ou bien en masse solide dans les mines dites de sel gemme, ou bien en dissolution dans les eaux dites salifères.

Le sel gemme s'extrait de la mine comme les autres minéraux. Le sel dissous s'obtient par l'évaporation ou par la congélation des eaux salifères, c'est-à-dire par deux moyens opposés : par la chaleur et par le froid. L'évaporation est plus souvent employée. Le procédé en est fort simple. L'eau de la mer, à la marée montante, s'introduit par des écluses dans une série de réservoirs où elle forme des nappes qu'on emprisonne en fermant les écluses. Ces nappes étant soumises alors aux rayons solaires, l'eau s'évapore et le sel se dépose. Il est un autre mode d'évaporation qui donne un sel moins impur : au moyen d'une pompe, on élève l'eau, qu'on fait retomber en pluie très-fine sur des branchages où l'évapore un vif courant d'air. On peut traiter de la même manière le sel gemme, en le dissolvant d'abord par un filet d'eau qu'on fait pénétrer dans la mine. Dans les climats froids, on procède par voie de congélation. A mesure que l'eau se congèle, elle se sépare du sel, parce que chaque substance affecte une forme cristallisée différente.

Quelle que soit son origine, le sel est accidentellement mêlé de substances étrangères qui le rendent plus ou moins gris. Pour le purifier, en le ramenant ainsi à l'état de sel blanc, on le dissout dans de l'eau qu'on filtre d'abord et puis qu'on évapore.

Le sel, lorsqu'il n'est pas complètement pur, retient toujours une certaine quantité d'eau, ce qui le fait crépiter, quand on le jette sur des charbons ardents. Il a d'ailleurs pour elle une si grande affinité qu'il se liquéfie à l'air humide, en s'emparant de la vapeur aqueuse dont l'atmosphère est alors saturée. C'est sur cette affinité pour l'eau qu'est fondé l'art de la salaison, qui conserve les viandes, et qui permet aussi de transporter le poisson à des distances fort éloignées.

L'abondance du sel est en rapport avec son immense utilité. Dans les eaux de la mer seulement, il entre dans la proportion d'un trentième; un grand nombre de marais et de sources en renferment aussi beaucoup, et nous ne pouvons nous dispenser de mentionner ici notre source salifère de Castellane, qui fait tourner un moulin. Les mines de sel gemme sont plus rares. Notre département de la Meurthe en possède une dont la puissance est telle, que ses produits suffiraient, pour plusieurs siècles, à toute la consommation de la France. Mais celle de Wielizka, merveilleusement creusée au pied des Carpathes, mérite surtout d'être citée pour sa richesse et son ancienneté. L'aspect en est imposant, et si l'œil essaie de parcourir ces galeries immenses, il est ébloui des reflets que lui renvoient les statues, les colonnes, les chapelles, qui toutes, taillées dans le sel, scintillent à la lumière comme des diamants.

Le sel est un assaisonnement indispensable pour l'homme ; les animaux eux-mêmes le recherchent beaucoup. Il fut la seule épice des peuples de la haute antiquité. Homère lui donne l'épithète de divin. L'Écriture et les prophètes en font tour-à-tour le symbole de la durée, de la sagesse, de la reconnaissance. Il le fut aussi de la stérilité ; car, dans la Judée particulièrement, pour rendre un champ stérile, on y semait du sel. Ajoutons qu'il y était commun et librement exploité.

En France même, jusqu'au XVIe siècle, le sel, justement considéré comme un objet de première nécessité, n'était frappé d'aucun impôt. Toutefois, il avait été soumis à la gabelle sous Philippe-le-Long et surtout sous Philippe de Valois, qu'Édouard II, roi d'Angleterre, surnomma plaisamment *l'auteur de la loi salique*. Cet impôt, renouvelé seulement dans les circonstances difficiles, prit, sous Henri II, une forme nouvelle et définitive. Sully regardait comme une extrême dureté de vendre cher aux pauvres une denrée si commune, et le temps seul lui manqua pour abolir cet impôt. Espérons au moins que les circonstances permettront d'alléger cette charge, qui pèse plus spécialement encore sur l'ouvrier de nos villes et sur le laboureur. Ce sera peut-être le meilleur moyen d'empêcher les *falsifications* (1) de cette denrée, qui trop souvent est altérée par du plâtre, et quelquefois même par des substances vénéneuses. La chimie donne, il est vrai, des moyens sûrs pour dévoiler ces falsifications; mais ses enseignements n'arrivent guère à ceux qui sont le plus souvent victimes de cette fraude.

C'est du sel qu'est retirée la *soude* qu'on emploie pour fabriquer le savon de ménage. Le savon est la combinaison d'un corps *gras* (huile, suif) avec un *alcali* (soude, potasse). Ce corps étant soluble dans l'eau, pénètre dans le linge et enlève les taches qui le salissent. L'alcali, s'il était employé seul, userait le linge, parce qu'il est corrosif; on l'affaiblit par l'action des acides que contient le corps gras. Le suif convient mieux que l'huile sur-

(1) Voir ce mot aux notes explicatives.

tout pour les savons de toilette, parce qu'on l'aromatise beaucoup mieux. Le savon transparent est un savon alcoolique, c'est-à-dire dissous dans l'alcool.

Pour être parfait, c'est-à-dire, pour n'être ni gras, ni alcalin, le savon exige que la matière grasse et la matière alcaline qui le composent soient absolument combinées. Mais, en réalité, on n'obtient pas ce résultat, et le savon, en pratique, est toujours gras ou alcalin. Or le savon alcalin ride et parchemine la peau, il altère aussi les couleurs et les tissus. Le savon graisseux rend la peau poisseuse, et de plus il fait que les poussières atmosphériques adhèrent aux tissus et les salissent. On peut neutraliser l'action nuisible du savon alcalin et du savon graisseux, en y introduisant un troisième élément, l'hydrate de silice. (1) Cette substance désalcalinise le savon qui serait alcalin, et dégraisse le savon qui serait gras. On obtient ainsi le véritable savon de toilette et d'industrie. Le savon de ménage, qui est à base de soude, acquiert une suffisante dureté pour que la main puisse non-seulement le tenir, mais encore exercer avec lui une certaine pression, un certain frottement sur le tissu qu'il s'agit de blanchir. Le savon de toilette, qui est à base de potasse, reste mou, parce qu'il est *déliquescent.*

La France est le pays qui fait le plus grand com-

______
(1) Voir le mot Savon et le mot Silice aux notes explicatives.

merce de sel *marin*, c'est-à-dire dissous dans les eaux de la mer : c'est même un des principaux produits des départements situés sur l'Océan Atlantique et la Méditerranée. Les départements de la Meurthe et du Jura possèdent nos plus importantes sources salifères.

En France, la production annuelle des sels (marin et gemme) est, au moins, de 827 millions de kilogrammes.

Ajoutons que le sel de nos marais salants est le meilleur qu'on puisse employer pour la cuisine et dans les arts. Il est surtout recherché par les peuples du nord de l'Europe.

BOTANIQUE.

Un végétal est un corps organisé, c'est-à-dire doué d'*organes* pour se développer d'abord, et puis se reproduire. Quand la plante est complète, elle a, comme organes de nutrition : les *racines*, la *tige* et les *feuilles;* et, comme organes de reproduction : les *enveloppes florales (calice, corolle)* et la *fleur.* Mais toutes ces parties ne sont pas indispensables. Les feuilles, par exemple, peuvent manquer; comme, aussi, les enveloppes florales, qui ne sont elles-mêmes que des feuilles modifiées. Du reste , le langage vulgaire commet ici bien souvent de graves erreurs. Ainsi, dans la pomme de terre, la tige est prise pour une racine. Plus souvent encore on applique le nom de fleur aux enveloppes florales, qui ne sont qu'une partie accessoire, tandis que la vraie fleur *(étamine* et *pistil)* est la partie essentielle. Presque toujours enfin, on considère comme fruit la pulpe plus ou moins savoureuse qui entoure la graine ; et cependant le *fruit* proprement dit, c'est la graine, végétal en miniature, qui doit, en effet, continuer la plante dans l'espace et dans le temps.

La Botanique ou *Phytologie* distribue les plantes en trois grandes divisions, d'après le mode de leur germination, c'est-à-dire de leur premier développement. Car, dans les unes, le germe est privé de cette feuille primitive et protectrice qu'on appelle *Cotylédon;* dans les autres, au contraire, il est protégé par un seul ou bien par deux cotylédons. De là les dénominations de plantes : *Acotylédonées* (sans cotylédon), *Monocotylédonées* (avec un cotylédon), *Dicotylédonées* (avec deux cotylédons). Les subdivisions sont ensuite établies sur les organes de reproduction et sur les organes de nutrition.

Les Acotylédonées n'ont pas de fleur. Le type floral des Monocotylédonées se présente, par exemple, dans la famille des *Liliacées,* et celui des *Dicotylédonées,* dans la famille des *Renunculacées.*

La spécialité de ce livre ne nous permet pas de suivre strictement cette savante classification. En effet, sous le rapport de l'utilité, les plantes quittent souvent leurs familles respectives pour former ainsi des groupes qui, d'après leur propriété dominante, ont reçu le nom de plantes *alimentaires*, *textiles*, *oléifères*, etc. Mais, pour répondre à tous les désirs, nous rétablissons chaque plante à sa place scientifique, dans le tableau du règne végétal qui termine l'ouvrage.

Les plantes, généralement placées à la surface de la Terre, sont pour elle une richesse à la fois et une parure. Elles s'y fixent fortement par leurs racines; et puis, par leur tige, cherchant l'air et la lumière, elles s'élèvent dans l'atmosphère pour y étaler leurs feuilles, leurs fleurs et leurs fruits. L'histoire de la végétation est pleine d'intérêt. Les extrémités des racines, sans cesse renouvelées, sucent dans le sol l'eau qui tient en dissolution des substances nutritives. Ce liquide, c'est la sève. On l'appelle sève ascendante, quand elle monte de la racine jusqu'à la feuille; on l'appelle sève descendante, quand elle descend de la feuille jusqu'à la racine. Chacune d'elles circule dans des canaux qui lui sont propres; et tous ces mouvements vus au microscope s'opèrent avec une extrême vitesse. On comprend que la sève descend par l'effet seul de la pesanteur; mais la sève ne monte que par le concours de plusieurs forces. C'est la sève descendante qui alimente toutes les parties de la plante. Elle est par rapport à la sève ascendante ce qu'est le sang artériel par rapport au sang veineux, dont il provient sans doute, mais rendu vivifiant par l'effet de la respiration. De même, l'élaboration principale de la sève s'effectue dans la feuille. Sous l'action du soleil, la sève ascendante y éprouve une immense exhalation qui rapproche les substances dissoutes. En même temps, l'acide carbonique de l'air est décomposé, le carbone en est retenu, l'oxygène est mis en liberté. Si la sève entraîne avec elle quelques produits solides, impropres à la nutrition de la plante ou à sa structure, ces produits restent dans les feuilles, qu'ils concourent à vieillir en obstruant leurs canaux.

Attachées ainsi au sol qui doit les nourrir, et ne pouvant en aucune manière changer leurs rapports avec les circonstances qui les environnent, les plantes ont besoin qu'on leur ménage, qu'on leur prépare les conditions les plus favorables à leur développement. Tel est le but de l'agriculture.

L'agriculture est mère de toutes les industries. Fille elle-même de la nécessité, elle dut naître parmi les premiers habitants de la Terre; mais, comme les patriarches furent des .pasteurs nomades plutôt que de véritables agriculteurs, et comme, du reste, les annales de l'Inde, de la Chine et du Japon n'appartiennent pas à l'histoire, nous ne devons constater qu'en Égypte les progrès primitifs de l'agriculture. Les Égyptiens, en effet, firent d'immenses travaux pour utiliser les inondations fécondantes de leur fleuve, et pour distribuer au loin leurs richesses territoriales. Tels furent le lac Mœris, le canal de Néchos et ceux de Sésostris. L'agriculture devint pour eux une sorte de culte, et, après en avoir adoré le symbole dans le bœuf Apis, ils en adorèrent même les produits dans leurs divinités légumineuses.

Ainsi les colonies dont l'Égypte dota la Grèce y durent porter des connaissances agricoles déjà développées. Mais les Grecs, plus passionnés pour le beau que pour l'utile, ou bien découragés peut-être par la nature même de leur sol, en négligè-rent l'exploitation, ne faisant presque qu'une seule exception en faveur de l'olivier.

Les Romains, au contraire, sous l'inspiration de Romulus et de Numa, donnèrent à l'agriculture des soins assidus, surtout dans les premiers siècles de la république. Et c'est alors qu'on vit le patriotisme modeste des Publicola, des Cincinnatus, passer à regret de la charrue au dictatorat, et revenir bien vite du triomphe à la charrue. Mais, au temps des Marius et des Sylla, des César et des Pompée, Rome, au contact de la Grèce, acheva de perdre ses goûts et ses mœurs. Ses campagnes naguère si exubérantes et si riches, abandonnées désormais à des mains mercenaires et humiliées, furent incul-tes et improductives, et partout les maisons de plaisance y remplacèrent les moissons.

La Gaule devint alors le grenier de l'Italie. Déjà, depuis longtemps, l'agriculture y prospérait; on y

citait en particulier les rives de l'Allier et de la
Saône; les céréales y suivaient les progrès de la
vigne; on lui devait et l'invention des barriques et
la méthode des *silos*. Ce fut dans cette belle et fertile province qu'au milieu de la décadence de l'Empire, l'industrie agricole se soutint encore plus de
deux cents ans; mais enfin ses mauvais jours arri-
vèrent avec les invasions successives des Vandales,
des Goths et des Francs. Les guerres civiles des
deux premières dynasties aggravèrent ses désas-
tres; la féodalité surtout lui fut mortelle, bien
moins par ses violences, ses dîmes, ses corvées,
que par le mépris dont elle flétrit le travail des
champs. L'agriculture, dès lors honteuse et décou-
ragée, dut bientôt céder aux landes et aux marais
les immenses terrains dont elle avait fait la conquête
au prix de tant de siècles. Et si les Capitulaires de
Charlemagne, comme plus tard les Établissements
de saint Louis, témoignèrent pour elle d'une haute
sollicitude; si les moines, avec une merveilleuse
ardeur, la remirent en possession de vastes domaines; si les croisades elles-mêmes la réhabilitèrent
un peu en élevant le serf à la propriété du sol qu'il
cultivait, tous ces efforts, toutes ces circonstances,
n'ayant pas de point d'appui dans les institutions,
n'eurent qu'un résultat momentané. L'édit de
Louis X, qui, renouvelant celui de Constantin,
défendit au créancier de saisir, en aucun cas, les
animaux et les instruments de labourage, et l'or-

donnance de Louis XII, qui fut forcé de réprimer par des peines rigoureuses les exactions des hommes d'armes, nous laissent apercevoir combien était encore précaire la condition du cultivateur.

Cependant les préjugés s'effacèrent sensiblement sous l'influence de l'Hôpital et de Sully. Mais Colbert, dans ses préoccupations manufacturières, ayant commis la faute de délaisser l'agriculture, elle resta d'autant plus engagée dans les entraves de la routine, que les idées et les capitaux s'éloignèrent d'elle pour se porter exclusivement aux opérations industrielles et commerciales. Toutefois elle avait su profiter des voies de communication par terre et par eau, établies sous le règne de Louis XIV et de Louis XV, lorsqu'en 1789 se réalisèrent d'importantes améliorations. Enfin la science est venue, de plus en plus, mettre ses agents et ses méthodes au service de l'agriculture. Le travail des champs est simplifié; pour économiser le temps et les bras, les labeurs les plus pénibles sont imposés aux machines; et le *rendement* s'augmente à la fois par la quantité des produits et par leur qualité.

La culture, d'après les produits particuliers auxquels elle donne ses soins, reçoit des noms différents : celle des graines s'appelle *agriculture* proprement dite; celle des fleurs et des fruits, *horticulture;* celle de la vigne, *viticulture;* celle des forêts, *sylviculture.*

Les terrains propres à la culture sont composés, en proportion variable, de silice, d'alumine et de chaux; et c'est d'après celle de ces trois substances qui en est le principe dominant qu'ils se distinguent en siliceux, argileux ou calcaires. Cette variété de terrains répond à celle des plantes, qui demandent, les unes un sol léger, les autres un sol compacte. Or cette diversité des plantes est elle-même un immense bienfait, car elle multiplie nos ressources, varie nos jouissances, et décore tous les points de cette terre qui, d'abord inculte et sauvage, de jour en jour, sous la main de l'homme, s'embellit et s'achève. Quand le sol ne renferme pas ces trois principes en proportion convenable, on l'*amende,* c'est-à-dire on le corrige, en y ajoutant le principe qui manque ou qui doit dominer.

La silice, l'alumine et la chaux favorisent singulièrement l'action végétative; mais ce sont les engrais qui, en se décomposant, fournissent à la plante ses éléments de nutrition. Depuis longtemps l'observation avait appris que certaines substances, placées près de l'herbe qui croit spontanément, lui donnent une plus grande force de végétation. Cette remarque commença la théorie des engrais, qui ne fut complétée que peu à peu par les révélations de la chimie. Le composé nutritif par excellence, c'est le fumier d'étable : il présente, en proportions voulues, les substances chimiques qui sont nécessaires à l'action végétative. Or, en agriculture, la loi de la restitution consiste à rendre au sol les principes élémentaires qui lui sont soustraits par les plantes.

L'opération du semis est encore une des plus importantes, car le succès de la récolte en dépend presque entièrement. Elle exige surtout que la graine soit bien choisie, et que le semeur la répande d'une manière égale et uniforme.

Mais, pour qu'une graine confiée au sein de la terre puisse s'y développer et devenir une plante qui porte des fruits, il faut qu'elle y reçoive les influences atmosphériques et qu'elle y trouve des principes nutritifs : c'est pour cela qu'on ameublit le sol et qu'on le fume.

Pour ameublir le sol, on l'ouvre, on le divise, afin que l'air, l'eau, la chaleur, arrivent sans peine à la jeune plante, et que ses racines naissantes, si délicates, si faibles, puissent s'étendre sans effort et pénétrer plus ou moins profondément. Cette opération se fait de trois manières différentes, selon le genre de culture : avec la bêche du jardinier, la houe du vigneron, ou la charrue du laboureur. La houe, plus expéditive que la bêche, doit lui être préférée ; la charrue demande l'auxiliaire d'un attelage, et ne convient ainsi que dans les grandes cultures.

Pour bien fumer le sol, on y distribue les engrais avec mesure, car l'eau sursaturée de principes nutritifs serait trop dense pour être aspirée par les petites radicules. Ces engrais varient de qualité selon la nature même de la plante qu'ils doivent alimenter ; mais, enfin, c'est de ces substances, qui nous paraissent peut-être si rebutantes, que le blé cependant retire sa farine, le melon son sucre, la figue son miel, le café son arôme, la pêche son parfum. Une meilleure manière d'employer les engrais consiste à rendre leur décomposition progressive, afin que l'aliment qu'ils offrent au végétal croisse à mesure que celui-ci se développe lui-même. Si la décomposition est instantanée ou rapide, le gaz alimentaire sera d'abord en excès, car le germe naissant exige peu, tandis que ce gaz ne sera pas ensuite assez abondant ; de telle sorte qu'il sera fourni, pour ainsi dire, en raison inverse des besoins de la plante. Mais, si l'engrais est mélangé de charbon animal, qui en ralentit la décomposition, dès lors il fournit dans les premiers temps peu de gaz ; puis, à mesure que le charbon perd de ses propriétés en se saturant des produits fournis par la décomposition elle-même, celle-ci marche et s'accélère, suivant ainsi graduellement les progrès de la force végétative.

Enfin le système des irrigations, si heureusement employé dans les pays les plus agricoles, est encore une de ces améliorations par lesquelles la puissance humaine, en suppléant la nature, parvient souvent à des résultats merveilleux. Les irrigations sont utiles, en effet, non-seulement par l'eau qu'elles fournissent aux plantes, mais encore par les engrais qu'elles leur apportent. Quant à l'arrosement des plantes de nos jardins, et surtout de nos serres, les horticulteurs intelligents n'emploient que de l'eau tiède.

Il est triste de dire que, dans quelques contrées, persiste encore un préjugé funeste et déjà fort ancien. On croit que la terre a besoin de repos après le travail, et l'on fait des jachères, c'est-à-dire qu'on laisse inutile et sans culture le champ qui vient de donner une récolte, réduisant ainsi une ferme à la moitié réelle de son étendue, sans profit pour le propriétaire et sans amélioration pour le sol. La terre n'est qu'un instrument et ne se fatigue jamais. Seulement *elle se délecte en la mutation des semences,* a dit notre célèbre agronome Olivier de Serres; et, en effet, il faut savoir varier les semailles, ne pas demander deux fois de suite au même champ la même récolte, faire succéder les fourrages, qui améliorent le sol, aux céréales, qui l'épuisent. Cette rotation de culture est appelée *assolement.* Conduite avec intelligence, elle économise les engrais, et enrichit d'ailleurs le fermier en lui permettant d'élever de nombreux bestiaux; car les prés amènent le bétail; le bétail, les engrais; les engrais, l'abondance.

Il faut aussi éloigner avec soin certaines circonstances qui peuvent compromettre les labeurs de toute une année. Et d'abord, toute plante qui se multiplie au milieu d'une culture est par cela même nuisible; car elle vit aux dépens des espèces agricoles, et leur dérobe une plus ou moins grande quantité de sucs nutritifs. Il est donc important que le sarclage tienne les terres nettes de toute herbe inutile. A plus forte raison, est-il essentiel de détruire avec sollicitude les petits champignons parasites qui, sous forme de poussière, attaquent les feuilles et le chaume des céréales. Il en est un surtout, appelé *uredo* des blés, auquel les agriculteurs donnent le nom de *charbon*. Ce cryptogame est un véritable fléau dans les climats humides où il se jette quelquefois sur des plaines entières. Le charbon diffère beaucoup de la *carie*, autre champignon parasite, avec lequel on le croyait identique. Sa poudre est inodore, tandis que celle de la carie a une odeur nauséabonde. Le charbon se porte spécialement sur l'avoine, l'orge et le maïs, et attaque peu le froment, qui est, au contraire, la plante sur laquelle la carie exerce le plus ses ravages. Pour préserver le grain du charbon et de la carie, il faut le *chauler*, c'est-à-dire il faut le faire passer dans une dissolution de chaux. Le chaulage défend le grain, non-seulement de ces champignons qu'il détruit, mais encore des insectes qu'éloigne la saveur àcre dont il se trouve ainsi pénétré.

Il est des animaux enfin qui sont nuisibles à

l'agriculture ; les plus redoutables sont deux sortes de rats, le campagnol et le mulot, qui se multiplient avec un extrême rapidité. En 1816, le premier causa près de trois millions de dommages dans le seul département de la Vendée ; le second faillit déboiser quelques parties de l'Angleterre en 1811 et 1813. Les rats sont d'autant plus funestes, qu'ils dévorent souvent le grain qui vient d'être semé, et détruisent ainsi toute une récolte. Parmi les insectes, il faut citer le charançon, qui, inoculé dans le grain, y vit à l'état de larve, et l'iule terrestre, connu vulgairement sous le nom de bête à mille pattes, qui attaque les blés et en détruit le germe en implantant sa tête dans le grain, au commencement de l'hiver et même à la fin de l'automne. La plante se maintient verte et conserve une apparence de santé jusqu'au mois de mars, où elle meurt sans qu'on puisse en assigner la cause ; car, à cette époque, l'iule a complètement disparu. Les iules à la fin de l'été se tiennent attachés à tous les débris des végétaux qui demeurent épars dans les champs. En brûlant ces débris, on s'en délivre presque radicalement.

I. PLANTES ALIMENTAIRES.

1º GRAINS.

Cette expression, qui comprend dans sa généralité toutes les semences féculentes, s'applique par excellence à celles de la riche famille des graminées, à laquelle l'homme doit, ainsi que plusieurs animaux, sa principale nourriture. Leur développement, qui n'est jamais spontané, demande beaucoup de soins et offre deux époques difficiles : celle où la tige se forme, et celle où se montrent les fleurs. Sauvée de ces deux crises, la récolte est riche et assurée, quoique cependant soumise encore à deux fléaux, à la grêle, qui trop souvent la brise, ou à l'ouragan, qui parfois l'arrache et la disperse.

On cueille le grain, quand il est mûr; c'est ce qu'on appelle faire la moisson. Le moissonneur, armé d'une faucille ou d'une faux, coupe les tiges, en ayant soin de ne pas imprimer à l'épi de trop fortes secousses; il les laisse sécher quelque temps, puis il les rassemble en petits tas nommés javelles, qui, liés en bottes, forment une gerbe. Les gerbes sont ensuite portées au grenier ou bien réunies en grands amas nommés meules, auxquels on donne un abri par une toiture de paille. Ces meules sont destinées à suppléer aux granges, lorsque celles-ci ne sont point assez spacieuses.

Quand on veut séparer le grain de l'épi, on étale les gerbes sur un sol convenablement disposé qu'on nomme *aire*, et les batteurs frappent sur l'épi par coups cadencés au moyen du *fléau*, sorte de bâton attaché par des courroies au bout d'un long manche. Ensuite on relève la paille et l'on recueille le grain. Pour en enlever les corps légers, on le vanne en le projetant en l'air sous l'action du vent; puis, pour l'isoler des pierres et des débris terreux, on le tamise dans un récipient nommé crible, qui est percé de mille trous.

C'est une précaution fort salutaire assurément que de conserver les grains dans les années d'abondance et de les mettre en réserve pour les temps de disette. Plusieurs procédés peuvent obtenir ce résultat; mais le plus simple, le plus utile et le moins employé peut-être par nos agriculteurs modernes, est celui par lequel les habitants de la Gaule conservaient leurs récoltes durant plusieurs années. Ce procédé consistait à creuser des espèces de souterrains très-profonds nommés silos, de manière à tenir les grains à l'abri de l'air et de l'humidité. Il serait curieux de connaître les moyens conservateurs qu'employa Joseph en Egypte.

Pour réduire les grains en farine, on emploie l'action du moulin. La mouture, dans l'antiquité, se faisait par des moulins à bras, sortes d'appareils semblables au moulin à café, mais sur une plus grande échelle. Ces appareils fonctionnent mal, sont peu expéditifs et demandent beaucoup de force. Les meules sont depuis longtemps d'un usage général; elles sont mues par l'eau, par l'air, ou même par la vapeur. Jusqu'à l'époque des croisades, l'Europe ne connut que les moulins à eau. Cependant les moulins à vent sont d'une très-grande utilité dans les plaines arides, comme aussi dans les pays trop élevés pour pouvoir disposer d'un suffisant volume d'eau. Mais cette mouture, soumise aux caprices de l'air, est moins uniforme et moins régulière.

Parmi les différentes espèces de grains, qui, du reste, varient avec le sol, le climat et la culture, nous devons surtout connaître le froment, le seigle, l'orge, l'avoine, le maïs et le riz.

Le froment semble être fils de la culture, car on ignore son pays natal, et on ne le trouve nulle part à l'état sauvage. Son fruit, qui porte le même nom, est une petite graine ovale, convexe d'un côté et, de l'autre, parcourue par un sillon. De toutes nos graminées d'Europe, c'est la plus précieuse et la plus estimée. Sa farine, qui est la plus belle, la plus abondante, la plus nutritive, est spécialement destinée à la panification.

Pour faire le pain, on verse dans le pétrin, sorte de coffre en bois de chêne, la quantité de farine qu'on veut panifier. On écarte cette farine sur les côtés, pour laisser au milieu un espace libre où l'on délaye dans de l'eau tiède une certaine proportion de *levain* et de sel. Puis on y pousse peu à peu la farine; on pétrit le mélange, c'est-à-dire on le brasse avec force pour y distribuer d'une manière partout égale l'eau, le sel et le levain. On abandonne ensuite la pâte à la fermentation. C'est alors que s'y développent les gaz qui, soulevant la pâte pour s'échapper, tandis que celle-ci résiste par son propre poids, lui font prendre plus de volume et la divisent en une infinité de petites cellules, circonstance qui rend le pain beaucoup plus léger, c'est-à-dire beaucoup plus digestible. En effet, les petites bulles gazeuses, séparées par de très-minces cloisons, favorisent ainsi le passage de la chaleur dans la masse. Une pâte compacte est un mauvais conducteur de la chaleur; le pain qu'elle formerait pourrait donc, à l'extérieur, être carbonisé et, à l'intérieur, n'être pas cuit. Tandis que cette espèce de lutte se soutient encore entre les gaz qui veulent fuir et la pâte qui les retient, on met au four. Les pains y sont disposés les uns près des autres; le centre est réservé pour les gâteaux et les pains de choix. On ferme le four, et une heure et demie suffit pour que le pain soit cuit. En résumé, la panification ayant pour but de convertir la farine en pain, il faut d'abord y mêler un ferment ou levain, puis l'*hydrater,* car sans eau point de fermentation et, sans fermentation, point de gaz. Mais, pour que la pâte lève, il faut la présence du gluten, substance membraniforme qui enveloppe les bulles de l'acide carbonique et les retient. Le gaz pris ainsi comme dans un réseau, gonfle la pâte par sa force élastique, et alors la masse est plus perméable à la chaleur, ce qui en facilite la cuisson. Enfin, la température doit être de 250° et régulièrement la même dans toutes les parties du four.

Nous venons d'exposer le mode ordinaire de panification. Hâtons-nous d'ajouter, pour l'honneur de notre époque, qu'enfin des procédés nouveaux vont modifier profondément cette méthode, qui a vu le progrès se faire autour d'elle sans y participer. On se propose, en effet : 1º d'extraire du grain une plus grande proportion de farine, en améliorant le système de la meunerie; 2º de rendre le pain plus nutritif, en mêlant d'une manière plus judicieuse et plus hygiénique les éléments qui doivent le former; 3º de diminuer le prix de revient, en améliorant la boulangerie. C'est à l'ensemble de ces divers procédés que nous devons ce triple résultat, d'autant plus désirable que le pain est de toutes les denrées la plus importante, la plus essentielle. Déjà la boulangerie, qui n'était naguère qu'un métier et qui l'est même encore dans la plupart des pays, s'élève maintenant, celle de Paris surtout, à l'état d'art parfait et raisonné. Le pétrissage de la pâte à bras d'hommes est remplacé par un pétrissage mécanique; la sueur du *geindre* ne vient pas ainsi s'ajouter à la pâte. Le four, dit *aérotherme*, offre une sole que ne peuvent souiller les résidus de la combustion, puisque le combustible est brûlé en dehors. La sole tourne sur son axe; il en résulte que l'enfournage et le défournage sont extrêmement faciles. Car, par son mouvement de rotation, la sole vient successivement présenter elle-même, à l'entrée du four, les différents points de sa circonférence pour recevoir les pâtons et pour livrer les pains. On a donc travail constant dans le pétrin et cuisson continue dans le four; toute intervention humaine est exclue du pétrin; tout combustible est exclu du four. C'est l'air chaud qui cuit le pain; et, pour éclairer l'intérieur du four, on se sert d'un bec de gaz mobile sur une tige en coude. On comprend combien le gaz l'emporte ici sur le suif et sur l'huile pour la propreté, et la combustion en est d'autant plus facile que l'air ambiant est chaud.

La *falsification* (1) du pain est d'autant plus grave qu'il s'agit de l'aliment le plus essentiel, surtout pour les classes pauvres.

La panification était connue des Anciens, particulièrement à l'époque d'Abraham; car nous voyons dans l'Écriture que ce patriarche dit un jour à Sara : Pétrissez-moi trois mesures de farine, et faites cuire des pains sous la cendre. Peu de temps après, les fours furent inventés en Egypte. Mais, quoique le levain fût très-anciennement connu, puisque Moïse défendit de manger l'agneau pascal avec du pain levé, on n'a aucune donnée précise du temps où cette méthode fut adoptée. Une circonstance fortuite fit connaître sans doute l'action du levain : un peu de vieille pâte, oubliée par négligence ou mise en réserve par avarice, aura été

(1) Voir ce mot aux notes explicatives.

ajoutée à une masse de pâte fraiche, et l'on aura remarqué qu'au lieu de nuire au pain, elle l'avait véritablement amélioré.

Sous la première dynastie de nos rois, chaque famille préparait sa pâte, et la faisait cuire à son gré. Sous la deuxième dynastie, la féodalité força le peuple à faire cuire son pain, moyennant une légère rétribution, à un four banal qui appartenait au seigneur. Sous la troisième dynastie et dès l'époque des croisades, apparurent dans les grandes villes les pétrisseurs ou marchands de farine mise en pâte, et toutefois la banalité des fours ne fut abolie que par Philippe IV, qui permit aux bourgeois d'avoir des fours dans leurs maisons, et même de vendre du pain à leurs voisins. Aujourd'hui chacun peut fabriquer du pain et le faire cuire à son gré; mais les boulangers seuls peuvent en vendre, et le gouvernement veille à ce que la fraude n'en altère ni la nature ni le poids. Le nom de boulanger est venu de ce que les premiers pains avaient la forme d'une boule.

Les pâtes à potage, dites pâtes d'Italie, sont aujourd'hui supérieurement fabriquées en France, et notamment à Clermont-Ferrand et Lyon. Le froment dur de la Limagne (Puy-de-Dôme) et de l'Algérie est, en effet, éminemment propre à cette fabrication, et la France exporte maintenant de ces pâtes fermes beaucoup plus qu'elle n'en reçoit de Naples ou de Turin.

La pâtisserie se fait comme le pain; seulement on ne se sert pas de levain et l'on ajoute divers ingrédients, tels que le beurre, les œufs, le lait, etc. Elle naquit probablement dans les châteaux, où les dames du Moyen-Age préparaient elles-mêmes tant de friandises avec du beurre, du lait, des amandes et du miel. Les pâtissiers ne furent pas d'abord distincts des boulangers; mais dans le XIIIe siècle, on les désigna spécialement sous le nom d'oublieux ou marchands d'oublies. Ils devinrent bientôt si nombreux, que l'austère chancelier *L'Hôpital* leur défendit de crier les petits pâtés dans les rues. Aujourd'hui la pâtisserie, à la fois élégante et délicate, est devenue un art important par la nombreuse variété de ses produits.

La farine se compose essentiellement de deux parties, l'amidon et le gluten. L'amidon est une substance blanche, pulvérulente, insipide, insoluble dans l'eau froide, susceptible de se figer quand on la traite par l'eau chaude. Le gluten est une substance animalisée, qui joue un rôle important dans la fermentation de la pâte, et c'est à sa présence que le froment doit la propriété de faire le pain qui nourrit le plus et qui lève le mieux. L'amidon seul n'est pas nutritif. La proportion de gluten varie dans la farine des divers froments et elle en classe les qualités. Sous ce rapport, le froment d'Odessa est le plus riche et, par conséquent, le plus estimé. Le département de Tarn-et-Garonne est celui qui produit notre meilleur froment; le département d'Eure-et-Loir est celui qui en produit le plus.

La farine bouillie dans l'eau forme la colle; l'amidon bouilli dans l'eau forme l'empois, qu'on azure parfois avec le cobalt.

La partie centrale du grain présente une farine plus blanche, qu'on appelle gruau. Le pain de gruau flatte le regard, mais il est moins nutritif, car il contient peu de gluten. Les parties de la farine qui sont les plus superficielles sont les plus riches en gluten. Elles servent à fabriquer les *pains à cacheter*, le vermicelle, le macaroni et toutes les pâtes à potage qu'on appelle d'Italie, parce que c'est, en effet, de l'Italie que l'usage de ces pâtes nous est venu. Tous ces produits ne diffèrent que par la forme, et leur forme ne diffère que par le moule dans lequel on les a fait passer, ou bien par l'emporte-pièce avec lequel on les a découpés.

L'écorce du grain en constitue le dixième du poids, et porte le nom de son.

Les peuples de la haute antiquité n'ont pu connaître le froment, car la culture n'était pas encore assez avancée pour que le blé se fût élevé à l'état de froment.

Le froment qui provient d'un sol carbonifère est de qualité inférieure, parce qu'il ne contient pas l'oxyde de fer, un des éléments constitutifs du sang.

Le *seigle*, comme le froment, passe l'hiver en terre, mais il demande un sol léger où celui-ci ne réussirait point. Sa farine, moins abondante et moins glutineuse, donne un pain savoureux, qui a l'avantage de rester frais assez longtemps, avantage inappréciable pour le laboureur, qui n'a guère le loisir de cuire souvent. Unie à celle du froment, elle constitue le *méteil*, nourriture saine à la fois et économique; unie au miel, elle forme le pain d'épice, une des célébrités de la ville de Reims.

Le seigle est encore d'un grand usage pour la fabrication de l'eau-de-vie de grains; et, pour comprendre qu'une liqueur alcoolique puisse provenir ainsi d'une graine farineuse, il suffit de savoir que les végétaux ne diffèrent de leurs produits médiats ou immédiats que par la proportion des principes constituants. Quelquefois même, deux produits très-divers, la gomme par exemple, et le sucre, peuvent avoir la même *formule chimique*.

Il paraît, du reste, que les Anciens estimèrent peu le seigle, qui nous est venu du centre de l'Asie; car, de tous leurs auteurs, Pline est le seul qui l'ait mentionné. Cependant ils le cultivaient en grand, comme plante fourragère; et, sous ce rapport encore, le seigle serait d'autant plus utile au cultivateur, que, faute de cette ressource, il est obligé de tenir au sec ses bestiaux durant tout le printemps; car, à cette époque, l'herbe est encore très-courte, tandis que le seigle peut déjà fournir un fourrage agréable et rafraîchissant. Le seigle de Champagne est le plus recherché.

L'*orge* est, comme le seigle, originaire de la Haute-Asie; on le sème, ainsi que l'avoine, au premier printemps. Sa farine, inférieure à celle du seigle, donne un pain qui, par son aspect et par son goût, justifie l'expression populaire, *grossier comme du pain d'orge*. Ce fut cependant le premier pain des hommes, et ce fut sur des pains d'orge, nous dit l'Écriture, que s'effectua le miracle de la multiplication des pains. La Palestine, l'Égypte, la Grèce et la Gaule n'en connurent pas d'autre, et ce fut surtout l'aliment presque exclusif des athlètes et des gladiateurs. Les Romains eux-mêmes ne méprisèrent ce pain que lorsqu'ils eurent appris des Parthes à faire celui de froment, et ce fut par le pain d'orge que Marcellus punit les légions qui s'étaient laissé vaincre par Annibal à la bataille de Cannes.

L'orge conserve encore aujourd'hui l'un des priviléges qu'elle avait autrefois, celui de servir à la fabrication de la bière préférablement aux autres céréales, parce que sa culture, par laquelle commencèrent en effet les défrichements, réussit dans les terrains les plus légers. La bière est une liqueur spiritueuse obtenue par la fermentation de l'orge germée. Pour déterminer la fermentation de la partie sucrée de cette graine, il faut ajouter le ferment et l'eau qui se trouvent, au contraire, naturellement dans le vin ; et, pour empêcher la fermentation alcoolique de passer à l'état acide, on ajoute encore des *bractées* de houblon, plante aromatique qui communique aussi à la bière une certaine amertume. Quand la liqueur s'est calmée, après avoir produit une abondante écume appelée *levure,* et qui sert de ferment dans la panification et dans les brasseries, la bière est faite. On la clarifie et on la met en bouteille. Une fermentation lente travaille encore la liqueur et lui donne la propriété de mousser, quelquefois même de briser les récipients, lorsque l'acide carbonique, devenu libre, est en trop grande quantité.

La *falsification* (1) de la bière n'est aujourd'hui que trop fréquente.

La bière fut inventée par les Égyptiens, qui, privés de la vigne, cherchèrent dans leurs riches céréales le moyen de substituer au vin une autre boisson alcoolique. Les Grecs la désignaient sous le nom de vin d'orge ; les Romains, sous celui de boisson pélusienne. L'origine de la bière était ainsi rappelée, chez les uns, par la graminée d'où elle provient ; chez les autres, par la ville (Péluse) où elle fut inventée. Les Grecs et les Gaulois reçurent d'eux les procédés de cette fabrication, que le temps a peu modifiés. L'opération principale consiste à remuer dans la tonne la farine d'orge, et se

______

(1) Voir ce mot aux notes explicatives.

nomme *brassage,* d'où est venu le nom de *brasseur* donné au fabricant. La meilleure bière est celle qu'on fait au mois de mars. La bière est une boisson saine, nutritive, rafraîchissante; mais c'est un des produits les plus sophistiqués, circonstance d'autant plus fâcheuse que la consommation en est considérable. Paris en consomme, en effet, chaque année 14 à 15 millions de litres, et Londres 250 millions.

Si l'orge ne sert plus guère à la panification que dans les contrées les plus pauvres, elle est très-employée en bouillie sous le nom d'orge mondée ou perlée. L'orge mondée est celle dont on a seulement séparé l'écorce; l'orge perlée est celle que la mouture a lissée et arrondie comme des perles. L'émulsion appelée *orgeat* devrait recevoir un autre nom, car l'emploi des amandes y remplace aujourd'hui celui de l'orge.

L'avoine donne plus de son et moins de farine que les autres céréales. Elle forme un pain qui est inférieur encore à celui d'orge, et qu'on ne mange guère que dans quelques contrées de la Russie et de l'Écosse; le gruau d'avoine est excellent. Moins exigeante que les autres céréales, l'avoine prospère sur des défrichements où l'orge même n'aurait aucun succès. Elle est principalement cultivée pour les chevaux; c'est, en effet, un stimulant qu'ils aiment beaucoup. Cependant la cavalerie romaine n'en usa point, et encore aujourd'hui les meilleures races chevalines, le cheval arabe, le cheval tartare, ne connaissent que l'orge, qui certainement est préférable, du moins comme aliment. Quoi qu'il en soit, il faut concasser l'avoine que l'on donne aux chevaux, parce qu'autrement une partie du grain n'étant pas convenablement broyée par les dents du cheval, surtout s'il est vieux, ne concourt pas à la nutrition.

Le *maïs*, malgré son nom vulgaire de *blé de Turquie*, n'appartient ni à la Turquie, ni à l'Orient; c'est une céréale américaine. Le maïs est la plus imposante des graminées et l'un des plus riches présents que le Nouveau-Monde ait faits à l'Ancien. On la sème au printemps; elle craint surtout le froid et le charbon; elle produit beaucoup, mais épuise le sol. Sa fécule est principalement employée sous forme de bouillie; et c'est, pour elle, la forme la plus simple, la plus convenable, la plus naturelle; car le maïs est, par lui-même, peu propre à la panification. Cette bouillie, compacte en apparence, est cependant saine et légère, et sa préparation n'exige que peu de temps. On la recommande surtout aux personnes atteintes de *phthisie* pulmonaire.

Le maïs est un aliment de prédilection pour la plupart de nos animaux domestiques, dont la chair acquiert alors une grande finesse et une succulente saveur. La seule précaution nécessaire est de faire tremper d'abord le maïs dans l'eau, pour qu'il n'use point leurs dents par sa grande dureté. Sa culture doit être en France d'autant plus encouragée, que, d'après des expériences toutes récentes, il peut donner dans la même récolte : 1° le fruit, dont la farine sert de nourriture à de nombreuses populations; 2° le sucre de la tige; 3° enfin un produit pulpeux, qui non-seulement peut fournir aux bestiaux un bon fourrage, mais encore servir à faire un excellent papier d'emballage complètement imperméable. La tige du maïs peut donner presque autant de sucre que celle de la canne, quand on détache de la plante les jeunes épis, la laissant ainsi se développer privée de son fruit, qui eût absorbé presque tout le sucre de la tige.

Cette belle plante passa d'Amérique en Espagne, et d'Espagne en France, sous le règne d'Henri II. Après le riz et le froment, c'est le grain le plus essentiel et le plus généralement cultivé.

Le *riz* est la plus répandue de toutes les graminées, et sert de nourriture principale aux deux tiers du globe, particulièrement dans la Chine. C'est, en quelque sorte, une plante intertropicale; car elle exige une température plus élevée que celle de la canne à sucre et même du cacaoyer. Sa tige est plus volumineuse et plus ferme que celle du froment. Sa farine ne peut être panifiée; aussi n'envoie-t-on le riz au moulin que pour l'y dépouiller de sa pellicule. Sa culture exige un climat humide et chaud, et produit, dans les pays où elle est répandue, des maladies épidémiques qui rendent la population faible et souffrante. C'est pour ce motif qu'elle n'a pas été introduite dans nos départements méridionaux, où elle ne réussirait pas très-bien, comme le prouvent les essais faits à Arcachon et à la Camargue. Cependant, une variété qu'on appelle riz sec réussit dans les terrains propres au froment. Les rizières sont souvent attaquées par les oiseaux, les rats et les insectes.

2° POMME DE TERRE.

Originaire de l'Amérique (Chili), cet excellent tubercule fut apporté de la Virginie en Angleterre par l'amiral sir Raleigh, en 1586. C'est à Parmentier, dont longtemps il porta le nom, que nous devons sa culture en France. Mais ce ne fut pas sans peine que ce philanthrope parvint à triompher du préjugé qui considérait comme suspecte la pomme de terre, parce qu'elle appartient à la famille des solanées. Repoussé des savants, des économistes, des philosophes, des pauvres même, qu'il voulait désormais sauver de la famine, Parmentier ne fut bien compris que de Franklin et noblement accueilli que de Louis XVI, qui le félicita d'avoir ainsi trouvé le *pain des indigents*. Parmentier persévéra dans ses efforts avec cette patiente activité que donne à certaines âmes la volonté du bien. Enfin, toutes les objections durent

se taire, lorsqu'en 1776, il offrit à des personnages
choisis un dîner splendide où il ne fit servir que
des pommes de terre, qu'une main habile avait pré-
parées de mille façons. Les boissons elles-mêmes
en furent extraites. Quinze ans après, Louis XVI
s'honora d'en porter des fleurs à sa bouton-
nière. La noblesse s'en fit une parure et la mode
en forma des bouquets privilégiés. En 1793, la
commune de Paris décréta le recensement des
jardins de luxe, afin de les consacrer à la culture
de ce tubercule; et, en effet, les carrés de fleurs
des Tuileries, ainsi que la grande allée elle-même,
reçurent cette destination.

N'exagérons rien. La pomme de terre a sa place
naturelle dans les champs. Cette plante modeste
est une sorte de tige qui se cache sous le sol et se
recommande à la fois par l'abondance et la qualité
de sa fécule. Elle s'accommode de tous les terrains
comme de tous les climats, et sa récolte échappe,
en général, à presque tous les accidents atmosphériques. Dans ces derniers temps elle a subi
l'invasion de germes parasites, dont elle se dégage
peu à peu.

En 1816, elle mit la France à l'abri de la disette;
et, tous les ans encore, elle est pour quelques départements, comme pour l'Irlande, une ressource
essentielle. Elle s'est répandue dans toutes les parties du globe, et tout le monde sait aujourd'hui que
sa fécule est un aliment sain et léger. Peut-être

même parviendra-t-on à la panifier sans addition d'aucune farine; mais, dans tous les cas, unie à celle du froment, elle forme un pain agréable et nutritif. La fécule se trouve dans toutes les plantes, pour ainsi dire, mais c'est de la pomme de terre surtout qu'on la retire le plus économiquement. On en obtient de l'eau-de-vie par la fermentation; on peut surtout la convertir en matière sucrée, et fabriquer ainsi des sirops économiques. On extrait enfin des fleurs de pomme de terre une belle couleur jaune, qui teint fort bien la laine et la soie, et ne se laisse attaquer ni par le vinaigre ni par l'acide citrique (du citron).

3° VIGNE.

Cette plante, sarmenteuse et vivace, forme avec ses variétés, qui sont très-nombreuses, un appendice de la famille des malvacées. Fortement assujettie par ses racines, elle a besoin cependant que sa tige flexible trouve un support, afin que ses grappes restent pures du contact du sol, et soient mieux aperçues du soleil. Aussi est-elle pourvue de vrilles, petits crochets en spirale, pour saisir les supports qu'elle doit enlacer fortement de ses pampres. Ses feuilles sont grandes, vertes, échancrées, presque rondes; ses fleurs paraissent en été, ses fruits mûrissent en automne. Elle demande une exposition choisie et préfère le penchant des coteaux, sorte d'espalier naturel qu'elle aime à tapisser de sa belle verdure et de ses fruits vermeils. Craignant presque également le froid excessif et l'extrême chaleur, elle ne se plaît que dans les régions tempérées, entre le quarantième et le cinquantième degré de notre hémisphère. C'est dans ces limites, en effet, que sont situés les vignobles les plus riches et les plus renommés, parmi lesquels ceux de France surtout produisent les vins les plus fins, les plus agréables, les plus variés. La vigne ne demande pas d'engrais, car elle distribue dans le sol une infinité de radicules nourricières; et elle n'est pas difficile même sur la nature du terrain, quoique cependant ceux qui sont légers et perméables lui conviennent le mieux.

Elle se reproduit très-facilement et, pour obtenir un nouveau cep, il suffit de planter un simple sarment, qui prend bientôt racine, donne des fruits la quatrième année, et, la sixième, se trouve en plein rapport. Ce moyen, généralement employé, est plus expéditif que le semis et plus propre à reproduire la même espèce.

La vigne est vieille à soixante ans; mais alors son vin, moins abondant sans doute, est aussi beaucoup plus exquis. Le clos Vougeot nous en offre un exemple remarquable. Avant la Révolution, il ne renfermait dans sa partie supérieure que des ceps âgés de plus de quatre siècles, et la qualité de leur produit était hors de prix, les moines de Citeaux ne le réservant même que pour en faire présent à des princes de l'Église ou à des souverains. Depuis, cette partie a été regarnie de jeunes plants, et le vin de tout le clos, ainsi mélangé, n'a pu justifier complètement son ancienne réputation.

Réduite aujourd'hui par la culture aux proportions d'un arbrisseau, la vigne avait autrefois celles d'un arbre. Elle acquiert encore un volume énorme, lorsque, laissée à elle-même dans une terre et sous un climat convenables, elle peut disposer d'un appui propre à la seconder dans ses élans. Un seul cep alors suffit pour envahir tout un chêne, pour en festonner toutes les branches, pour en charger tous les rameaux. Tel est celui de Cornillon, dans le département du Gard, et tels furent ceux dont le bois servit à construire les grandes portes de l'église de Ravenne. Mais la vendange offrait ainsi mille dangers, circonstance qui explique l'usage singulier suivi dans la Campanie, où personne ne s'engageait à la faire que sous la condition expresse, en cas de mort, d'être enseveli aux frais du propriétaire.

Averti par une circonstance imprévue, l'homme apprit à tailler la vigne. Cette opération, plus spécialement utile dans quelques contrées, mais qui rend partout la vendange si facile, arrête le développement de l'arbrisseau, en forçant la sève à renouveler les parties qui ont été détruites. On lui donne pour tuteur un échalas. Une autre opération plus délicate consiste à l'effeuiller avec intelligence, pour ménager à la grappe l'action directe des rayons solaires, qui lui fait prendre cette belle couleur dorée ou purpurine, indices du principe savoureux et sucré. Mais, en mutilant ainsi la vigne, on s'expose à la voir se faner et périr.

Le raisin est le plus délicieux, le plus sain de tous les fruits, soit qu'on le savoure dans son éclat et sa fraîcheur, soit qu'on le conserve par une longue et soigneuse dessication. Parmi les meilleures espèces, il faut citer, en première ligne, le *chasselas* de Fontainebleau, si délicat et si fin; puis, le muscat d'Italie, si volumineux et si parfumé; le raisin de Corinthe, si doux et si menu. Les Anglais recherchent, pour leur pudding, le raisin de Corinthe. On le cultivait autrefois dans les environs de cette ville et, en particulier, près de ce bois de cyprès où Diogène jouissait à sa manière d'un loisir philosophique, lorsqu'il fut surpris par Alexandre. Aujourd'hui cette culture est passée aux îles de Zante et de Céphalonie.

Ce sont les espaliers et les treilles qui produisent ordinairement les raisins comestibles. Mais ce sont les plants qui fournissent, en général, le raisin propre à la vinification, et c'est par ce point surtout que la vigne est une immense richesse.

La vinification s'effectue d'une manière fort simple. Quand on a cueilli le raisin, on le porte au pressoir, où on le foule. Bientôt il se détermine dans la masse, qui s'échauffe, une réaction plus ou moins tumultueuse appelée fermentation. Le sucre contenu dans le jus se décompose et forme, d'une part, l'acide carbonique, qui se dégage, et, de l'autre, l'alcool qui reste dans le liquide. Aussi, plus le raisin est sucré, plus le vin est riche en alcool, c'est-à-dire généreux. La vinification est terminée, quand la liqueur est à peu près revenue à la température de l'air ambiant, et qu'il ne se dégage plus d'acide carbonique. Le vin, pour être parfait, doit être limpide et d'une couleur franche, avoir un parfum agréable et une saveur délicieuse, ranimer l'estomac en respectant la tête, laisser enfin l'haleine pure et la bouche fraîche.

La fermentation est dite *alcoolique*, ou bien *acide*, selon qu'elle produit de l'alcool ou bien du vinaigre. Or la grappe contient un principe *astringent* qui empêche la fermentation alcoolique de dégénérer en fermentation acide; il faut donc laisser la grappe au pressoir, quand le vin n'est pas *généreux*; mais, dans le cas contraire, on doit l'en écarter, parce qu'elle donne au vin une âpreté dont il ne se dépouille que lentement.

Les vins mousseux étant mis en bouteille avant que la fermentation alcoolique s'achève, le gaz y reste emprisonné jusqu'à ce qu'il puisse chasser le bouchon; et c'est alors que, s'échappant impétueusement avec la liqueur qu'il soulève, il forme cette multitude de petites bulles désignée par le nom de mousse.

Les vins liquoreux sont ceux dans lesquels il arrive un point où l'alcool, résultant de la fermentation, est en si grande quantité qu'il neutralise le ferment, de telle sorte que le surplus du sucre reste indécomposé.

Quand on distille le vin, l'alcool, plus volatil que l'eau, s'en sépare en plus ou moins grande partie et forme l'eau-de-vie. Ce liquide n'a plus de couleur, parce que, plus concentré, l'alcool dissout la matière colorante qui était insoluble dans le vin. C'est toujours avec beaucoup de réserve qu'il faut user de l'alcool, car l'usage est ici bien près de l'abus.

Originaire de la Perse, la vigne est un des végétaux dont la connaissance est la plus antique. Elle fut en si grande vénération parmi les premiers peuples de la terre, qu'ils déifièrent sous différents noms l'auteur présumé de cette découverte, que la mythologie appela *Bacchus. Noé,* à sa sortie de l'arche, lui donna des soins particuliers, continuant ainsi les traditions antédiluviennes, ou plutôt y ajoutant des procédés de culture qui en améliorèrent les produits. Cet arbrisseau s'étendit peu à peu jusqu'aux bords de la mer Noire, d'où les Phéniciens le transportèrent successivement en Grèce, en Italie, dans le territoire de Marseille ; et bientôt la célébrité passa tour-à-tour des vins de Palestine, loués par l'Écriture, à ceux d'Ionie, chantés par *Anacréon;* et des vins de Clusium, qui attirèrent *Brennus* en Etrurie, à ceux de Falerne et de Chio, si vantés par *Horace* et par *Virgile. César*, le premier, par un excès de luxe inconnu jusqu'alors, osa mettre ces rivaux en présence dans un grand festin.

Cependant la vigne prospérait dans la Gaule, où, proscrite un moment par *Domitien,* puis relevée par *Probus,* elle s'annonçait déjà comme une richesse nationale. Sa culture, sans doute, souffrit plus que toute autre de l'invasion des Barbares du Nord; aussi le coteau de Suresne fit-il les honneurs de la table royale sous la dynastie mérovingienne, et le peuple ne trouva-t-il du vin que difficilement et comme cordial chez les apothicaires. Mais, protégée peu après par *Charlemagne,* elle fut accueillie dans tous les palais des rois carlovingiens, et se montrait encore au xiie siècle jusque dans l'enclos du *Louvre.* Les prélats eux-mèmes, imitant l'exemple donné à Tours par saint *Martin* et à Laon par saint *Remy,* la favorisèrent d'autant plus, que l'Eglise était métaphoriquement appelée la *vigne du Seigneur.* Enfin, chassée de l'Asie par la loi de *Mahomet,* la vigne sembla dès lors prendre la France pour patrie adoptive, et les vignobles de Bourgogne acquirent bien vite une telle supériorité, que les ducs de cette province se qualifiaient de seigneurs immédiats des meilleurs vins de la chrétienté. La Champagne, il est vrai, ne tarda pas à protester, et dans ces temps où l'on instruisait des procès en forme contre les sauterelles et les mulots, il ne faut pas s'étonner que cette rivalité se soit formulée en une longue thèse qui, du reste, ne décida rien. D'ailleurs, d'autres vignobles français entrèrent en lice, notamment ceux de Bordeaux, qui, célébrés par *Ausone,* dès le IVe siècle, commencèrent, dans le XIIIe, à être recherchés par les Anglais. La question de suprématie nous importe peu ; il nous suffit de dire que l'excellence de ces vins est encore aujourd'hui tout-à-fait incontestée, et que chacun d'eux, par des qualités qui lui sont propres, fait les délices des gourmets les plus délicats. Mais il est juste aussi de mentionner avec éloge nos vins généreux du Rhône et du Midi, nos vins muscats de Lunel et de Frontignan, et puis de citer les vins fameux de Chiras, Tokai, Lacryma-Christi, Montefiascone, Malvoisie, Chypre, Madère, Alicante, Malaga, Constance. Aujourd'hui la culture de la vigne est essayée sur tous les points où le climat peut la rendre possible. Elle a réussi, notamment, dans la Californie et même en Australie. Partout on cherche à produire des vins ayant quelque analogie avec nos vins supérieurs, qui, par leur finesse et par leur bouquet, conservent la primauté que leur assurent, en effet, les conditions naturelles les mieux assorties.

En coulant dans les tonneaux une couche de *Parafine* fondue, pure et blanche, on garantit le vin de toute altération et de toute évaporation. Quant à l'amélioration des vins par le chauffage en bouteille et à l'abri de l'air, il paraît établi qu'en opérant à une température comprise entre 55° et 65°, la couleur s'avive, le bouquet s'exalte et la qualité devient supérieure à celle que donne le vieillissement naturel. C'est aux vins ordinaires que ce procédé convient le mieux.

Le vin est un des produits sur lesquels s'exerce le plus la *falsification*. (1)

Dans les pays où manque la vigne, le vin est principalement remplacé par la *bière,* dont nous avons parlé (page 117), ou par le *cidre.*

4° CIDRE & POIRÉ.

Le cidre est une liqueur spiritueuse qu'on retire de la pomme. La pomme la plus propre à donner ce jus alcoolique n'est pas celle à couteau, c'est-à-dire celle de nos tables, mais une pomme âpre et petite, appelée pour ce motif pomme à cidre. Cette espèce est cultivée dans plusieurs de nos départements, et surtout dans ceux qui formaient la province de Normandie.

Après avoir gaulé les pommes par un temps sec, on les écrase au moulin en y ajoutant un cin-

(1) Voir ce mot aux notes explicatives.

quième d'eau; puis la pulpe est mise au pressoir. Le jus, passé par un tamis de crin, est reçu dans une tonne, où la fermentation s'en empare à la faveur d'une température modérée. La liqueur obtenue par la première expression est le cidre pur ou gros cidre; en renouvelant l'opération, on obtient successivement du cidre moyen et puis enfin une sorte de piquette nommée petit cidre. Sa couleur jaune rougeâtre est exaltée souvent par l'addition d'une certaine quantité de garance.

Quand le cidre est mis en bouteille, avant que la fermentation ait parcouru ses périodes, il revêt, pour ainsi dire, les apparences du vin de Champagne, et ne peut être alors d'un usage ordinaire.

Le cidre fut, comme la bière, inventé par les Égyptiens, qui en enseignèrent la fabrication aux Hébreux, aux Grecs et aux Arabes. Les Maures la transmirent aux Espagnols, qui la firent connaître aux Normands. La Normandie se distingua bientôt par l'excellence de ce produit, que célébra *Basselin* dans ses Vaux-de-Vire, et, aujourd'hui encore, Isigny est pour le cidre ce qu'est Bordeaux pour le vin.

Le cidre est plus sain, moins capiteux que le *poiré,* liqueur en quelque sorte analogue, qu'on retire d'une espèce de poire qui ne peut être admise dans nos desserts. Il est aussi moins limpide et moins fin, mais se conserve mieux.

La quantité de cidre qui se fabrique en France

annuellement est de huit millions d'hectolitres, ce qui représente une valeur de soixante-trois millions de francs. Le département de la Seine-Inférieure est celui qui, pour la quantité, prime de beaucoup tous les autres.

II. PLANTES TEXTILES.

S'il est un grand nombre de plantes propres à la nourriture de l'homme, il en est peu qui soient destinées à le vêtir. C'est par cette utile spécialité que se recommandent le lin, le chanvre et le cotonnier.

1° LIN.

Cette plante, dont les différentes espèces forment la petite famille des linacées, s'élève au printemps, élégante et légère, couvrant ainsi de son agréable verdure le champ qu'elle doit bientôt embellir de ses fleurs azurées. Mais, aux rayons de l'été qui enrichit sa graine, sa croissance s'arrête, sa tige jaunit, ses feuilles tombent, et c'est à peine si elle végète encore dans les premiers jours de l'automne.

Comment soupçonner dans une plante si menue ces qualités précieuses qui en font cependant une de nos principales richesses; car, tandis que sa graine, volumineuse et luisante, recèle une huile douce, propre à l'éclairage et recherchée pour la peinture, sa tige, délicate et cylindrique, s'entoure d'une écorce dont les fibres nombreuses sont les éléments de la toile et du papier.

L'huile de lin est siccative, c'est-à-dire qu'elle sèche assez vite, propriété qui la fait préférer à la fois comme principe des vernis et véhicule des couleurs. On l'obtient par simple pression de la graine ou linette, et le résidu peut encore nourrir la volaille et engraisser les bestiaux.

Sa farine, en cédant à l'eau bouillante une partie de son huile, la rend onctueuse et adoucissante; et, sous ce rapport, elle est fréquemment mise à profit par la médecine.

Toutefois le plus beau privilége du lin réside dans son écorce, qu'on isole en fils souples et déliés, au moyen de deux opérations ayant pour but, l'une de rouir la tige, l'autre de la tiller. Le *rouissage* consiste à laisser fermenter la plante dans l'eau pour détruire le tissu cellulaire et pour dissoudre la gomme qui tient les fibres liées entre elles et collées à la paille ou chènevotte. Cette fermentation doit être convenablement ménagée, afin de ne pas altérer les fibres elles-mêmes. Comme aussi pour le tillage, c'est-à-dire pour briser la chènevotte, on se sert d'un instrument de bois à lame émoussée, afin de la mettre en éclats sans couper les fils. Ces fils réunis en bottes forment la filasse qu'on peigne avec soin pour en séparer la partie la plus grossière, les étoupes. Mais rien ici n'est sans utilité; car, avec les étoupes, on fait des toiles d'emballage, et avec les fragments de la chènevotte, on allume le feu. Le meilleur fil, brillant, doux et fort, est réservé pour la fabrication des toiles fines, de la batiste, de la dentelle; le fil ordinaire donne de bons écheveaux et d'excellentes toiles. Sous le microscope, le fil de lin est très-fin et très-uni. Enfin, après nous avoir servi comme le plus sain des vêtements, le lin change de forme pour nous être plus utile encore, en devenant le dépositaire de nos pensées, car ce sont les vieux débris du linge, qui, triturés et mis en pâte, constituent le beau papier.

Le lin, d'origine probablement asiatique, s'étend aujourd'hui depuis le Delta du Nil jusqu'au nord de l'Europe. Il ne se montre guère plus dans l'Orient, où son usage est remplacé par celui du coton et de la soie. Cependant il fut, dès la plus haute antiquité, le principal vêtement des Hébreux, des Assyriens et des Perses. La Grèce apprit de l'Egypte l'art de le filer, qu'elle transmit ensuite aux Romains. Mais, au milieu des convulsions de l'Empire, la culture du lin, comme toute industrie, fut délaissée. Elle reparut plus tard chez les Arabes, et, par eux, elle devint européenne à l'époque des croisades. La quenouille alors reçut avec orgueil cette plante soyeuse, dont le travail varié fut bientôt un de ces délassements domestiques que les plus nobles dames ne dédaignaient pas. Ce furent les Arabes aussi qui, vers la même époque, nous enseignèrent la fabrication du papier, art pratiqué depuis un temps immémorial dans la Chine, mais ignoré de la Grèce et de Rome, qui connurent à peine le papyrus. La papeterie française rivalise avec celle de l'Angleterre et de l'Allemagne. Les Chinois fabriquent le papier de mille façons, avec la soie, le bambou, la paille, etc. Ce produit, en général de qualité supérieure, est pour eux d'une importance d'autant plus grande que le papier huilé leur sert de vitre. Quant à la préparation du lin, notre département du Nord, qui du reste en cultive une des plus belles espèces, est depuis longtemps en possession de cette intéressante filature ; et, comme chef-d'œuvre ici de l'industrie française, nous devons citer surtout la batiste, magnifique produit dont, nulle part encore, on n'égale ni la grâce ni la souplesse.

2° CHANVRE.

Cette plante herbacée et annuelle présente les plus grandes analogies avec le lin, quoiqu'elle appartienne à une autre famille, celle des urticées. Sa graine, nommée chènevis, fournit une huile siccative, inférieure cependant à celle de la linette. L'huile de chènevis est comestible, et pourtant cette graine est vénéneuse par quelqu'une de ses parties ; car, mangée ou prise en décoction, elle détermine des accidents cérébraux qui peuvent être mortels. Sa filasse est plus forte que

celle du lin, mais moins fine et moins souple.
Aussi est-elle appliquée spécialement à la fabrication des grosses toiles, des cordes et des câbles.
Au microscope, il est facile de distinguer le fil de
chanvre de tout autre fil; il se signale, en effet,
par de petites articulations, que le lin, le coton,
la laine, la soie ne présentent pas.

Le chanvre est une des conquêtes les plus utiles
que nous ayons faites sur le règne végétal. Outre
ses usages dans la lingerie et dans l'industrie, il
en a de bien plus précieux dans la marine, où ne
peut le remplacer aucune autre plante textile.
Quant à sa filature, une révolution immense s'accomplit, de jour en jour, dans cette précieuse
industrie : c'est la transformation du travail ma-
nuel en travail mécanique, pour toutes les opérations qui servent à convertir le chanvre et le lin
en fil et en tissus. Mais dix de nos départements
seulement fournissent à la marine une partie du
chanvre dont elle a besoin, et nous restons encore,
pour ce produit, onéreusement tributaires de la
Prusse et de la Russie.

Nous avons cependant plusieurs départements
dont la culture du chanvre est une des principales
richesses, et dans quelques-uns sa qualité rivalise
avec celle du chanvre de Riga.

Mais nos toiles communes sont généralement
trop chères, et celles qui sont belles s'élèvent à
des prix excessifs.

Comme le lin, le chanvre ne fut cultivé ou ne reparut en Europe qu'à l'époque des croisades ; mais, moins délicat, il s'est acclimaté dans presque tous les pays.

Il exige les meilleures terres et beaucoup de fumure. Il demande surtout le fumier des bergeries, qui est le plus actif, mais aussi le plus cher.

Ces deux plantes textiles ne doivent pas nous faire dédaigner l'ortie, qui est d'une culture excessivement facile. L'ortie s'accommode, en effet, des terrains maigres et supporte même l'exposition septentrionale. Les tissus faits avec ses fibres (du *liber*) ont une solidité, une finesse, un brillant remarquable et prennent bien la teinture. Mais pour cueillir l'ortie, il faut que les mains soient gantées de toile forte pour être garanties de l'inflammation causée par les nombreuses piqûres que produit la plante.

On signale aujourd'hui une plante textile qui appartient, comme le chanvre, à la famille des urticées. C'est le *Ramié*, originaire de Java et qu'on peut très-bien cultiver en France. La soie seule prime les fibres de cette plante, qui, après le lavage et le peignage, deviennent blanches et chatoyantes.

3° COTONNIÉR.

Ce charmant petit arbre, qui selon ses variétés se pare de fleurs ou jaunâtres ou pourpres, aime l'air, la chaleur et les plaines voisines de la mer.

Il demande un labour profond, un sarclage fréquent et beaucoup d'engrais. Semé au mois d'avril, il lève quelques jours après, fleurit en juillet et donne son fruit en septembre. Lorsque sa gousse est mûre et commence à se sécher, elle s'ouvre d'elle-même, comme pour inviter l'homme à cueillir bien vite le duvet éclatant qui entoure ses graines; car, sans cela, le coton qui se trouve extrêmement comprimé, sort et s'étend, et le vent en disperse une partie considérable, qui s'attache aux feuilles et se perd. Ainsi, tout préparé des mains de la nature, le coton n'a besoin que d'être cardé, opération pour laquelle on emploie un moulinet formé de deux rouleaux cannelés. Ces rouleaux, tournant en sens contraire, saisissent le coton qui glisse entre leur surface, et le dégagent de la graine qui, ne pouvant passer à cause de son volume, tombe du côté opposé. Puis, pour le mettre en balles, on le foule en l'humectant avec précaution, et c'est ainsi que le reçoivent nos filatures.

La fibre élémentaire du coton est éminemment remarquable par sa ténuité, sa flexibilité, son élasticité. Son poli parfait lui permet de glisser aisément sur elle-même sans se détériorer, qualité précieuse qui la rend si propre aux transformations. Enfin elle se mélange et se lie, mieux que toute autre, aux diverses substances textiles.

Au microscope, le fil de coton est très-transparent et se met en ruban sinueux par la dessication, tandis que le fil de lin et le fil de chanvre sont opaques et cylindriques.

Le coton doit être blanc, net et serré; ce sont ces qualités qui recommandent principalement celui des États-Unis d'abord, et puis celui de nos colonies de la Réunion et de Cayenne.

Venu d'Asie, le cotonnier pénétra d'abord en Egypte, puis dans la Grèce. Il est aujourd'hui plus multiplié en Amérique que dans l'Asie elle-même, et le plus beau provient de l'île de Cayenne. Le cotonnier est une richesse réelle pour quelques contrées; toutefois, pour en bien apprécier l'importance, n'oublions pas que la moindre récolte de blé est plus productive que la plus abondante récolte de coton.

Le coton manufacturé porte les noms indiens de calicot, percale, mousseline, lorsqu'il est blanc; et, de toiles peintes, quand il a reçu des couleurs imprimées. Prohibé sous l'Empire, il fut alors très-recherché; mais, sous la Restauration, ses prix commencèrent à diminuer rapidement, car ce genre de fabrication prit aussitôt un développement considérable.

La France possède aujourd'hui des filatures de coton qui ne craignent, en Europe, aucune rivalité; et, si elles obtenaient à meilleur marché le charbon, le fer et les machines, elles pourraient soutenir la concurrence anglaise en livrant aussi leurs produits à égalité de prix. Le travail du coton est devenu, en effet, une de nos principales industries dans une dizaine de départements, et notamment dans celui de la Seine-Inférieure. Nos tissus et nos mousselines de Tarare et de St-Quentin ont acquis une supériorité remarquable. Ce progrès de la manufacture du coton en a déterminé un autre, plus sensible peut-être, dans l'industrie des impressions, qui a pour foyers Mulhouse et Rouen. Mulhouse est aujourd'hui la ville du globe qui fabrique le plus de toiles peintes ; elle excelle principalement dans les couleurs fines, et l'on sait que, pour le goût, ses dessinateurs l'emportent de beaucoup sur ceux de toute l'Europe. Rouen a pour spécialité, au contraire, l'impression des tissus communs et d'un teint moins solide, mais aussi d'un prix accessible aux plus petites fortunes.

Les chiffons de coton servent à fabriquer les papiers ordinaires. Toutefois, on transforme aujourd'hui la paille en pâte propre à la fabrication du papier blanc pour l'impression des journaux.

III. PLANTES OLÉIFÈRES.

1° OLIVIER.

La plante qui donne par excellence l'huile comestible est l'Olivier.

Cet arbre, de la famille des jasminées, a des proportions qui varient selon les espèces et selon les climats. Ses branches ne sont point gracieuses et, bien que ses feuilles restent vertes, son aspect est toujours triste ; car, à ses fleurs sans parfum et d'un blanc indécis, succèdent de petits fruits plus pâles encore que son feuillage. Mais, à défaut d'élégance et de parure, l'olivier se distingue par des qualités essentielles : la durée de sa vie, la simplicité de sa culture, la dureté de son bois et la suavité de son huile.

Sa vie n'a, pour ainsi dire, pas de bornes ; il ne peut périr, en effet, que par le froid, et peut renaître dans ses moindres racines. Sa culture consiste principalement à l'abriter contre le nord. Il demande une température assez constante, se plaît sur les coteaux inclinés vers le soleil, mais voisins de la mer, et préfère surtout le littoral de la Méditerranée. On le multiplie ordinairement par rejetons, attendu que, par semis, il ne porterait de fruits qu'après plusieurs années, et en emploierait plus de trente pour atteindre son entier développement. A sa racine s'attache parfois un champignon phosphorescent.

Son bois, que l'antiquité considérait comme incorruptible, était réservé pour les temples des dieux. Il est très-résistant et susceptible d'un beau poli. Le grain en est fin et les sections longitudinales offrent de riches nuances ; mais son défaut d'élasticité, comme aussi ses retraits excessifs sous l'influence des températures extrêmes, le rendent impropre aux grandes applications industrielles.

Les tabletiers et les ébénistes l'utiliseraient plus souvent, si l'olivier n'était un de ces arbres qu'il est plus sage encore de conserver, parce que son plus riche produit est l'olive, qui donne cette huile si belle, si douce et si pure.

L'olive doit être cueillie à la main; et c'est pour favoriser ce mode d'olivaison que, dans la Provence, l'arbre est tenu fort bas. Mais l'époque la plus convenable diffère, suivant qu'on destine l'olive à être employée comme fruit ou bien à donner de l'huile. Dans le premier cas, on fait la cueillette au mois de juillet; dans le second cas, beaucoup plus tard. On n'attend point, toutefois, que l'olive soit parvenue à sa complète maturité. Car alors elle serait plus productive, sans doute; mais son huile serait grasse, jaune, peu agréable, tandis qu'elle doit être limpide, verte et savoureuse. Tel est, en grande partie, le secret de la supériorité de nos huiles françaises.

L'huile d'olive est assez mobile pour ne pas mousser quand on l'agite.

Souvent, sous le nom d'huile d'olive, on vend un mélange de cette huile avec celle d'œillette. Il est facile de reconnaître la fraude à tous les degrés. Sous l'action du *bioxyde d'hydrogène*, l'huile d'olive pure prend une teinte verte; tandis que l'huile d'œillette pure prend une teinte rosée; et, dans les deux cas, la coloration est instantanée. S'il y a mélange des deux huiles en proportion variable, la coloration varie elle-même et ne se produit qu'après deux ou trois minutes.

Deux autres procédés consistent à se baser : l'un, sur la différence de densité des huiles; l'autre, sur le degré différent de leur congélation. L'huile d'olive commence à se figer à la température de $+5°$, et elle est plus légère même que l'huile d'amande. (L'eau, prise pour unité, étant représentée par 1000, l'huile d'olive est représentée par 0,919, et l'huile d'amande par 0,920.)

Les huiles d'œillette, de faîne, de sésame sont comestibles, mais elles sont inférieures à celle d'olive et le prix en est moins élevé.

L'olive est aussi un hors-d'œuvre qui paraît sur les tables les plus délicates. Pour corriger son goût acerbe, on la confit dans de la saumure, sorte de préparation salée et aromatique. Toutefois, il faut être sobre de ce fruit, qui se digère difficilement. Platon ne se nourrissait guère que d'olives et d'oignons; aussi avait-il, comme Socrate, le teint blême.

Pour extraire l'huile, on broie d'abord la pulpe avec ou sans le noyau, puis on met au pressoir. L'huile venue par la seule pression de la pulpe, est la plus fine et se nomme huile vierge; celle qui dérive à la fois de la pulpe et du noyau, est moins délicate; celle qu'on n'obtient qu'en faisant concourir aussi l'action de l'eau chaude, est de qualité de plus en plus inférieure, et cesse enfin d'être comestible pour n'être propre qu'à l'éclairage. Le résidu de l'opération, c'est-à-dire ce qui reste de l'olive, quand elle a cédé toute l'huile qu'elle contenait, se nomme tourteau, et sert pour nourrir la volaille et les bestiaux. L'huile doit être tenue à une température modérée, sans contact à la fois avec l'air, qui la rancit, et avec le cuivre, qu'elle fait vert-de-griser.

Originaire de l'Asie, l'olivier fut un des arbres les plus célèbres de l'antiquité. L'Égypte croyait le tenir de Mercure ; et la Grèce, de Minerve. Partout on le vénéra comme un présent des dieux, et partout il eut le privilége d'être le symbole de la paix. A Sparte, avant les funérailles, le corps d'un grand citoyen était couché sur des feuilles d'olivier, symbole de l'éternel repos. L'olivier qui fut planté dans les murs d'Athènes, lors de la fondation de cette ville, existait encore plus de trois mille ans après, puisque notre poète Delille en cueillit lui-même un rameau. Ce qui est plus certain, c'est qu'on en voit encore quelques pieds défendus par une enceinte, dans le Jardin des Oliviers. La Gaule dut aux Phocéens la connaissance de cet arbre, qu'ils plantèrent, en effet, à Marseille.

L'excellence de son huile fut appréciée, dès les temps les plus reculés ; on savait déjà l'extraire, à l'époque de Jacob. L'huile d'onction de Moïse témoigne aussi que, depuis longtemps, elle est employée dans les cérémonies religieuses ; on en sacrait, comme aujourd'hui, les pontifes et les rois ; on la versait sur les bûchers funèbres. Les athlètes s'en frottaient le corps pour avoir plus de souplesse et pour être moins affaiblis par la sueur. Aristote nous apprend que l'huile était pour les Phéniciens une branche de commerce fort importante. Aujourd'hui ses emplois sont plus étendus ; elle est indispensable pour la cuisine, surtout dans les contrées que le peu de fourrage prive de beurre ; elle sert au parfumeur pour fixer l'arôme fugace de quelques plantes ; le mécanicien l'utilise pour rendre les ressorts plus mobiles et pour en empêcher l'usure par le frottement ; enfin elle est employée pour l'éclairage, pour la saponification et dans la pharmacie. La saponification ou fabrication du savon se fait en France avec de l'huile d'olive et 0,25 d'huile d'œillette, et pour base, on emploie la soude. Le savon est véritablement, pour le chimiste, un sel *neutre* qui conserve cependant la propriété de rendre soluble les substances grasses et de les détacher ainsi du linge. Le savon est blanc ou marbré. Le savon blanc contient plus d'eau, et, sous ce rapport, il convient moins dans l'économie domestique ; mais, pour le travail de la soie comme pour la toilette, il est préférable au savon marbré, qui tacherait.

L'olivier ne se montre guère que sur les bords de la Méditerranée. Son huile est la meilleure de toutes assurément; il n'est pas même probable que l'art parvienne jamais à donner aux autres les qualités qui la caractérisent. Cependant il ne faut pas que cette prééminence incontestée nous fasse méconnaitre, dans les autres plantes oléagineuses, l'importance de leur huile pour l'industrie en général, et spécialement pour les pays où manque l'olivier. Telles sont les huiles de pavot, de faîne, de sésame, de colza, de navette, de caméline, de linette, de chènevis, d'amande et de noix.

2° PAVOT, COLZA, CAMÉLINE.

Le *Pavot* est une plante célèbre, à tige herbacée. En Europe, on ne le cultive guère que pour retirer de sa graine une huile blonde et agréable, mais impropre à l'éclairage. Dans l'Inde anglaise, au contraire, on ne le cultive que pour faire couler de sa *capsule* un suc narcotique qu'on appelle *opium*. Quand la capsule ou tête de pavot, encore verte, est entièrement développée, on y pratique légèrement des incisions horizontales. L'opium afflue dès lors sous forme de suc laiteux, on le recueille quelques minutes après, parce qu'il ne tarderait pas à se solidifier, et la récolte en deviendrait ainsi fort difficile. On le place dans des vases à fond plat, qu'on recouvre d'une feuille de verre, pour l'abriter de la poussière et de l'eau. On l'expose ensuite au soleil, en le retournant de temps en temps, afin d'en activer la dessication, et l'opium finit par prendre une teinte d'un brun noirâtre. Ordinairement l'opium, qui contient six *alcaloïdes*, n'est employé qu'en médecine; mais, depuis une trentaine d'années, les Chinois ont la funeste habitude de fumer cette substance. Or, l'importation de l'opium qui, en 1837, ne fut que d'environ 80 kilogrammes, atteignit, en 1856, le chiffre énorme de 127 millions de kilogrammes.

Comme l'opium, que la pharmacie reçoit ordinairement de Smyrne, de Constantinople, d'Égypte, lui arrive presque toujours falsifié, on commence dans quelques départements, et notamment dans celui de la Somme, à cultiver le pavot pour recueillir non-seulement l'huile de la graine, mais encore le suc de la capsule. L'opium français contient 15 à 20 pour 100 de *morphine*. L'opium exotique est par lui-même plus riche en morphine; mais, par l'effet des sophistications, il n'en contient commercialement que de 8 à 12 pour 100. Ajoutons que la récolte opérée sur la capsule ne diminue en rien la quantité d'huile produite par la graine.

L'huile de pavot ou d'œillette est la plus estimée après celle d'olive; l'huile de faîne est aussi fort employée comme assaisonnement.

Parmi les huiles destinées à l'éclairage, nous ne devons citer ici que celles de colza, de navette et de caméline. Mais disons d'abord que ces huiles doivent être épurées, c'est-à-dire, dégagées d'une matière mucilagineuse qui nuirait à l'éclairement, produirait beaucoup de fumée et encrasserait les lampes. L'acide sulfurique carbonise cette matière mucilagineuse et n'agit point sur l'huile elle-même; il se fait ainsi comme une sorte de bouillie sulfurique qui se dépose dans la caisse où s'effectue l'opération, tandis que l'huile s'écoule au moyen de mèches de coton qui, par *capillarité*, la font passer à travers des trous que présente le fond même de la caisse.

Le *Colza*, type des choux, et qui tient le plus de la nature sauvage, est de la même famille que la *navette*; et son huile, d'une qualité tout-à-fait analogue, est excellente pour l'éclairage.

La *Caméline*, plante annuelle et textile comme le lin, fournit une filasse beaucoup moins belle, mais une huile combustible très-estimée. Les semailles, imprégnées de cette huile fortement odorante, ne sont attaquées ni par les corbeaux ni par les vers.

Ces plantes sont cultivées en grand dans le nord de la France et de l'Europe. Quant aux huiles de linette, de chènevis et de noix, nous avons déjà parlé des deux premières et nous parlerons de la dernière à l'article spécial du noyer.

IV. PLANTES SACCHARIFÈRES.

Le sucre n'appartient pas exclusivement au végétal connu sous le nom de canne à sucre. Il existe, en effet, tout formé dans une multitude de plantes, d'où le sirop peut être exprimé par compression. Ce sirop, soumis à l'évaporation , constitue le sucre brut. Ce sucre, soumis lui-même au raffinage, donne un sirop purifié qui, par sa cristallisation, produit le sucre blanc.

Le sucre cristallisable est le seul qui intéresse le commerce. Dépouillé de sa partie incristallisable et de toute substance étrangère, il est solide, blanc, d'une saveur très-douce ; il est enfin plus ou moins dur, plus ou moins sonore, suivant les circonstances qui ont accompagné sa cristallisation. Son opacité provient de la confusion des cristaux, car il est translucide , quand on les laisse se former en liberté. Il acquiert quelquefois une dureté considérable ; mais comme il reste toujours très-cassant, il peut être facilement réduit en poudre très-fine.

Pour pulvériser le sucre, il faut le piler. La râpe le détériore doublement : elle en altère l'éclat et la saveur.

Le sucre est inaltérable à l'air, à moins que l'atmosphère ne soit très-humide, car alors il absorbe une petite quantité d'eau. Soumis à l'action de la chaleur, il se boursouffle, se noircit, se décompose en répandant une odeur particulière appelée odeur de caramel, et se transforme en une matière gluante, qui paraît avoir beaucoup d'analogie avec le sucre incristallisable.

Le sucre est très-soluble dans l'eau. Celle-ci, à la température ordinaire, en dissout son propre poids ; mais, à mesure que sa température s'élève, elle en dissout des proportions de plus en plus grandes. Quand elle en est saturée, elle prend le nom de *sirop*. Un sirop très-concentré n'éprouve aucune altération au contact de l'air ; un sirop très-étendu s'aigrit et se couvre de moisissures.

Le sucre est éminemment nutritif, car toutes les molécules qui le composent sont complètement assimilées par la digestion. C'est surtout un des condiments les plus utiles et les plus employés. Il forme, avec l'eau, une boisson agréable et saine ; et, avec le vin, un cordial excellent ; ajouté au café, il en fait ressortir l'arôme et le rend moins amer ; uni à l'alcool, il constitue les liqueurs. Chez les Anciens, il n'était guère employé qu'en pharmacie ; sur les tables d'Athènes et de Rome, il était remplacé par le miel.

Les deux plantes les plus riches en sucre cristallisable sont : la canne à sucre, dans les climats chauds ; la betterave, dans les régions tempérées.

1° CANNE A SUCRE.

La canne à sucre appartient à la famille des graminées, où ses qualités utiles la placent après le riz et le froment, mais où elle domine par la majesté de son port, la beauté de son feuillage et l'élégance de ses fleurs. Sa racine supporte plusieurs tiges, dont la tête, qui s'étale en éventail, est terminée par une flèche que surmonte une aigrette soyeuse. Chacune de ces tiges, semblable à un roseau, s'emplit, sous forme de moelle, d'une substance où abonde le sucre.

Originaire des Indes Orientales, la canne s'est aujourd'hui propagée dans les différentes parties de la terre, et surtout en Amérique. Mais elle ne quitte qu'à regret les contrées intertropicales, où elle trouve mieux qu'ailleurs cette alternative de chaleur et d'humidité si propre à son entier développement. Au delà du quarantième degré, elle ne fournit même plus de sucre cristallisable.

La canne donne des produits successivement pendant quinze années, et puis se renouvelle par bouture avec une merveilleuse fécondité. Mais elle redoute à l'égal du vent qui la renverse et du froid qui la tue, les attaques mortelles des rats et des fourmis. Ses feuilles vertes sont un fourrage aimé des bestiaux, ses sommités desséchées servent à couvrir les cases, ses tiges constituent un combustible utile. Toutefois, sa culture a pour objet principal l'extraction du sucre.

Cet art, ignoré des Hébreux, des Égyptiens, des Phéniciens, de la Grèce et de Rome, était connu des Chinois, près de deux mille ans avant l'arrivée de cette plante en Europe. Ce fut vers la fin du XIVe siècle que la Sicile, la première, reçut la canne, qui, depuis cent ans environ, avait été transportée d'abord en Arabie, puis en Afrique, enfin dans la Syrie. Le sucre qu'on retirait de la

Sicile était gras et noir, comme celui d'Égypte et d'Arabie. En 1420, les Portugais plantèrent cette graminée dans l'île de Madère, d'où elle passa ensuite en Amérique, et c'est en Amérique que la fabrication du sucre fit bientôt de véritables progrès.

Et d'abord, pour faire la récolte de la canne, on n'attend pas sa maturité complète; mais on choisit le moment où le sucre y abonde le plus, après avoir acquis cependant toute sa perfection. On coupe les tiges au ras de terre, et, après en avoir enlevé la flèche, on les effeuille et on les écrase entre deux cylindres. Le suc ou vin de canne obtenu par cette première opération est conduit dans des chaudières, où on le fait bouillir aussitôt; et, pour empêcher la fermentation qui décomposerait le sucre, on y ajoute une certaine quantité de chaux. On écume la liqueur, et, quand elle est suffisamment concentrée, on la filtre à travers une étoffe de laine pour en isoler les substances étrangères. Ce sirop, évaporé de nouveau, est ensuite versé dans un récipient nommé rafraîchissoir, où, par le refroidissement, il se graine, c'est-à-dire se prend en masse de cristaux confus. En débouchant des ouvertures convenablement disposées, on permet l'écoulement de la partie incristallisable appelée mélasse, et le sucre brut ainsi obtenu est la cassonade, qu'il faut raffiner pour l'amener à l'état de sucre blanc.

Le raffinage a pour résultat de dégager la partie

cristallisable de la partie sirupeuse qui s'y trouve encore mêlée. Cette opération consiste à dissoudre la cassonade dans de l'eau de chaux; il se fait, au feu, une écume épaisse qui entraîne les matières étrangères, et qu'on enlève successivement. Quand la liqueur est devenue limpide, on la décolore par le noir animal, on la filtre, puis on la concentre par une nouvelle ébullition, et on la met en forme dans des moules coniques. Mais le sucre n'est pas entièrement débarrassé de sa mélasse; il faut enfin le terrer, c'est-à-dire lui faire subir une espèce de lavage. Pour cela, le moule étant disposé la pointe en bas, on place sur sa base de l'argile imbibée d'eau, qu'on renouvelle de temps à autre; l'eau filtre à travers les interstices des cristaux, et entraîne la mélasse, qui s'écoule au dehors. Après le terrage, on laisse égoutter le sucre, on le sort des formes, on l'expose à la chaleur, en plaçant le cône sur sa base, afin que l'humidité qui se trouve au sommet se répande dans toutes les parties du pain; on le porte ensuite à l'étuve, où il reçoit une dessication parfaite.

Le raffinage du sucre, que Venise inventa dans le xv⁰ siècle, est une des branches les plus importantes de l'industrie française.

En résumé, le jus de canne, comme celui de betterave, se compose d'eau, de sucre, de matière colorante et d'albumine. On élimine : l'albumine, par la chaux; la matière colorante, par le charbon;

l'eau, par la chaleur. Ce qu'il faut le plus éviter, comme pouvant altérer le sucre, c'est l'élévation de la température et la durée de l'opération. Le but de tout perfectionnement dans les appareils est donc ici d'opérer vite, et surtout d'évaporer à la moindre température possible, c'est-à-dire sous une faible pression. Le superlatif dans la fabrication du sucre, ce serait de ne pas produire de mélasse.

2° BETTERAVE.

Cette plante modeste est probablement fille de la culture, du moins on ne la trouve plus à l'état sauvage, et, privée de soins, elle dégénère promptement. Elle se plaît dans les terres fortes et bien fumées, et peut supporter un climat assez froid. Semée en mars, elle est arrachée en automne. Sa racine, ample et savoureuse, est un aliment agréable et sain pour l'homme, ainsi que pour les bestiaux. Ses feuilles forment un excellent engrais. Sa culture remue et nettoie si profondément le sol, que le froment qui lui succède produit de superbes moissons. Sa plus précieuse qualité toutefois est d'élaborer le sucre, qualité si peu soupçonnée d'abord, que la betterave, inconnue elle-même en France au milieu du xvie siècle, n'y était presque pas cultivée à la fin du xviiie.

A l'époque du fameux système prohibitif, appelé *blocus continental*, les Anglais à leur tour s'emparèrent de nos colonies ou bloquèrent nos ports, et bientôt le sucre devint d'une excessive cherté. On demanda cette substance à des végétaux divers, et Achard, chimiste prussien, parait avoir été le premier qui s'occupa sérieusement de cet objet. La racine de betterave fut celle sur laquelle il fixa d'abord son attention; ses essais l'encouragèrent à multiplier les expériences, et il parvint à obtenir un sucre dont les propriétés étaient égales à celles du plus beau sucre de canne. Cette invention, loin d'être accueillie avec empressement, ne trouva d'abord que des détracteurs. Comment en effet, disait-on, transformer en sucre une humble racine! Maintenant, et depuis surtout que l'identité de ces deux sucres a été constatée par des analyses répétées, on ne fait plus de différence entre le sucre de betterave et celui de canne. Tous les deux sont également introduits dans le commerce, et déjà même la France, centre principal de cette fabrication, possède plusieurs établissements où le sucre de betterave est obtenu en grande quantité.

Le procédé de fabrication est simple et facile. A peine arrachée, la betterave est broyée et réduite en pulpe. On fait macérer cette pulpe dans l'eau qui en dissout tout le sucre, et ce sirop est ensuite traité d'une manière analogue à celle que nous avons indiquée pour le sirop de canne.

Seulement le raffinage, qui n'est presque, pour le sucre de canne, qu'une question de luxe, est ici une condition essentielle, parce que le jus de betterave contient beaucoup plus que celui de canne, des matières colorées, amères, astringentes. De telle sorte que, sans le raffinage, il retiendrait encore une partie de la saveur désagréable qui le caractérise. Dans quelques fabriques, on supprime complètement le noir animal; on le remplace par l'alcool, qui décolore avec plus d'énergie et précipite aussi les matières astringentes.

Certes, nous n'essayerons point de résoudre la haute question d'économie politique qui résulte de la rivalité du sucre de betterave et du sucre de canne. Nous nous félicitons seulement d'entrevoir qu'un produit désormais si nécessaire ne peut manquer de descendre à la portée de toutes les fortunes, alors même que, succombant dans la lutte, l'industrie du sucre indigène n'eût fait que pousser au progrès celle du sucre de canne. Une simple citation suffira pour prouver l'importance acquise désormais à ce produit. Sous le règne de Henri IV, le sucre était encore si rare en France qu'il se vendait à l'once chez le pharmacien, à peu près comme on achète aujourd'hui le sulfate de quinine. En 1700, notre consommation annuelle ne dépassait pas un million de kilogrammes. Aujourd'hui elle est de six kilogrammes par personne; mais l'on devrait doubler ce chiffre, si l'on tenait compte des sirops et des confitures, où la matière sucrée s'obtient notamment de la fécule de pomme de terre. La production s'en élève cette année (1873) à près de 400 millions de kilogrammes. La production de l'Allemagne, qui vient immédiatement après la nôtre, lui est inférieure de 100 millions de kilogrammes.

La betterave, lavée, râpée, est d'un excellent emploi pour la guérison des blessures, même de la vipère; elle calme l'inflammation et la dissipe.

V. PLANTES TINCTORIALES.

Les substances colorantes ont un grand intérêt par leur application sur les étoffes. Toutes se fanent plus ou moins au simple contact de l'air, dont l'oxygène se porte sur la matière colorante et la brûle plus ou moins vite. Il est essentiel d'abord qu'elles soient en dissolution dans le liquide qui forme le bain colorant. Si la couleur est insoluble, on la fixe sur le tissu par l'intermédiaire de l'albumen (blanc d'œuf desséché).

Pour mieux appliquer les couleurs, le blanchîment de l'étoffe est nécessaire; on l'appelle *décreusage* pour la soie, *désuintage* pour la laine. Mais plusieurs d'entre elles n'ont pas assez d'affinité pour se fixer directement sur les tissus; elles exigent des intermédiaires qu'on appelle mordants, et ces intermédiaires, qui sont ordinairement des oxydes métalliques, n'amènent la combinaison de la couleur avec l'étoffe que parce qu'ils ont à la fois de l'affinité pour l'une et pour l'autre.

Les couleurs que nous offre la Nature sont très-nombreuses assurément; mais cette immense variété peut, dans l'industrie, comme en optique, dériver de trois couleurs seulement : le rouge, le jaune et le bleu. Dans les arts, on distingue aussi les couleurs d'après leur persistance sous l'action des agents chimiques. Quand la couleur résiste, on l'appelle bon teint; quand elle est fugace, on l'appelle mauvais teint. Malgré leur fugacité, quelques couleurs, fort riches ou fort belles, sont très-employées, car il suffit alors que leur durée égale celle de l'étoffe qui doit les porter.

La matière colorante est donnée par différentes parties des plantes : la fleur, la feuille, la racine, la tige, le bois.

1º La couleur rouge est obtenue du bois des arbres dits de Campêche et de Fernambouc, de la racine de garance, de la fleur de carthame et d'une espèce de lichen, appelé orseillé. La nuance du rouge est sombre dans le campêche; vive dans le fernambouc; orangée dans la garance; rose dans le carthame; très-sombre dans l'orseille. Notre étude ne s'arrêtera que sur la garance.

1º GARANCE.

Cette plante vivace, de la famille des rubiacées, pousse plusieurs tiges herbacées dont les angles se hérissent de petites pointes crochues, à l'aide desquelles ces tiges si faibles se soutiennent mutuellement. Elle demande un terrain calcaire, une culture profonde et beaucoup d'engrais.

Il est plus convenable de la semer que de la planter, ce dernier moyen n'étant adopté que pour obtenir plus vite des produits. On n'en doit faire alors la récolte qu'à la fin de la troisième année, parce que les racines sont ainsi devenues plus fortes et plus chargées de matière colorante; mais, dès la seconde année, on en fauche l'herbe pour servir de fourrage aux bestiaux, et cette opération, qui peut être renouvelée jusqu'à trois fois, sert même à l'accroissement de la plante. La matière colorante appelée alizarine, en est obtenue par la macération de la racine qu'on a d'abord broyée; on la précipite ensuite, et on la nuance par divers agents chimiques.

La couleur n'en est pas d'un rouge éclatant, mais rien ne peut l'altérer. Elle est d'un grand usage dans la teinture des laines. Elle sert de plus à fixer les couleurs déjà employées sur les toiles de coton, et à rendre plus solides beaucoup d'autres couleurs composées. L'alizarine est d'un rouge orangé. L'ammoniaque lui donne une couleur pensée, et l'éther une couleur d'or. Son véritable mordant est l'alumine, sur laquelle elle se fixe; et la teinte varie d'intensité, selon la proportion même de la base. On peut ainsi, par la garance seule, appliquer sur le même tissu des nuances variées, en variant les proportions de la base ou la base elle-même. Quand on remplace l'alumine par l'oxyde de fer, on obtient une teinte qui peut passer du violet au noir. Pour rendre la dissolution colorée plus visqueuse, on y ajoute une certaine proportion de gomme ou d'amidon.

Tout l'art du teinturier consiste donc dans la préparation et l'application des mordants. Nous avons vu qu'un des grands perfectionnements de cette industrie consiste dans l'emploi de la vapeur pour chauffer avec précision les bains colorants.

La garance, devenue française sous Colbert, n'est cependant pas, dans nos départements, aussi cultivée qu'elle devrait l'être. Nous sommes encore probablement tributaires, sous ce rapport, de la Turquie asiatique, et surtout de la Hollande, qui longtemps en eut seule le monopole. Nos meilleures garancières sont celles du département de Vaucluse; (1) les plus riches du globe sont celles de la Zélande et de Smyrne.

2º La couleur jaune se présente dans presque toutes les plantes. On ne la retire cependant, par préférence, que des feuilles de la gaude, du bois jaune du Brésil et du bois de sumac. Nous ne nous occuperons que de la gaude *(reseda luteola)*, qui fournit, en effet, le jaune le plus solide et le plus beau. C'est une culture spéciale de Reims et de Rouen.

(1) Voir notre *Nouvelle Géographie de la France.*

Pour obtenir la matière colorante, on fait bouillir la plante dans l'eau. La couleur s'y dissout; et puis elle s'applique parfaitement, quand on plonge dans le bain l'étoffe qu'on a mordancée auparavant avec de l'alun. Cette couleur, qui est bon teint comme la garance, est très-sensible à la présence du fer dans le mordant et passe alors au brun foncé.

2° SAFRAN.

Quoique le safran ne soit pas employé dans la teinture proprement dite, cependant l'économie domestique en fait un suffisant usage pour que nous pensions lui ouvrir ici une place.

Cette plante herbacée, de la famille des iridées, n'a pas de tige. Ses fleurs, plus précoces que ses feuilles, sortent immédiatement de la racine, qui est bulbeuse mais sans écailles. Elles se montrent en octobre et doivent être cueillies aussitôt, car ce sont leurs *stigmates* qui constituent le safran du commerce. Les stigmates sont filiformes, plumeux et donnent une matière qui est colorante et odorante. Aux fleurs succèdent les feuilles, qui, durant l'hiver, couvrent le sol de leur verdure, se perdent au printemps, et ne sont jamais surprises par l'été. Après quelques nouveaux soins de culture, de nouvelles fleurs paraissent encore au mois d'octobre, et puis de nouvelles feuilles; mais, à la quatrième récolte, la plante elle-même est arrachée. Elle est du reste fort délicate, et craint sur-

tout une espèce de champignon parasite et souterrain qui l'épuise et qui la tue ; on ne l'en délivre
guère qu'en isolant par des tranchées profondes
la partie du champ qui en est infestée.

La récolte du safran est minutieuse ; elle devient
quelquefois pénible, car les fleurs peuvent se succéder avec une abondance et une rapidité qui ne
laissent à l'agriculteur aucun repos.

Pour obtenir la matière colorante, qui est amère
et aromatique, on dissout dans l'eau les stigmates,
dont une extrémité est jaune pâle, et l'autre rouge
orangé. La teinte est d'un jaune peu solide ; on en
colore le beurre, le vermicelle, les crèmes, les
gâteaux, particulièrement dans le Midi. Les Anciens estimaient beaucoup le safran comme aromate. Dans le Moyen-Age, il fut, sous le nom
d'or végétal, considéré comme un remède universel. Aujourd'hui ses propriétés médicales sont
très-limitées.

On falsifie le safran par la fleur de souci, qu'on
découpe en lanières. La ressemblance est si parfaite qu'il faut une grande habitude pour constater
la fraude.

Cette plante, qui croît naturellement dans
l'Orient et surtout au Japon, est cultivée avec
soin dans quelques-uns de nos départements. On
cite le safran d'Angleterre et de Corfou. Mais
celui de Pithiviers est le plus estimé de l'Europe,
et verse annuellement plusieurs millions entre les

mains d'infatigables et modestes cultivateurs de cet arrondissement.

3° La couleur bleue est donnée par plusieurs plantes, mais principalement par l'indigotier, le polygonum tinctorium, le pastel. Nous ne devons dire qu'un mot de ces deux dernières plantes, quoiqu'elles réussissent fort bien dans nos climats.

Le pastel eut autrefois le privilége d'être la seule plante qui donnât la couleur bleue. Mais sa culture, qui fut longtemps une des richesses d'Albi, tombe de jour en jour. L'exportation en a diminué de plus des deux tiers, de 1862 à 1864. Sa matière colorante réside dans la feuille. Les Gaulois s'en tatouaient le visage, ce qui étonne moins quand on se rappelle que les triomphateurs romains se fardaient de rouge pour monter au Capitole. Quant au polygonum tinctorium, qui est en Chine une plante d'ornement, sa feuille donne une belle couleur bleue, mais on ne sait pas encore si le prix de revient permettra de considérer cette plante comme une rivale de l'indigotier.

3° INDIGOTIER.

Cette plante herbacée, de la famille des légumineuses, prend, sous la zone torride, les proportions d'un petit arbrisseau. Elle est très-sensible aux influences atmosphériques, et, dès qu'elle se montre, il faut sarcler tout autour le terrain, pour la défendre des autres herbes qui, croissant aussi vite qu'elle, pourraient l'étouffer. On la coupe dès que s'ouvrent ses fleurs rougeâtres, petites, inodores; parce que ses feuilles, devenant bientôt dures et sèches, donneraient beaucoup moins d'indigo. Cependant, comme ce premier produit n'a pas épuisé la plante, elle pousse successivement de nouvelles feuilles, qui sont fauchées de deux mois en deux mois jusqu'à ce que la plante dégénère, c'est-à-dire jusqu'à la fin de la première ou de la seconde année, selon la qualité du sol. Aucune plante peut-être n'a plus d'ennemis : les chenilles surtout, en quelques heures, font quelquefois un désert du plus beau champ d'indigo.

La matière colorante de l'indigotier est d'un bleu solide et magnifique. Pour l'obtenir, on fait *macérer* les feuilles dans l'eau; la fermentation en dégage la fécule colorante qu'on précipite ensuite, en y ajoutant de l'eau de chaux. Cette fécule est verte par elle-même; elle devient bleue par l'action de la chaux qui sert à la précipiter.

On falsifie souvent cette substance. (1)

Originaire de l'Inde orientale, l'indigotier fut peut-être connu des Anciens, et Pline semble même le désigner sous le nom d'*Indicum*. Toutefois, au commencement du XVIIIe siècle encore, on avait en Europe les idées les plus inexactes sur la nature de l'indigo, qui y fut considéré longtemps

(1) Voir le mot *falsification* aux notes explicatives.

comme un minéral. Les Espagnols transportèrent cette plante de l'Inde en Amérique. Henri IV, voulant protéger le pastel, qui était alors une des principales branches de l'agriculture française, édicta la peine de mort contre ceux qui emploieraient l'indigo, *drogue fausse et pernicieuse* (édit de 1609), et la même prohibition fut prononcée en Angleterre. Aujourd'hui, les nations européennes cherchent à cultiver l'indigotier dans leurs colonies. Cette plante réussit parfaitement en Algérie. La plus belle espèce nous vient de Coromandel et de Venezuela; mais, dans le territoire de Venezuela, l'indigotier produit par hectare deux fois plus que sur la côte de Coromandel.

Rappelons ici qu'on retire, du goudron de houille, une couleur bleue supérieure à celle de l'indigotier, mais moins solide.   .

COULEURS EMPLOYÉES DANS LES SUCRERIES.

Il est essentiel de connaître les substances colorantes employées dans la coloration des bonbons, pastillages, dragées ou liqueurs, et surtout il importe de connaître et de constater les substances colorantes qui trop souvent y portent des propriétés vénéneuses.

Occupons-nous d'abord des couleurs inoffensives.

I. COULEURS SIMPLES.

1º *Couleurs bleues.* — L'indigo, le *bleu de Prusse,* l'outremer pur. Ces couleurs se mêlent

facilement avec toutes les autres et peuvent donner ainsi toutes les teintes composées dont le bleu
est un des éléments.

2° *Couleurs rouges.* — La cochenille, le carmin,
la laque carminée, la laque du Brésil, l'orseille.

3° *Couleurs jaunes.* — Le safran, la graine
d'Avignon (rhamnus amygdaleus), la graine de
Perse (rhamnus infectorius), la racine du *quercitron*, le *curcuma*. Les jaunes qu'on obtient avec
plusieurs de ces substances, mais surtout avec
la graine d'Avignon ou de Perse, sont plus brillants et moins mats que le jaune de *chrôme,* qui
est dangereux.

II. COULEURS COMPOSÉES.

1° *Vert.* — On peut produire cette couleur par
le mélange du bleu avec les diverses couleurs jaunes; mais le plus beau peut-être, le plus brillant,
est celui qu'on obtient en mêlant le bleu de Prusse
avec la graine de Perse; il rivalise avec le vert de
Schweinfurt, qui est un violent poison.

2° *Violet.* — Par des mélanges convenables de
bois d'Inde et de bleu de Prusse, on obtient toutes
les teintes désirables.

3° *Pensée.* — Le mélange du carmin et du bleu
de Prusse donne des teintes très-délicates et
très-belles.

4° Toutes les teintes composées peuvent être
obtenues par des mélanges convenables des diverses matières colorantes que nous venons d'indiquer.

LIQUEURS.

Pour la préparation des liqueurs, on peut faire usage de celles des substances précitées qui conviennent à leur coloration. On peut employer en outre :

Pour le curaçao de Hollande, le bois de campêche;

Pour les liqueurs bleues, l'indigo *soluble;*

Pour l'absinthe, le safran mêlé avec le bleu d'indigo soluble.

Maintenant, signalons avec soin les substances colorantes plus ou moins nuisibles et, par conséquent, prohibées : ce sont, en général, toutes les couleurs minérales, et notamment les composés de *cuivre*, les oxydes de *plomb*, le sulfure de *mercure*, le *chromate* de plomb, l'*arsénite* de cuivre, le vert anglais, le *carbonate de plomb*, les feuilles de chrysocale.

Heureusement, il est assez facile de reconnaître la présence de ces substances dangereuses. (1)

VI. ARBRES.

La Providence semble se complaire dans la production des arbres, et s'en réserver, pour ainsi dire, tout le soin. Avec quelle harmonique économie elle distribue, en effet, à chacun d'eux un

____

(1) Voir *couleurs prohibées*, aux notes explicatives.

gage spécial de sa prédilection. Aux uns elle donne un port gracieux, une forme splendide, ou une taille élancée; aux autres, un riche feuillage, des fleurs élégantes ou des fruits exquis.

Tous les arbres se reproduisent de graines comme les autres plantes; mais ils se prêtent aussi à des moyens particuliers de reproduction que l'homme emploie de préférence, soit pour conserver la variété qui l'intéresse le plus, soit pour hâter ses jouissances. Toutefois le premier mode est le meilleur, car leurs pivots s'enfoncent alors à une grande profondeur, tandis que leur cime s'élève dans le haut des airs. C'est d'ailleurs le procédé suivi par la Nature, qui fait semer leurs graines par le vent, pour qu'elles puissent ainsi rencontrer les circonstances propres à leur germination.

Les arbres sont les géants du règne végétal. Sous le rapport de leurs dimensions, ils se distinguent en *arbres, arbrisseaux* et *arbustes*. Ces transitions décroissantes sont difficiles à préciser; cependant tout tronc au-dessus de 6 mètres est un arbre, et au-dessous de 1 mètre n'est qu'un arbuste.

Sous le rapport de leurs usages, ils se divisent en arbres *fruitiers,* arbres *forestiers* et arbres *ornementaires.*

Les arbres fruitiers produisent cette diversité infinie de fruits qui flattent la vue, l'odorat et le goût, et présentent à l'homme une nourriture saine, légère, variée. Les *fruits à noyau* sont plus hâtifs, mais se conservent moins que les *fruits à pepin*, qui viennent sur nos tables quand les autres ont disparu. Parmi les procédés de culture qui ont singulièrement perfectionné les fruits de nos jardins, il faut surtout citer la *taille*, opération qui ne convient qu'aux végétaux réduits à l'état domestique. Sous le rapport de l'utilité, la taille tempère la fougue des arbres sauvageons et les contraint ainsi à mieux élaborer leurs fruits; sous le rapport de l'agrément, elle dispose leurs branches en forme gracieuse ou pittoresque de bouquet, d'éventail, de voûte, de pyramide.

Un horticulteur annonce que, surtout pour le poirier, l'arrosage au moyen d'une dissolution de sulfate de fer, amplifie le fruit et le rend plus savoureux.

Les arbres forestiers ont un aspect plus imposant et une importance beaucoup plus grande. Ce furent les bois qui protégèrent l'enfance des sociétés. L'homme sauvage en tira sa première cabane et son premier aliment; l'homme civilisé leur doit les matériaux immenses de ses villes et de sa marine, comme aussi la plupart des instruments qu'il emploie dans l'agriculture et dans les arts. Les bois furent les premiers temples de la Grèce et de la Gaule; car l'âme aime à se recueillir sous leur épais ombrage, à contempler ces superbes monuments que la Nature éleva sur la terre et que semble vouloir détruire la civilisation. Ce fut dans les bosquets de l'Académie et du Lycée que Platon et Aristote philosophèrent avec leurs disciples; c'était aussi dans un bois sacré que Numa allait recueillir ses inspirations.

Ajoutons que les forêts remplissent de bienfaisantes fonctions. Elles adoucissent la rigueur de l'hiver par la température organique qui leur est propre; et, en aspirant l'eau vaporisée de l'atmosphère, elles répandent la fraîcheur dans l'air brûlant de l'été. Elles ornent le sommet des montagnes et festonnent la pente rapide des coteaux; elles encadrent les plaines de rideaux épais et verdoyants, qui brisent l'action des vents, la dévient ou la tempèrent.

La Gaule antique était couverte d'immenses forêts. La France elle-même, il y a quelques siècles, en possédait encore une étendue considérable; mais aucune règle ne présidait à leur culture, à leur exploitation ; ou plutôt elles étaient abandonnées à tous les désordres de l'ignorance, à tous les abus de l'intérêt privé : comme si les forêts, quoique possédées par de simples particuliers, n'étaient pas pour ainsi dire une propriété, une richesse nationale. Charlemagne et saint Louis firent quelques règlements qui, pour la plupart, ne furent jamais exécutés. Colbert, le premier, s'occupa sérieusement de sauver nos forêts de cet état désastreux. Il nomma une commission chargée de parcourir la France et de faire une enquête dont le résultat fut l'ordonnance de 1669, une de celles qui honorent le plus le règne de Louis XIV. Les bois furent désormais soumis à des coupes réglées; les bestiaux ne purent y pacager qu'après le temps nécessaire pour mettre les jeunes pousses hors de leur atteinte; les déboisements ne durent être faits qu'en vertu de permissions expresses. Sous l'Empire, la sylviculture fit des progrès : on commença dès lors à élaguer soigneusement les arbres, à favoriser les espèces les plus utiles, à repeupler les clairières par des semis ou des plantations, à obtenir des produits plus beaux, plus nombreux et plus chers; depuis peu d'années enfin, on a essayé d'établir des forêts artificielles, c'est-à-dire qu'au lieu de laisser les forêts répandues au hasard sur le sol, on cherche à les distribuer dans les terrains qui leur conviennent le mieux, en ne leur cédant toutefois que les terres les moins productives; car les arbres sont en général peu difficiles sur les qualités du sol. Nos forêts occupent environ 7 millions d'hectares. Celles de l'État sont confiées à la surveillance d'une administration spéciale, qui se compose d'un directeur résidant à Paris, et ayant sous ses ordres trente-deux conservateurs entre lesquels se partagent les différents départements.

Quant à ses rapports avec la marine, le sol forestier de la France est sectionné en quatre parties, qui correspondent aux quatre grands bassins de la

Seine, de la Loire, de la Garonne et du Rhône. On ne s'étonne plus de la cherté de nos bois pour les constructions navales, quand on voit que nos départements les plus riches sous ce rapport sont précisément les plus méditerranéens; et dès lors on comprend sans peine de quelle importance seraient, pour nos forêts, des canaux ou des chemins de fer qui transporteraient leurs produits à grandes distances et à peu de frais.

L'aptitude du climat et du sol de la France à la production des forêts est telle que, malgré les nombreux défrichements opérés depuis longtemps, plusieurs de nos départements possèdent encore des richesses considérables en arbres divers. L'Algérie participe à ce privilége de la métropole et par la variété des *essences* et par la qualité exceptionnelle des produits.

Nous devons citer parmi nos départements qui ont le plus d'importance forestière, ceux de la Côte-d'Or, des Vosges, de la Haute-Marne, de la Nièvre, de la Meurthe, de la Meuse; et parmi les plus beaux massifs, les forêts d'Orléans, d'Esterel (Alpes-Maritimes), de Fontainebleau, de Compiègne, de Rambouillet.

L'espèce dominante parmi nos arbres forestiers est le chêne, qui s'y montre dans ses plus belles proportions et dans toutes ses variétés. Viennent ensuite, tous plus ou moins remarquables sous le rapport utilitaire, le tilleul, qui offre l'avantage d'un beau poli dans son tissu; le tremble, qui donne beaucoup de *châblis;* le charme, si propre au chauffage; le bouleau, si nécessaire dans les régions les plus froides; le cornouiller, dont le bois est si dur; le frêne, si estimé des tonneliers; l'orme, si précieux pour le charronnage; le mélèze, si convenable pour les jouets d'enfants; l'érable, pour les instruments de musique; le hêtre, pour la boissellerie.

1° CHÊNE.

Le Chêne, de la famille des amentacées, est le plus imposant, le plus beau, le plus utile de tous les arbres indigènes de l'Europe. Roi de nos forêts, il pousse aux flancs de la terre ses puissants pivots; puis, portant dans les hautes régions de l'air sa tête majestueuse, il étale au loin ses rameaux couverts de feuilles et de fruits. Sa vie est plus que séculaire, et sa végétation vigoureuse ne demande aucun soin; mais il redoute le vent glacial des pôles, ainsi que le soleil brûlant des tropiques, et il est attaqué par de nombreux insectes, qui aiment à se nourrir de ses feuilles, de ses fleurs, de son fruit appelé gland, de son écorce et de son bois.

Ses différentes variétés se distinguent presque toutes par des propriétés spéciales : ainsi quelques chênes restent toujours verts et donnent des glands savoureux; d'autres fournissent le liége, le kermès, la noix de galle; la plupart sont recherchés pour la supériorité de leur bois, tous sont caractérisés par l'excellence de leur tannin.

Le *chêne à grappe* est le plus estimé pour la charpente, la menuiserie et le charronnage. Son bois, naturellement fort et compacte, est d'autant plus propre aux constructions navales, qu'il durcit sous l'eau, et s'y conserve durant des siècles, en prenant, pour ainsi dire, la couleur de l'ébène.

Le *chêne à liége* est ainsi appelé du nom de son écorce, qui périodiquement se détache d'elle-même, pour faire place à celle qui croît en dessous. Mais on prévient le travail de la Nature, et tous les huit ou dix ans, par des incisions convenables, on enlève cette écorce en grandes plaques, qu'on taille ensuite en bouchons, semelles, ou appareils de flottage. Son gland est pour les animaux plus nutritif que celui des autres chênes. Le chêne à liége est exploité dans nos trois départements des Pyrénées-Orientales, du Var et de Lot-et-Garonne. Il abonde en Espagne et en Algérie, dans la Corse et dans la Sardaigne.

Le *chêne à galle* se signale plus que tous les autres par de petites loupes que produit la piqûre d'un insecte appelé cynips. Cet *hyménoptère* plonge sa tarière dans le *parenchyme* de la feuille et verse dans la plaie un suc irritant qui détermine ces petites tumeurs improprement appelées noix de galle. L'insecte ne met qu'un seul œuf dans chaque galle. Cette galle sert de berceau d'abord et puis de première nourriture à la jeune larve, qui n'en sort qu'au printemps, quand les ailes lui sont venues. La noix de galle, cueillie avant que la larve puisse s'en échapper, est un des éléments de l'encre à écrire et des couleurs noires.

Le *chêne à kermès* prend le nom de l'insecte qu'on recueille sur ses feuilles. Le kermès est, comme le cynips, un insecte parasite ; mais il habite une autre espèce de chêne, et présente un instinct peut-être encore plus merveilleux. Ce n'est plus, en effet, dans la substance même de l'arbre que la femelle ici dépose et cache ses petits ; mère dévouée, non-seulement elle ne les quitte pas un seul instant de sa vie, mais encore, pour que son dévouement lui survive, elle leur lègue son propre corps pour nourriture et pour abri. Le kermès fournit à la teinture une belle couleur écarlate, analogue, mais inférieure à celle de la *cochenille*, autre insecte *hémiptère* avec lequel il offre beaucoup de ressemblance. Cette couleur écarlate est obtenue par l'emploi de l'acide stannique (formé par l'étain).

L'écorce du chêne se nomme *tan*, quand on l'a pulvérisée pour en mieux extraire le *tannin*, substance particulière qui tanne les peaux, c'est-à-dire qui, en les solidifiant, les fait passer à l'état de cuir. Le tan, après avoir cédé tout son principe actif, sert encore à faire des couches pour les serres et des mottes à brûler.

Les feuilles du chêne sont aussi, pour les plantes, un très-bon calorifère; elles se décomposent lentement et peuvent nourrir plusieurs animaux. Le gland surtout, frais ou séché, engraisse les porcs et se conserve durant plusieurs années.

Certes, cet arbre superbe ne pouvait manquer d'exciter l'imagination si vive de l'Antiquité, qui prêtait une âme à toutes les productions de la Nature. Consacré par les poëtes à Jupiter, il fut si vénéré, notamment dans la Grèce et à Rome, qu'une seule de ses branches, tressée en couronne, était la plus digne des récompenses civiques. Bien plus, une puissance mystérieuse lui fut attribuée par des peuples divers; et tandis, en effet, que les chênes de Dodone rendaient de sinistres oracles, ceux de la Gaule étaient, pour les Druides, des autels privilégiés. On sait même, avec quel respect et quelle solennité, ces prêtres recueillaient sur cet arbre divin le gui, plante parasite qu'ils coupaient avec une serpe d'or, et qu'ils distribuaient au peuple comme un remède universel.

Dans le blason, le chêne fut adopté comme le symbole de la force et de la durée.

Aujourd'hui, dépouillé de toutes les fictions mythologiques, le chêne n'en est pas moins, par ses qualités plus réelles, le premier de tous nos arbres pour l'économie domestique et pour l'industrie.

Parmi les faits historiques où se mêle son nom,

rappelons la promesse que reçut *Abraham*, la mission confiée à *Gédéon*, la mort d'*Absalon*, le combat des *Trente*, les derniers et sublimes moments de *Bayard*, la fuite de *Charles II;* mais surtout la loi célèbre des *Douze Tables*, qui si longtemps a régi le monde, et les nobles loisirs de saint Louis nous donnant à Vincennes le modèle d'une des plus belles institutions des temps modernes, celle des juges de paix.

Terminons par un hommage au doyen de tous les chênes peut-être, au chêne de Sainte-Anne, qui compte aujourd'hui sept cent quatre-vingt-dix-huit ans d'existence, et qui domine le coteau pierreux de Cunfin, près de Bar-sur-Seine.

2° CHATAIGNIER.

Le Châtaignier se place après le chêne parmi nos richesses forestières; mais il lui est préféré comme arbre d'ornement. En effet, sa stature est élevée, sa forme est agréable, et son beau feuillage est respecté des insectes. Il croît rapidement, et se reproduit avec une extrême facilité. Comme le chêne, il aime à vivre en forêts; ainsi que lui, il peut atteindre, avec des proportions énormes, une prodigieuse longévité. Nous ne devons pas citer ici pour exemple, car c'est un phénomène exceptionnel, le gigantesque châtaignier des *cent chevaux*, qu'on admire au pied de l'Etna et qui est l'arbre le plus volumineux de l'univers et probablement un des plus antiques. Le surnom qu'il porte aujourd'hui, lui est venu, d'après une tradition sicilienne, de ce que Jeanne, reine d'Aragon, étant allée visiter le célèbre volcan, suivie d'environ cent cavaliers, et un orage étant survenu, tout le cortége se mit à l'abri sous son immense feuillage. Ce châtaignier, tous les ans encore, se couvre de feuilles et de fruits, quoique son tronc soit percé d'une ouverture assez large pour que deux voitures y puissent passer de front. Toutefois, dans les environs de Paris, quelques châtaigniers, qui ne sont pourtant pas contemporains du colosse de l'Etna, ont une cime déjà presque aussi vaste que la sienne ; et, près de Sancerre, on voit un de ces arbres, âgé de plus de dix siècles, qui produit régulièrement des fruits en très-grande abondance.

Le châtaignier demande une exposition septentrionale, et réussit fort bien dans les localités les plus pauvres et les plus arides ; mais il redoute le voisinage des marais. Le sol et le climat de la France lui convenant beaucoup, nous devons regretter qu'il n'y soit pas plus répandu, car son fruit est nutritif et son bois, surtout, très-utile.

La châtaigne est renfermée dans une capsule plus ou moins ronde, hérissée de pointes à l'extérieur ; cette enveloppe éclate d'elle-même, quand le fruit est mûr. Après avoir été convenablement desséchée, puis dépouillée d'une seconde enveloppe lisse et luisante, la châtaigne peut être réduite en poudre, mais non panifiée. Elle s'oppose même à la panification des céréales avec lesquelles on essaye de la mêler. Il faut donc se résoudre à la consommer seule, et s'étonner qu'elle n'ait presque pas exercé l'art des cuisiniers modernes; car, dès la plus haute antiquité, on savait la faire rôtir ou cuire sous la cendre. Avouons cependant que la châtaigne, si précieuse dans le Limousin, y reçoit une préparation spéciale qui, la dépouillant de sa double enveloppe pour la faire cuire, la rend à la fois plus savoureuse et plus alimentaire.

La greffe améliore singulièrement le fruit du châtaignier, mais les proportions de l'arbre sont alors plus petites; et c'est ainsi qu'a été obtenue et que se conserve cette variété dont le fruit estimé s'appelle *marron*, châtaigne qui devient plus volumineuse que la châtaigne ordinaire, et qui est ordinairement seule dans son enveloppe épineuse. Lyon est pour Paris l'entrepôt des meilleurs marrons, qui viennent principalement des Cévennes et du Dauphiné.

Le bois du châtaignier est dur, d'un grain analogue à celui du chêne. Il peut le remplacer pour la charpente, quoiqu'il soit cependant moins solide. Il est singulièrement propre pour la tonnellerie; car possédant la propriété de conserver toujours le même volume sans se gonfler ni se contracter, il peut ainsi contenir toute sorte de liqueurs, dont il laisse évaporer la partie spiritueuse bien moins que tout autre bois, parce que ses pores sont plus petits et plus serrés.

3° NOYER.

Ce bel arbre, que distinguent son port majestueux, sa tête touffue et son superbe feuillage, est originaire de la Perse. Mais, tandis qu'il croît naturellement dans son pays natal, ses premières années exigent beaucoup de soins dans notre Europe où, du reste, il est cultivé depuis un temps immémorial. Il aime tous les terrains où prospère la vigne, et l'époque de leur floraison est la même, ainsi que celle de leur fructification. Le noyer ne donne guère de produits qu'à vingt ans, et n'acquiert même qu'à soixante toute sa force ; mais il est doublement cher à l'industrie, et par les propriétés de son fruit, et par les qualités de son bois. Sa culture varie selon qu'on recherche principalement l'un ou l'autre : si l'on recherche le bois, on sème le noyer à demeure, pour qu'il puisse, comme le chêne, implanter profondément ses pivots et prendre ainsi des proportions imposantes ; si l'on recherche le fruit, le noyer, au contraire, est transplanté fréquemment pour que le fruit, au lieu du bois, profite de la sève. Dans les deux cas, on émonde les branches mortes, en conservant aux autres leur disposition arrondie ; il faut surtout laisser le tronc très-élevé pour que les rameaux se projettent dans l'air et ne s'entrelacent point. Cet arbre n'en souffre pas d'autres trop près de lui; la force de ses rameaux et la puissance de sa végétation veulent même que les noyers soient entre eux suffisamment espacés.

. La noix se compose d'abord d'une double enveloppe, l'une pulpeuse appelée *brou*, l'autre ligneuse appelée *coque;* puis, d'une amande charnue et sinueuse que recouvre une mince pellicule, et que partagent en quatre lobes des demi-cloisons nommées *zestes*. Elle est mûre, quand le brou se fend et se détache de la coque. On doit alors la gauler, mais avec quelque précaution, afin d'atténuer autant que possible ce qu'a de violent cette manière de demander à l'arbre le fruit qu'il vient d'élaborer. La noix paraît aussi dans nos desserts sous le nom de *cerneau*, avant sa complète maturité. La saveur agréable qu'elle a quand elle est mûre, mais encore fraîche, dégénère en une sorte d'âcreté qui se développe de plus en plus à mesure que la noix devient sèche. On ne doit en manger dès lors qu'avec sobriété. Toutefois, avec les noix sèches et du sucre, on fait une espèce de conserve brûlée qui est assez estimée sous le nom de *nougat*. Mais l'usage le plus général des noix sèches est de donner de l'huile. L'huile obtenue par simple expression est comestible; celle qu'on retire ensuite est propre à l'éclairage et peut servir pour la peinture, car elle est très-siccative.

A Rome, après la cérémonie du mariage, on jetait des noix au peuple, coutume qui paraît s'être maintenue dans plusieurs contrées méridionales. Un souvenir plus récent, que la noix rappelle, est celui du singulier stratagème qu'employèrent les Espagnols, sous Henri IV, pour surprendre la ville d'Amiens.

Le bois du noyer est doux, solide, liant et flexible; la couleur en est sérieuse, mais belle. Il peut avoir par le poli un effet fort agréable, et, de tous nos bois indigènes, c'est le plus estimé pour l'ébénisterie. Il est éminemment propre à la fabrication des fouets, mais surtout à celle des bois de fusil et, sous ce rapport, il intéresse spécialement l'administration de la guerre, qui en fait réduire l'exportation, afin que cette matière première ne lui manque jamais. Il faut donc le dire à regret, le noyer n'est pas, en France, assez multiplié. La consommation en détruit chaque jour beaucoup plus qu'on n'en plante, car pressé de jouir, on ne songe guère à cultiver un arbre qui demande près d'un siècle pour son entier développement.

4° LE PIN ET LE SAPIN.

Ces deux arbres, qui s'élèvent comme d'élégantes pyramides avec leur feuillage toujours vert, présentent beaucoup d'analogies et peu de différences. Ils se plaisent sur les montagnes du Nord, qu'ils couvrent de forêts majestueuses; mais le pin descend plus volontiers dans les plaines, et réussit fort bien dans les terrains les plus sablonneux; par exemple, dans notre département des Landes, dont il est un des produits les plus importants. Tous les deux sont multipliés par semis; mais le pin croît plus vite et s'élève moins haut que le sapin. Leur existence est de plusieurs siècles. Leur tronc prend d'ordinaire peu de diamètre relativement à la hardiesse de leur tige. Toutefois Pline cite un sapin de 7 mètres de circonférence qui servit de mât au vaisseau que Rome fit construire pour transporter d'Égypte l'obélisque destiné au Vatican. Leur bois offre presque au même degré une qualité fort avantageuse : il se conserve très-longtemps sous le sol et dans l'eau, ce qui le rend éminemment propre aux constructions navales, où le pin sert plus particulièrement pour la mâture, et le sapin, pour le corps du vaisseau. On les emploie avec un égal succès dans les travaux hydrauliques; ainsi les pilotis des fameuses digues de la Hollande sont en bois de sapin. Mais, tandis que celui-ci est principalement recherché pour la menuiserie, c'est le pin surtout qui fournit aux arts la *résine*, la *térébenthine*, la *colophane* et le *goudron*.

Ainsi, sous le rapport du rendement, cet arbre, si peu remarqué peut-être, n'a de rival ni dans nos vergers ni dans nos forêts; ajoutons qu'il exige peu de soins et ne redoute ni l'humidité, ni la sécheresse, ni la grêle, ni la gelée, ni l'insecte, ni le vent.

Ce sont des incisions, convenablement ménagées, qui font suinter.du pied de l'arbre le suc combustible qui forme la résine. Aussi le bois de pin fut-il longtemps le seul moyen d'éclairage, comme il l'est encore aujourd'hui dans quelques contrées de l'Europe et même dans quelques cantons de la France. La résine entre principalement dans la composition du vernis, qui est une dissolution de résine dans l'alcool : l'alcool se vaporise, et la résine reste. Le vernis fait ressortir tous les accidents du bois et lui prête plus d'éclat. Soumise à la distillation, la résine a pour produit essentiel l'essence de térébenthine, si utile dans la peinture, et pour résidu la colophane, qui sert à dégraisser les archets. On comprend que l'archet, s'il n'était pas dégraissé, ne pourrait pincer la corde et la faire vibrer. On cite aujourd'hui l'essence de térébenthine comme antidote du phosphore.

Le goudron s'obtient par la combustion lente et graduée de vieux pins qui ont fourni de la résine pendant longtemps ; il est très-employé pour enduire les bâtiments et les cordages, qu'il rend ainsi complètement imperméables.

Quant à l'essence de térébenthine, l'hygiène conseille de ne point rester dans une atmosphère qui en est imprégnée : par exemple, dans un appartement où l'on vient de peindre les boiseries. Et ce que nous disons de cette essence peu agréable, s'applique également aux essences qui, plus ou moins aromatiques, émanent des feuilles, des fleurs ou des fruits. Toutes ces huiles volatiles ou essentielles doivent, en effet, être respirées à l'air libre, et non dans une enceinte limitée. Si nous parlons ici des parfums, c'est que, selon la signification même du mot *(per fumum)*, ils ne consistèrent d'abord que dans la fumée balsamique de diverses résines. L'usage en fut aussi ancien qu'universel ; et, dans tous les cultes, on les considéra comme le complément nécessaire du sacrifice, comme le tribut expressif de l'adoration. Ainsi les prêtres Égyptiens en répandaient avec profusion sur les brasiers sacrés d'Héliopolis; au temple de Jérusalem, des centaines de Lévites en brûlaient avec pompe devant le saint tabernacle, dans leurs mille encensoirs d'or et d'argent; dans la Grèce et à Rome, les parfums étaient regardés comme d'autant plus agréables aux dieux, que les dieux eux-mêmes avaient pour attribut d'exhaler l'ambroisie. Toutefois la mode adopta bientôt les divers aromates comme élément essentiel de la toilette. Déjà, chez les israélites, la passion en était si générale que Moïse décréta des peines sévères contre ceux qui dévieraient ainsi, pour leur soin personnel, l'encens nécessaire au service du temple. Athènes et Rome poussèrent encore plus loin le luxe des parfums. Les boutiques des parfumeurs étaient le rendez-vous ordinaire des hommes de loisir, et l'on ne peut s'imaginer, par exemple, tout ce qu'exigeait de cosmétiques, de patience et de temps la parure d'une dame romaine. Les patriciens allaient eux-mêmes jusqu'à parfumer leurs chiens et leurs chevaux. L'invasion des Barbares supprima ces habitudes somptuaires. L'Église seule conserva, pour le culte divin, l'usage de l'encens. Ce fut en France que la parfumerie reparut d'abord, et l'histoire a remarqué qu'au baptême de Clovis Ier, on alluma des cierges odoriférants. Toutefois le commerce des parfums ne se rétablit qu'à l'époque des Croisades, et l'emploi s'en vulgarisa d'autant plus qu'il était ordinaire d'offrir aux convives, avant et après le repas, de l'eau parfumée pour l'ablution des mains. Chez les grands seigneurs, on cornait l'eau, c'est-à-dire, on annonçait au son du cor cette ablution qui était tout-à-fait nécessaire, à cette époque où les doigts étaient encore réduits à faire office de fourchette. La parfumerie parisienne n'a de rivale sérieuse qu'en Angleterre; elle se trouve naturellement plus favorisée, parce qu'elle dispose à la fois des roses de Provins, des tubéreuses de Grasse, du jasmin de Cannes et des violettes de Nice.

5° ACAJOU ET PALISSANDRE.

Le *Mahogoni*, arbre colossal des tropiques, forme en Amérique de vastes forêts. On admire d'autant

plus ses dimensions considérables, qu'il semble
affecter de croître dans les terrains d'une appa-
rente stérilité, sur des montagnes rocheuses que
ses longues racines fendent et déchirent. Du reste,
ces riches forêts sont exploitées avec la plus complète imprévoyance, et ce sont principalement les
frais de transport qui rendent cher le bois du
mahogoni, improprement appelé *Acajou* dans le
commerce.

Ce bois est compacte, ferme et susceptible d'un
beau poli; sa couleur rougeâtre, d'abord assez faible, ne tarde pas à prendre de l'intensité. C'est
lui qui, sous les formes les plus élégantes, constitue les meubles les plus somptueux de nos salons.
Mais il est rarement employé en solide, et le luxe
même l'admet en simple placage. L'ébéniste, en
effet, le réduit en feuilles d'une longueur considérable, parfaitement régulières et si minces qu'elles n'ont, chacune, qu'une épaisseur de 2 à 3
dixièmes de millimètre. Elles peuvent ainsi se
calquer parfaitement sur le meuble auquel elles
doivent prêter leur éclat, et sur lequel on les fixe
aisément par la colle forte. On les couvre d'un
vernis qui rehausse les tons et les accidents du
bois d'acajou. Ce vernis doit être fait avec le copal
ou avec le succin, qui sont des résines dures;
avec la résine ordinaire, qui est tendre et pulvérulente, le vernis ne serait pas solide.

L'acajou qui se consomme en Europe provient

de St-Domingue, de Honduras et de Cuba. C'est celui de St-Domingue que l'ébénisterie parisienne recherche principalement ; la couleur en est vive, les fibres en sont fines et serrées. Mais les Anglais l'accaparent de jour en jour ; nos marchands sont obligés de faire venir celui de Honduras, dont le tissu est un peu poreux, et dont la couleur, quelquefois rosée, est plus souvent pâle et presque jaune. L'acajou de Cuba est plus lourd, mais moins coloré que celui de St-Domingue. Les Espagnols, qui ont un chantier de marine à la Havane, le préfèrent à tout autre bois pour la construction de leurs vaisseaux, parce qu'il est d'une longue durée, qu'il reçoit le boulet sans se fendre, et que les insectes ne l'attaquent point.

Les ébénistes emploient aussi, depuis quelques années, le bois de *Palissandre*. Ce bois est fourni par un arbre originaire de l'Inde. Il est pesant, compacte, sonore, résineux, d'une nuance violette ; il se polit aisément, brunit à l'air et exhale une odeur douce, agréable, qui rappelle celle de la fleur modeste dont il a presque la couleur.

VII. ÉPICES.

Dans son acception la plus étendue, ce mot comprend toutes les substances employées comme assaisonnement ; mais il s'applique plus particulièrement à celles qui sont aromatiques et qui nous viennent des contrées équatoriales. Ce sont principalement : le poivre, le girofle, la muscade et la cannelle.

Le *poivre* est la graine desséchée d'une plante sarmenteuse, le *poivrier*, qui se couche sur le sol quand elle n'est pas soutenue ; cette graine est petite et revêtue d'une écorce noire ou brune. Quand on ôte au poivre noir son écorce, on a le poivre blanc, qui lui est préférable. Le poivre ne sert que dans la cuisine ; mais longtemps son importance fut telle, qu'on ne désignait les épiciers que sous le nom de poivriers. Au Moyen-Age surtout, on attachait tant de prix à cette denrée, qu'elle constituait souvent un des tributs que les princes et les seigneurs exigeaient de leurs vassaux et de leurs serfs.

La consommation annuelle du poivre s'élève, en France, à deux millions de kilogrammes. Condiment ordinaire de l'huître, le poivre ne doit être employé qu'avec modération, car il contient un principe très-actif, très-irritant.

Le *girofle* est la fleur du *giroflier*, arbre élégant, mais délicat. Cette fleur, cueillie en bouton et desséchée, porte le nom de *clou*, parce qu'elle semble avoir cette forme. Elle est employée dans la cuisine, la pharmacie et la parfumerie.

La *muscade* est l'amande du *muscadier*, arbre touffu dont le fruit a l'apparence d'une petite noix renfermée dans une coque. Au XVIe siècle, il eût paru étrange de composer un ragoût sans y faire entrer la muscade.

La *cannelle* est l'écorce des petits rameaux du cannelier, arbre intéressant, dont toutes les parties sont utiles, et qui croît principalement dans l'île de Ceylan et dans la Cochinchine. La meilleure est composée d'écorces minces, faciles à rompre, roulées les unes sur les autres, d'une couleur blonde, d'une saveur agréable et un peu sucrée.

Les épices furent de tout temps un des principaux objets de commerce. Elles étaient encore si rares et si estimées sous les Valois, que, dans le festin nuptial, l'épouse en distribuait à tous les convives. Elles constituaient alors le plus agréable des présents. Mais, devenues plus communes, elles furent remplacées par des friandises, des confitures sèches ou des dragées, qu'on appelait elles-mêmes des épices; car le corps des épiciers, qui avait rang après celui des drapiers, comprenait les apothicaires, les droguistes, les confituriers (aujourd'hui confiseurs) et les ciriers.

Quant aux *épices du palais*, si fameuses dans les annales de la *bazoche*, elles ne furent d'abord que de menus présents faits au juge et au procureur, comme témoignage de reconnaissance, par le plaideur qui avait eu gain de cause. Bientôt on ne les offrit plus seulement pour remercier le juge de son bien-jugé, mais aussi et surtout pour activer son zèle, peut-être même pour influencer sa conscience. Enfin, comme les charges de judicature n'étaient pas suffisamment rétribuées, les épices devinrent une espèce d'impôt, traitement établi sur les procès au profit des juges, sorte de salaire que les magistrats se disputaient souvent avec une honteuse avidité. Louis XII abolit cet usage, qui n'était propre qu'à compromettre l'exacte distribution de la justice. Avec le XVIIe siècle disparurent aussi ces *docteurs en soupers*, selon l'expression de Regnard, qui poussaient le zèle de leur talent jusqu'à improviser eux-mêmes des ragoûts pendant le repas, et qui, pour n'être jamais pris au dépourvu, portaient toujours sur eux des bonbonnières épicées.

L'archipel des Moluques est, pour ainsi dire, le pays natal des épices. Avant le XVe siècle, c'est-à-dire avant qu'on eût appris à doubler le cap de Bonne-Espérance pour pénétrer dans la mer des Indes, les Vénitiens avaient seuls le commerce de ces riches productions qu'ils achetaient aux Egyptiens et aux Arabes. Mais, à cette époque, les Portugais, en s'établissant dans quelques-unes des îles d'où viennent les épices, en enlevèrent ainsi le monopole aux Vénitiens, et furent bientôt forcés eux-mêmes de le céder aux Hollandais. Ceux-ci, pour le conserver désormais d'une manière plus exclusive, firent arracher tous les plants de l'archipel, dont la surveillance et la garde étaient impossibles, et concentrèrent ce genre de culture dans l'île d'Amboine, qui fournit encore aujourd'hui la plupart des meilleures épices. Le commerce leur en semblait définitivement assuré, lorsqu'en 1770 un Français, M. Poivre, exécuta le hardi projet de doter sa patrie de ces plants précieux, qu'il cultiva d'abord à l'île de France dont il était intendant, et qui furent ensuite transportés à Cayenne et à la Martinique. Aujourd'hui les épices sont cultivées dans toutes nos colonies, leurs produits dépassent déjà nos besoins, et la consommation cependant s'en est beaucoup augmentée en s'étendant jusque dans les campagnes, qui n'avaient autrefois d'autre épice que le sel.

L'usage des épices doit être modéré. C'est un *condiment* qui facilite la digestion sans doute, mais qui, en excitant les forces digestives, conduit parfois à manger avec excès.

VIII. CAFÉIER.

Cet élégant et précieux arbrisseau, qui croît assez vite et qui reste toujours vert, élève à cinq ou six mètres sa tête ornée de fleurs semblables à celles du jasmin. Ces fleurs sont bientôt remplacées par une espèce de baie, d'abord rutilante comme une cerise, puis noirâtre à sa maturité. Chaque baie renferme deux graines, planes d'un côté, convexes de l'autre : c'est le café. Les deux graines sont juxtaposées par leur face plane, que parcourt un sillon longitudinal.

Originaire des bords du golfe Arabique (mer Rouge), le caféier aime les pays chauds et montueux, et réussit difficilement dans les plaines. Il demande, durant sa première croissance, qu'on l'abrite d'un soleil trop ardent et qu'on arrose convenablement ses racines. Mais il n'exige ensuite que peu de soins, car il se fait ombrage avec ses feuilles, et pousse ses pivots assez profondément dans le sol. Il entre en grand rapport après trois ans, et, durant trente ou quarante, il se fortifie. La principale récolte du café se fait au mois de mai et à la main, de peur d'effeuiller les branches et d'endommager les bourgeons qui doivent fleurir successivement. Lorsque la baie est cueillie, on la dessèche, on enlève la pulpe, et le café mis à nu est desséché de nouveau.

Pour en obtenir une infusion parfaite, on choisit d'abord un grain petit, dur, légèrement fauve, parfumé ; puis on le torréfie, c'est-à-dire on l'expose à sec à l'action du feu dans un récipient de tôle où on l'agite sans cesse pour l'empêcher de brûler. Cette opération, en brunissant la graine, y développe une huile suave, un arome délicieux. Une condition essentielle, c'est de mettre le moins d'intervalle possible entre la torréfaction du café et son infusion. Il est même à regretter que les émanations balsamiques qui se dégagent, tandis qu'on le torréfie, ne puissent être retenues, car elles se dissipent inutiles dans l'air et constituent peut-être l'huile la plus pure de la graine. Il faut donc moudre le café le plus tôt possible, mais toutefois après son entier refroidissement. On infuse ensuite la poudre dans de l'eau bouillante, qu'on retire du feu et qu'on tient hermétiquement couverte. On agite de temps en temps la liqueur, et, quand elle est complètement refroidie, on la tire au clair.

Il serait difficile d'énumérer toutes les intermittences de faveur et de proscription que rencontra l'usage du café dans les pays mêmes dont cette graine fait aujourd'hui la richesse, et où elle est devenue comme une des premières nécessités de la vie. A peine, en effet, le café fut-il connu dans la ville de Constantinople, que des établissements publics s'y ouvrirent pour le débit de cette boisson merveilleuse. Mais, en 1525, le despotisme ne put s'accommoder de la liberté d'esprit et de parole qu'y trouvait une population jusque-là si soumise : les cafés furent démolis et les cafetiers jetés dans le Bosphore. On n'en continua pas moins de prendre cette liqueur en cachette, sans songer avec les oulémas que ce fût un crime d'en user par cela seul que Mahomet, le sublime prophète, ne l'avait pas même connue. C'est alors que les muphtis et les muezzins assemblés fulminèrent un sanglant fetwa contre le café. Mais l'habitude persista malgré la peine édictée par le *divan;* et vainement aussi la médecine se fit l'auxiliaire de

la loi, en attribuant au café des qualités pernicieu-
ses. Ajoutons que les imans eux-mêmes faisaient,
jusque dans la grande mosquée de la Mecque, la
plus ample consommation de café, sous prétexte
de pouvoir ainsi mieux prolonger leurs veilles et
célébrer sans relâche les louanges du grand Allah
et de son prophète. Enfin, sous le règne de Soli-
man-le-Grand, en 1554, le café se vendit librement à Constantinople; en 1625, un marchand
l'introduisit à Londres; et ce fut Soliman-Aga, ambassadeur de la Porte, qui, quarante-quatre ans
après, le mit à la mode dans la capitale de la
France.

La question des qualités nuisibles ou bienfaisantes du café fut discutée en Europe avec toute
la chaleur de la polémique contemporaine, et la
poésie elle-même intervint dans le débat. Mais,
tandis que Jacques Ier, roi d'Angleterre, faisait un
traité contre le café, Louis XV ne laissait à personne le soin de préparer celui qu'il prenait chaque jour. Delille le célébrait comme un nectar
divin, et Racine, en savourant chez Procope cette
infusion si chère à Voltaire et à Fontenelle, semblait se rassurer ainsi d'avance contre la prédic-
tion hostile de madame de *Sévigné*.

Certes, le café est une liqueur suave et possède
l'admirable propriété de soutenir les forces des
hommes soumis à de rudes travaux; mais, comme
il est stimulant, les personnes nerveuses doivent

n'en user qu'avec modération, ou mieux encore s'en abstenir. Le café froid, étendu d'eau, est une boisson rafraîchissante, tonique et parfumée.

L'Arabie produit encore, sans contredit, la meilleure espèce de caféier. Cet arbrisseau y fut complètement négligé jusqu'au xiii° siècle, époque à laquelle le hasard fit connaître les propriétés excitantes de sa graine. Vers la fin du xvii° siècle, les Hollandais transportèrent le caféier de Moka à Batavia et de Batavia au jardin d'Amsterdam, d'où le Jardin des Plantes de Paris en reçut deux pieds qu'on parvint à élever en serre-chaude. L'un de ces pieds périt, l'autre fut soigneusement transféré par Déclieux à la Martinique, en 1720; et telle est l'origine de tous les plants de caféier dans les Antilles, où .cette culture est devenue si importante.

Après le café de Moka, ceux de l'île Bourbon et de la Martinique sont les plus estimés. Toutefois, les deux principaux marchés où l'Europe se pourvoit de café, sont le Brésil et l'île de Java. Au Brésil, la production annuelle du café s'élève à deux cent millions de francs.

IX. THÉ.

Cet arbrisseau, toujours vert, est une production exclusivement propre à la Chine et au Japon, et la culture ailleurs n'en peut être guère essayée, soit que la graine veuille être mise en terre dès qu'elle est cueillie, soit qu'on ait soin de lui en substituer une autre dans le commerce. On dit cependant que les Hollandais sont parvenus à faire réussir le thé dans leur île si précieuse de Java.

Il demande une douce température et se plaît dans les plaines basses ou sur le penchant des collines. Bien qu'il croisse lentement, il s'élèverait toutefois de 4 à 6 mètres, si on ne l'arrêtait dans son développement, afin de rendre la récolte des feuilles plus abondante et plus facile. Ces feuilles sont détachées une à une et avec précaution. On recherche surtout les plus petites et les plus nouvellement écloses, car c'est l'âge des feuilles qui en nuance les qualités. On les plonge ensuite, durant quelques secondes, dans la vapeur aqueuse ou dans l'eau bouillante; après les avoir égouttées, on les jette sur des plaques métalliques un peu chaudes, puis on les roule sur des nattes avec la paume de la main, tandis qu'on les refroidit promptement par la ventilation; enfin on les aromatise avec différentes fleurs, et on les conserve dans des boîtes.

Les deux variétés principales de thé, c'est-à-dire le vert et le noir, peuvent être retirées du même pied. Elles ne diffèrent que parce que le thé noir est plus torréfié. Ordinairement, on les mêle en proportion variable, parce que le thé vert est plus aromatique sans doute, mais aussi plus excitant. Parmi les thés verts, le Schou-lang est le plus suave ; et, parmi les thés noirs, le Pé-kao est le plus fin.

L'infusion du thé doit être légère, peu colorée. Il suffit, en effet, que la feuille cède à l'eau bouillante son huile parfumée. En la maintenant trop longtemps dans la liqueur, on risque d'y infuser aussi un principe très-âcre qu'elle contient et qui donnerait à l'infusion une teinte rougeâtre. Le thé préparé convenablement, est une boisson agréable et tonique. L'usage ne s'en est popularisé en France que depuis 1815. Mais il était déjà très-répandu dans l'Amérique du Nord ; ce fut même l'impôt sur le thé qui devint la cause ou le prétexte de l'indépendance des États-Unis anglo-américains. Cet impôt est encore un des plus productifs en Angleterre.

La consommation du thé est énorme en Europe, principalement dans le Nord, où on l'estime comme un tonique indispensable ; c'est la boisson favorite des Chinois, et presque la seule des Japonais. Le thé qui doit servir à la cour impériale de Méaco est cueilli sur une montagne voisine de cette ville : un fossé large et profond environne le plant ; les arbrisseaux y sont disposés en allées, qu'on ne manque pas un seul jour de balayer ; on veille à ce que rien ne vienne souiller les feuilles ; et, lorsque la saison de les cueillir approche, ceux qui doivent y être employés ne mangent ni poisson, ni aucune espèce de viande qui puisse

altérer leur haleine; puis, tant que la récolte
dure, ils se baignent deux ou trois fois par jour,
à l'eau chaude et à l'eau froide, et ne touchent
aux feuilles qu'avec des gants. Le dégustateur
expert classe les thés d'après leur odeur et leur
saveur : il acquiert, aux dépens de sa santé, une
incroyable délicatesse d'odorat et de goût.

Dans la Chine, la préparation du thé est un
art, que des professeurs enseignent avec une
minutie qui paraîtrait ridicule, si l'on ne son-
geait combien la finesse gustative et olfactive est
supérieure chez les Chinois.

C'est par Saint-Pétersbourg, au moyen de cara-
vanes, que nous arrive le meilleur thé ; car la
traversée par mer fait perdre à cette feuille une
partie de ses qualités. La Chine en expédie chaque année pour plus de 135 millions de francs.

X. CACAOYER.

Cet arbre américain, qui ne croît que dans les
vallées chaudes et humides des Tropiques, donne
cette amande ou fève précieuse connue, dans le
commerce, sous le nom de *Cacao*. Ce nom est
celui qu'elle a reçu des habitants de la Guyane.
Quant à son nom scientifique *Theobroma*, Linné
l'a formé de deux mots grecs qui signifient *nourriture des dieux*.

L'écorce du cacaoyer est de couleur cannelle;
son bois est blanc, poreux, cassant et léger. Ses

feuilles se renouvellent sans cesse, ainsi que ses fleurs. Les amandes sont renfermées, en nombre variable, dans une capsule assez dure, et elles sont entourées d'une pulpe dont on les dépouille pour les faire sécher. C'est le fruit le plus oléagineux que produise la nature ; il ne rancit jamais ; mais il est d'autant plus riche en huile qu'il est plus frais. Cette huile, concrète, douce, odorante, est appelée *beurre de cacao*, et doit être considérée, dit-on, comme le meilleur cosmétique. Cette huile, ou beurre a la consistance du suif, et ne se fond même qu'à 50°. On l'obtient par simple macération dans l'eau chaude, l'huile se séparant alors et s'élevant à la surface du liquide.

Pour préparer le chocolat, on torréfie d'abord, plus ou moins, les amandes ; plus on les porphyrise dans un moule. On y ajoute une égale proportion de sucre, et l'on achève le mélange sur une dalle chaude et lisse, au moyen d'un rouleau poli. Elles forment alors une pâte grasse, à l'aide de l'huile qui leur est propre, et cette pâte, préparée sans addition d'aucun aromate, porte le nom de *chocolat de santé*. Le chocolat dans toute sa pureté ne prend au feu que peu de consistance. Son épaississement constate et mesure l'addition d'une certaine quantité de fécule ou de toute autre substance. Il ne suffit pas que le chocolat soit pur, il faut aussi qu'il soit suffisamment cuit et à petit feu. Il est alors essentiellement nutritif et réparateur, quoique madame de Sévigné prétende, dans une de ses lettres, qu'il agit selon l'intention de celui qui le prend. Car chacun sait qu'avant la conquête de Fernand Cortès, il était l'aliment principal des Mexicains et qu'on l'a même surnommé *lait des vieillards*.

Le cacao de Caracas, le plus riche de tous, est aussi le plus estimé.

Le chocolat ne peut être nuisible que par les ingrédients surajoutés. Quand il est aromatisé de vanille ou de cannelle, il flatte beaucoup plus l'odorat et le goût; mais il n'est alors qu'un aliment de fantaisie, une friandise que l'hygiène ne peut recommander comme aliment quotidien. Il entre, en effet, dans le genre bonbon, avec le privilége, il est vrai, d'y tenir le premier rang. Nous avons dit que, pour donner au chocolat plus de consistance, on y introduit parfois une certaine quantité de fécule. Cette sophistication en abaisse sans doute la qualité, mais n'a pas les inconvénients que présente l'addition de substances grasses destinées à lui donner un aspect plus onctueux. Une fraude, plus fréquente qu'on ne pense, consiste à dépouiller la graine d'une partie notable de son beurre, qui, sous forme de pommade, se vend assez cher, même en Amérique

Les Espagnols firent connaître ce fruit à l'Europe en 1520, et c'est à la cour de Louis XIV que, pour la première fois en France, on l'employa sous forme de chocolat. L'usage s'en est depuis répandu dans tous les pays civilisés ; mais, dans la péninsule hispanique surtout, il est si général qu'un Espagnol manque plutôt de pain que de chocolat.

XI. TABAC.

Cette plante américaine est aujourd'hui parfaitement naturalisée en Europe, mais elle est annuelle dans nos climats, tandis qu'elle vit dix ou douze années dans les pays chauds. Elle a reçu son nom de l'ile de *Tabago,* où les Espagnols la connurent pour la première fois. Longtemps aussi on l'appela *Nicotiane,* parce que M. de Nicot, ambassadeur français à Lisbonne, en envoya le premier une petite provision à Catherine de Médicis, et ce sont ces deux mots réunis qui ont formé sa dénomination phytologique.

Le tabac pourrait, par sa tige élevée, sa large feuille et sa fleur purpurine, être admis dans les jardins comme plante d'ornement. Mais, ordinairement, on sacrifie la plupart de ces avantages à l'abondance de la feuille, sur laquelle se portent tous les soins.

Lorsque cette feuille a été triée par qualités différentes, on la roule en cigares, on la coupe en minces lanières, ou bien on la réduit en poudre, selon les divers usages auxquels on la destine. Souvent on la parfume·avec la fève aromatique du Tonga, arbre qui ne se montre guère que dans les grandes forêts de la Guyane.

Mis en faveur à la cour de Henri IV, le tabac fut très-goûté de la haute noblesse, qui, du reste, ne l'employait qu'en poudre, et son usage descendit peu à peu dans toutes les classes. Bientôt la tabatière eut, en France, toute l'importance qu'avait le cigare en Espagne et la pipe en Angleterre. Cependant Jacques Ier avait attaqué avec amertume un engouement contre lequel le célèbre Fagon, organe de la Faculté de médecine, crut devoir poser une thèse formidable. Pour obvier à l'abus du tabac, qui troublait l'office dans les temples, Elisabeth autorisa les bedeaux à confisquer les tabatières à leur profit. Le Sénat de Berne défendit l'usage du tabac à l'égal du vol et du meurtre; le roi de Perse et le grand-duc de Moscovie le punirent de l'amputation du nez, et Amurat IV, de la peine de mort. Mais ces moyens extrêmes l'ont propagé beaucoup plus que n'auraient pu le faire quelques poëmes depuis longtemps tombés en oubli. Le tabac, en effet, règne aujourd'hui paisiblement aux lieux mêmes où il fut proscrit avec le plus de rigueur, et constitue la matière d'un des impôts les plus productifs, dans tous les pays. On peut même dire que l'usage en est parfois poussé beaucoup trop loin, car le tabac a pour principe actif la nicotine, substance très-vénéneuse. Il renferme aussi une substance albumineuse qui abonde surtout dans les tabacs des pays tempérés, ce qui leur fait produire une fumée désagréable.

Le meilleur tabac à fumer est celui de Virginie et de Maryland. En France, la culture de cette plante n'est permise que dans quelques départements, et la récolte en est faite par le gouvernement lui-même, qui, depuis 1674, s'en est réservé le monopole. Les départements du Lot et de Lot-et-Garonne fournissent le meilleur tabac à priser, c'est-à-dire le plus actif, propriété qu'il doit à sa plus grande proportion de *nicotine*.

Dans ces derniers temps, la feuille américaine a vu s'élever en France un rival, l'*anti-tabac*, composé de baies de genièvre, de feuilles de sauge, de fleurs de muguet, et qui n'a succombé peut-être que parce que la négligence ou la fraude s'est mêlée à sa fabrication.

ZOOLOGIE.

Un *Animal* est un être organisé qui se distingue surtout par deux facultés supérieures : la sensibilité et la locomotilité. Par la sensibilité, l'animal reçoit les impressions qui lui viennent du monde extérieur ; et, par la locomotilité, l'animal se déplace au gré de ses sensations. Le système nerveux a l'initiative dans la sensation comme dans le mouvement. Mais les nerfs de la sensibilité sont distincts des nerfs de la locomotilité. Bien plus, chacun des organes des sens a un nerf qui lui est spécialement assorti. La sensibilité s'exerce par les cinq sens : le toucher, le goût, l'odorat, la vue et l'ouïe. La locomotilité a pour organes, des nerfs, les muscles et les os. Ces deux facultés sont intimement liées comme cause et effet; elles se développent parallèlement, de telle sorte qu'on peut de l'une conclure l'autre avec sûreté. C'est ainsi, par exemple, qu'un animal appelé *Vertébré,* c'est-à-dire ayant des os, est par cela même signalé comme supérieur; car les os exigent des muscles pour les mouvoir, les muscles à leur tour demandent des nerfs pour les exciter. Or si l'animal est doué de ces trois sortes d'organes, il a donc une puissante locomotilité, qui réclame elle-même, pour être dirigée, une sensibilité correspondante.

La zoologie divise les animaux en quatre *Types :* les *Vertébrés,* les *Articulés,* les *Mollusques* et les *Rayonnés.* A mesure qu'on descend du type des Vertébrés à celui des Rayonnés, les deux facultés animales se dégradent successivement; de telle sorte, que si le premier des Vertébrés est le moins éloigné de l'*Homme* (1), le dernier des Rayonnés touche au Végétal et semble s'y confondre.

(1) L'homme est en dehors et au-dessus de la série animale.

Les animaux auxquels l'homme donne particulièrement ses soins, et dont il retire aussi plus de services, sont appelés *domestiques,* parce qu'ils partagent, pour ainsi dire, et sa demeure et ses travaux. Les Romains, qui furent nos maîtres en économie rurale, les honoraient du titre d'*aides,* de *serviteurs.* Le mot latin *pecus,* qui signifie *troupeau,* et d'où dérive notre expression *pecuniaire,* était comme le synonyme de fortune, de richesse. C'est qu'en effet, première ressource des peuples naissants, les troupeaux sont encore la richesse principale des peuples civilisés. On peut même reconnaître que, dans tous les pays, la prospérité de l'agriculture, les progrès de l'industrie et le bien-être de la population se trouvent en rapport parfait avec le nombre et la qualité des animaux domestiques. Pourquoi donc ces serviteurs si nécessaires sont-ils plus cruellement traités en Europe que partout ailleurs? et, pour ne citer qu'un exemple qui trop souvent afflige les regards, comment ne pas rougir des brutalités commises par nos charretiers, quand on songe avec quelle affection le Samoïède traite son renne, et l'Arabe, son cheval.

I. MAMMIFÈRES.

Le caractère propre de ces animaux est d'allaiter leurs petits. Leur organisation , du reste , est supérieure; et leur instinct, quoique très-divers, est toujours plus ou moins développé.

Nous devons à cette classe : le chien, le chat, le cheval, l'âne, le bœuf, le mouton, la chèvre, le porc et le lapin.

1° LE CHIEN.

Le Chien est la plus ancienne, la plus complète et la plus précieuse conquête de l'homme. Il est, de tous les animaux, le plus intelligent, le plus dévoué, le plus docile; et si l'élégance du corps, la délicatesse de l'ouïe, la vivacité des mouvements, sont des qualités qu'il partage avec plusieurs d'entr'eux, comment ne pas signaler l'extrême finesse de son odorat, et surtout l'expression variée de son regard, qui tour-à-tour prie, flatte, sourit, interroge. Il est le seul qui revienne obséquieux et caressant sous la main qui le repousse et le maltraite; il est le seul qui ressente profondément toutes les douleurs de l'absence et qui manifeste avec transport toutes les joies du retour; le seul qui palpite au nom de son maître; le seul qui s'empresse de venir mettre à ses pieds, avec une entière abnégation, son courage, sa force, son instinct; le seul qui donne sa vie pour le défendre; le seul enfin qui ait, pour ainsi dire, la mémoire du cœur. Sans lui, l'homme ne serait jamais parvenu à étendre sa domination sur toute la nature vivante, car c'est le chien qui a servi seul à soumettre tous les animaux ou à les vaincre. Désintéressé dans ses affections, il s'attache plus volontiers au pauvre qu'au riche, et, dans tous les cas, sa fidélité semble s'accroître avec l'infortune. Plein de prévenances pour les amis de la maison, et tout-à-fait indifférent pour les étrangers, il harcèle comme suspects ceux qui portent la livrée de l'indigence. (1) Animé d'un zèle presque inquiet pour son maître, il comprend son moindre geste et, dans un simple rayon de ses yeux, il sait lire un ordre, un reproche, une faveur. Est-il admis à sortir avec lui ? selon qu'il se trouve dispos ou fatigué, il le précède, le nez au vent et la queue pavoisée; ou bien il le suit, la queue pendante et l'oreille basse. L'éducation peut obtenir de lui des résultats surprenants, et son caractère se plie facilement à tous les caprices. En un mot, il est si particulièrement fait pour l'homme, qu'il en prend, pour ainsi dire, et le ton et les mœurs; car, dédaigneux chez les grands et rustre à la campagne, il est coquet au salon et querelleur au carrefour.

Il s'habitue sans peine à tous les climats, et, pour être partout diversement utile, il varie ses aptitudes à l'infini. Le *chien de berger,* dans sa beauté simple et austère, nous offre presque encore le type primitif de l'espèce. En lui, quelle

(1) Voir le mot *chien* aux notes explicatives.

supériorité de tact pour maintenir la discipline dans le troupeau! quelle pénétration à deviner les ordres, et quelle ardeur à les exécuter! mais, aussi, quelle admirable sagacité dans le *chien des Alpes*, qui ramène le voyageur. égaré parmi les neiges; et dans le *chien de Terre-Neuve*, quelle merveilleuse adresse pour sauver les noyés! puis, encore quelle gracilité dans la *levrette*, quelle prestance dans le *grand danois*, quelle tactique dans le *chien d'arrêt* et, dans le *dogue*, quelle intrépidité! Enfin, quelle expression sympathique et touchante dans le *caniche*, lorsque, tenant la sébile auprès du vieillard dont il est seul resté l'ami, il semble, l'œil humide, dire aux passants: « Prenez pitié de mon vieux maître, d'où la vie se retire faute de soins! Hommes, c'est un de vos frères; mais si vous n'avez pas le courage de l'aimer, parce qu'il est pauvre, aidez-moi du moins à le secourir, car il a faim. »

Le chien ne sue jamais. Il boit en lapant, c'est-à-dire avec la langue, et l'eau lui est plus nécessaire que les aliments. Dans l'échelle zoologique, il appartient à l'ordre des carnassiers : il se nourrit, en effet, de chair et même de chair putréfiée; mais il s'accommode sans murmure de toute sorte de régimes. Son estomac a le double privilége de digérer fort bien les os les plus durs et de se débarrasser aisément des substances vénéneuses. Une nourriture trop abondante le frappe d'obésité; ses qualités naturelles alors s'effacent et se perdent. Quand il se sent malade, il fait diète et se purge avec des feuilles de chiendent. Son sommeil est léger, mais quelquefois accompagné de rêves au milieu desquels, comme s'il était éveillé, il agite sa queue en signe de plaisir; ou bien, en signe de colère, il gronde et il aboie. Ses dents jaunissent en vieillissant, et sa voix devient rauque. Ses six à sept petits reçoivent de leur mère les soins les plus assidus, ils acquièrent toute leur croissance dans l'espace d'une année, et leur vie n'en comprend guère plus de quinze.

Après tant d'années de dévouement, quel est le sort de ce type parfait du serviteur? Hélas, trop souvent, le chien voit tous ses services oubliés, dès qu'il ne peut plus être utile! ingratitude d'autant plus cruelle que, pour lui, la vieillesse est presque toujours un état de souffrance et d'infirmité. Plus justes les Mahométans, dans leurs bonnes villes, lui réservent un hôpital; les Chinois lui accordent même les honneurs du cercueil. Chez ces peuples, les chiens vaguent très-nombreux et ne sont jamais affectés de la *rage,* (1) il en est de même dans la plupart des pays. Du reste, les accidents chez nous seraient bien rares, si l'on prenait les mesures convenables, dès que se ma-

---

(1) Voyez ce mot aux notes explicatives.

nifestent les symptòmes qui précèdent de plusieurs jours l'accès rabique.

Le chien est cité partout comme le symbole de la fidélité, et cette fidélité se trouve inscrite déjà aux premières pages de l'histoire, car il y est dit que les chiens de l'innocent Abel restèrent gémissants, auprès de son corps ensanglanté. Cependant, chez tous les peuples, son nom est devenu comme une injure, et, d'après les locutions proverbiales les plus usitées, l'homme paraît s'être complu vraiment à lui prêter. tous les vices, à lui jeter tout son mépris. Et pourtant la biographie des chiens célèbres, depuis le chien de saint Roch jusqu'à celui de Montargis, pourrait offrir, en quelque sorte, le modèle de plus d'une vertu.

La dépouille du chien n'est pas d'une grande valeur. Sa chair, il est vrai, paraissait avec honneur sur les tables de la Grèce et de Rome. Aujourd'hui même encore, elle est estimée à l'égal de celle du bœuf et du mouton dans la Chine, en Arabie, en Egypte, au Canada, dans les îles de la Société; mais elle n'a pas en Europe cette saveur agréable que lui donne peut-être un mode spécial d'alimentation. Sa peau sert à faire des gants qui rendent la main lisse et souple.

Dans l'histoire, le chien a rencontré de singulières vicissitudes. Maudit chez les Hébreux, il fut au contraire l'emblème de la ville de Tyr, cette opulente reine des mers, qui dut une partie de sa splendeur à la découverte de la pourpre, faite, disait-on, par le chien d'Hercule. Il fut vénéré par les Égyptiens, qui le placèrent au ciel, dans les constellations de Syrius et de Procyon, tandis que la mythologie en fit, sous le nom de Cerbère, le portier des enfers. Il fut toujours en faveur chez les Grecs, qui tour-à-tour admirèrent la mémoire du chien d'Ulysse, la beauté de celui d'Alcibiade, mais surtout le courage du chien de Xantippe, père de Périclès, se précipitant dans les flots pour suivre son maître au combat de Salamine. Chez les Romains, il ne fut pris en aversion qu'à l'époque du fameux siége du Capitole, où, pour sauver sans doute l'honneur de Manlius, il fut accusé d'avoir manqué de vigilance ; et, depuis, à chaque anniversaire, ignominieusement mis à mort, aux acclamations du peuple-roi.

Dans le Moyen-Age, comme la chasse était le plus grand et, peut-être, l'unique plaisir des seigneurs dans leurs domaines, le chien propre à cet exercice jouissait alors de la plus haute estime. Le seigneur imposait à ses tenanciers la charge de nourrir tous ses chiens ; à la cour, ce devint un des premiers devoirs du grand veneur. Un chevalier, dans les affaires les plus délicates, jurait par son chien, dont il était, du reste, suivi partout, même à l'église. Un gentilhomme pouvait, dans un moment extrême, remettre sans honte son

épée; il pouvait, pour sa rançon, livrer sans
reproche une centaine de serfs; mais il ne pouvait, sans déshonneur, disposer ainsi de son chien,
car c'était comme une des armoiries de la noblesse, comme le gage de son droit le plus exclusif,
le privilége de la chasse. Une des plus anciennes
maisons de France, celle de Montmorency, l'adopta
pour sa devise.

Aujourd'hui, chez tous les peuples, le chien est
le premier de tous les animaux domestiques; il
est même le seul dans quelques contrées. En
Angleterre, on le dresse surtout à la chasse au
renard, depuis qu'il a complètement délivré le
pays des loups qui l'infestaient. Au Kamtschatka,
son utilité plus spéciale encore, est aussi plus
importante. Il y remplace le cheval et le renne :
le cheval, qui ne pourrait vivre dans un climat où
l'hiver dure la plus grande partie de l'année; le
renne, qui demande également beaucoup de soins
et de repos. Le Kamtschadale, outre l'avantage de
pouvoir ainsi gravir en traineau les montagnes les
plus abruptes, et passer sur la neige la plus
épaisse, trouve encore dans le chien, d'abord un
conducteur excellent, qui sait ne pas perdre sa
route au milieu de l'obscurité la plus profonde, et
puis une sorte de calorifère naturel qui le réchauffe
dans son rude bivouac. Le chien, cependant, y
est soumis à un régime impitoyable; et, il faut
bien l'avouer, c'est à peine si, dans notre Europe,

nous paraissons songer que, par ses qualités et par ses services, il mérite la suprématie sur tous les animaux. Quelquefois, par une bizarrerie toute contraire et qui n'est pas moins coupable, la passion pour le chien a été poussée jusqu'au ridicule. Et sans aller ici reprendre au temps le souvenir du roi de France Henri III, qui portait, dit Sully, un panier plein de petits chiens pendu à son cou par un large ruban, combien de personnes, chaque jour encore, prodiguent à un bichon fort inutile ce qu'elles refusent peut-être à l'indigent!

2ⁿ CHAT.

Le *Chat* partage avec le chien notre foyer domestique. Il est plus petit, et beaucoup moins utile; mais il est plus souple, plus léger, plus adroit, plus propre et mieux armé. Sa tète est plus arrondie; et ses mâchoires sont courtes, ce qui leur donne plus de force. Il a les dents tranchantes et la langue hérissée de pointes; ses pattes antérieures ont presque toute la dextérité d'une main; ses ongles, acérés et crochus, rentrent naturellement dans une sorte de gaine, s'y tenant en réserve pour le moment de l'attaque ou de la défense. Ce que le langage vulgaire appelle *faire patte de velours* est donc pour le chat l'état du repos; et, par conséquent, ce serait une erreur de lui supposer ici la moindre perfidie. Il a le double privilége de marcher sans faire de bruit, car ses griffes ne touchent pas le sol; et de pouvoir se précipiter d'une grande hauteur sans se blesser, parce que la plante de ses pattes est garnie de petites pelotes molles et élastiques.

De ses organes des sens, celui de l'ouïe est le plus parfait; son odorat est faible, et son goût assez obtus. Il est plutôt nocturne que diurne. Son œil, en effet, semble avoir trop de sensibilité pour le grand jour; sa pupille, qui dans les ténèbres est circulaire et dilatée, devient, à une vive lumière, longue et presque linéaire. Son toucher ne s'exerce guère que par les soies roides qui forment des moustaches de chaque côté du museau; mais ces moustaches sont le siége d'impressions très-délicates, et, dès qu'il en est accidentellement privé, on le voit tout déconcerté, comme s'il eût perdu sa sauvegarde.

Le chat est plus carnivore que le chien. Il est friand de chair palpitante, et dédaigne celle qui est en voie de putréfaction. Quoique très-musculeux, et faisant la chasse à de petits animaux qui ne peuvent se défendre, il n'attaque jamais à force ouverte. Il préfère la ruse et la patience; il guette sa proie des journées entières, s'efface pour se glisser sans en être aperçu, et puis d'un bond s'élance sur elle. Il ne néglige rien pour la surprendre, et ses plus petits scrupules de propreté, qu'on remarque dans les plus jeunes chats, ne sont que des précautions instinctives pour dissimuler tout ce qui pourrait trahir sa présence, et avertir ainsi les rats et les souris, parasites incommodes dont il délivre, en effet, nos demeures. Après avoir mangé, il s'essuie avec sa langue, dont il se sert aussi merveilleusement pour lustrer sa belle robe. Son sommeil est léger ; toutefois une nourriture trop abondante l'appesantit, et il cesse alors d'être bon chasseur. Il supporte assez bien le jeûne, mais il peut être affecté de la rage spontanée. Sa satisfaction s'exprime par un murmure sourd et continu ; sa colère, par un dur miaulement qu'accompagne l'agitation de sa queue. Il est défiant et observateur ; ne s'établissant dans une nouvelle localité qu'après en avoir fait une visite exacte, il flaire, ou plutôt va toucher de ses moustaches tout ce qui lui paraît étrange, et cette manière de reconnaître les objets lui est, de jour, plus utile que la vue. Il aime ses aises et recherche les meubles les plus mollets pour s'y reposer ; il craint le froid, les mauvaises odeurs et l'eau elle-même, quoique d'ailleurs il soit forcé de boire souvent ; et, quoique sa vie soit tenace, il s'asphyxie aisément. Il aime les caresses, une douce chaleur et les parfums ; la plante aromatique appelée *chataire* lui fait même éprouver une sensation délicieuse. Il garde souvenir de la moindre injure, non pour se venger, mais pour fuir ; car il n'est hardi que par moyen extrême, et quand toute issue lui est impossible. Il saute plutôt qu'il ne

court, et se fatigue plus vite que le chien. Plus
attaché au logis qu'à son maitre, il est cependant
susceptible de reconnaissance; mais la timidité,
qui domine toute son organisation, ne lui permet
pas d'avoir des affections à l'épreuve de la plus
petite offense, et souvent, une simple menace
suffit pour le rendre oublieux, en réveillant sa
sauvagerie naturelle. Sa vie ne dépasse guère
quinze ans.

La chatte, au milieu de ses petits, qui ne ces-
sent de jouer autour d'elle, est calme et affec-
tueuse. Elle a pour eux un miaulement tendre et
particulier; elle se plait à leurs gentillesses, et se
prête perfois à leurs espiègleries. Mais s'il s'agit
de les défendre, aussitôt son regard étincelle, son
poil se dresse, sa queue se gonfle, son dos s'élève
et se voûte, tout son aspect est agressif et terrible. Après le danger elle rallie ses petits et les
caresse. Du reste, sa sollicitude maternelle est
d'autant plus inquiète, que le chat lui-même dé-
vore quelquefois sa progéniture; aussi, cache-t-elle
avec soin leur retraite, et, au moindre soupçon,
les saisissant adroitement à la nuque, elle les emporte dans un réduit plus ignoré.

Le miaulement du chat varie avec son âge; mais
il n'a rien d'agréable, et ce n'est pas sans peine
qu'on peut concevoir l'exécution harmonieuse du
concert donné à Bruxelles en présence de Charles-
Quint et en l'honneur de Philippe, son fils, prince de

Castille. Cependant, voici ce que dit la relation de Jean-Christoval Calvette : « A la suite de plusieurs « diables épouvantables précédant le cortége, ve- « nait, assis sur un chariot, un ours qui touchait « un orgue, non pas composé de tuyaux comme « les autres, mais d'une vingtaine de chats enfer- « més séparément dans des caisses étroites, où ils « ne pouvaient se remuer; leurs queues sortaient « en haut par des trous faits exprès, elles étaient « liées à des cordes attachées au registre de l'or- « gue. Or, à mesure que l'ours pressait les tou- « ches, il faisait lever les cordes, et tirait ainsi les « queues des chats pour leur faire miauler avec « mesure et justesse le ton des basses, des tailles « et des dessus. » Ce *concert miaulique* fut renouvelé depuis à Londres, et dans une des principales foires de Paris.

Les variétés du chat ne sont pas aussi nombreuses que celles du chien, ni même aussi différenciées. Le *chat sauvage,* type de l'espèce, est gris-brun comme le lièvre, avec une bande noire le long du dos, la queue très-velue et annelée de noir. Le *chat tigré* est celui qui s'en rapproche le plus; mais on leur préfère, pour la fourrure, le *chat d'Espagne,* et surtout le *chat d'Angora.*

La biographie du chat n'a presque rien à envier à celle du chien. Si le chat, en effet, n'eut pas une place dans les cieux, il fut du moins déifié dans l'ancienne Egypte, où son utilité devait être d'autant mieux appréciée que le pays était infesté de rats et de souris. On le parfumait avec dévotion, on lui préparait pour le repos un lit somptueux, on lui réservait une des premières places dans les repas. La mort d'un chat mettait en deuil toute la maison. Les magistrats eux-mêmes venaient l'embaumer pour le porter en grande pompe à Bubaste, où l'attendait l'apothéose. Le meurtre, même involontaire, d'un de ces êtres supérieurs était puni du dernier supplice.

Dans la Grèce, il n'y avait probablement pas de chats, ou, du moins, le silence des naturalistes grecs prouve qu'ils y étaient peu estimés; il en fut de même dans l'ancienne Rome, où l'on n'en vit chez les patriciens eux-mêmes qu'à l'époque des empereurs. Rome aujourd'hui fourmille de chats, et chaque jour, à une certaine heure, des bouchers, moyennant une petite rétribution, parcourent les rues appelant les chats, qui viennent ainsi recevoir d'eux leur pâture. Le chat fut le symbole de l'indépendance chez les anciens Germains; il est devenu depuis longtemps, mais à tort, celui de l'hypocrisie. Son nom se mêle, en effet, avec honneur au souvenir de plus d'un personnage. Mahomet chérissait tellement son chat, qu'un jour il coupa la manche de sa robe, sur laquelle dormait cet animal, afin de n'en pas troubler le paisible sommeil. Pétrarque avait une chatte qui trompait sa douleur et charmait sa solitude. Le Tasse, réduit à une pauvreté si extrême que la chandelle lui manquait pour écrire ses vers, priait sa chatte, par un joli sonnet, de lui prêter, la nuit, le flambeau de ses yeux. Montaigne et Colbert reposaient leur pensée aux jeux folâtres de leur chat. Hoffmann aimait tellement le sien qu'il ne put, dit-on, lui survivre.

Enfin, le chat a été plus d'une fois honoré du titre de légataire et d'héritier ; mais, par contre, il a suscité parfois une aversion tout aussi bizarre. Nous citerons surtout le roi de France, Henri III, qui ne pouvait supporter la vue d'un de ces animaux.

La dépouille du chat est diversement utile. La physique expérimentale a mis à profit la propriété qu'a son poil de s'électriser facilement. On en prépare aussi d'assez belles fourrures, et les peaux de chats forment une branche assez considérable du commerce de la pelleterie. La Russie en fournit à la plupart des contrées de l'Europe, mais surtout à la Chine, où les fourrures, du reste, sont si recherchées. Les intestins de chat servent à faire des cordes de violon, et, notamment, des chanterelles, car leur tissu est plus dense et plus fort que celui des intestins du mouton, qui forment aussi des cordes harmoniques.

3° LE CHEVAL.

Les belles proportions du cheval sont d'autant plus exceptionnelles qu'il est zoologiquement compris dans l'ordre des pachydermes, quadrupèdes massifs et presque difformes. Il est assurément la plus noble conquête de l'homme, et l'on peut dire qu'il est même resté au-dessus de l'éloge des poëtes par la régularité de son corps, la majesté de sa taille, la fierté de son regard et le charme de ses mouvements, lorsque surtout, dans l'impétuosité de sa course, dressant sa tête élégante et son oreille gracieuse, il abandonne à l'air les flots de sa crinière et les ondulations de sa queue. Sa vue est parfaite, son ouïe très-fine, son goût assez sûr, son odorat très-pénétrant; enfin, la moindre influence l'impressionne, et sa vitesse semble égaler parfois celle du vent. Sa bouche a beaucoup de sensibilité; sa lèvre supérieure est un organe de préhension assez délicat; son râtelier présente un espace vide où se place le mors. Sa voix, qu'on appelle hennissement, se modifie selon qu'elle exprime l'allégresse, l'affection, la colère, la crainte, la douleur.

Il est naturellement d'un gris rougeâtre; on dit alors qu'il est alezan. Toutefois, l'état de domesticité multiplie beaucoup ses nuances. Son sabot corné croît durant toute sa vie, et, sur le sol, il ne s'use pas plus vite qu'il ne se reproduit. Mais dans nos villes, pour le défendre du pavé, qui l'userait trop promptement, on a soin de le garnir d'une lame de fer.

Le cheval a trois allures naturelles qui sont de

plus en plus accélérées : le pas, le trot, le galop;
on peut l'habituer à une quatrième, l'amble, sorte
de pas allongé presque aussi rapide que le trot,
et fort doux pour le cavalier. Sa persévérance dans
la fatigue va quelquefois jusqu'à le rendre martyr
de son zèle; l'inaction surtout lui est funeste. Il
ne dort guère plus de quatre heures, et souvent
il ne se couche pas. Il est essentiellement herbi-
vore, ses pieds ne lui permettant pas plus de saisir une proie que ses dents de la déchirer. Ses
mœurs sont douces, et sa docilité, pleine d'intelligence; car, sans remonter aux Numides qui,
n'ayant ni bride ni éperon, ne les dirigeaient que
de la voix, quelle subordination merveilleuse à
tous les ordres, à tous les gestes, dans les chevaux fougueux de nos cirques ! Il s'attache à celui
dont il reçoit les soins; il se souvient longtemps
aussi des mauvais traitements, et s'en venge quelquefois par des morsures ou par des ruades; mais
son oreille alors se portant vivement en arrière,
trahit d'avance son intention. Il craint le bruit, et
surtout l'orage. La flûte lui fait éprouver beaucoup
de plaisir, et c'était au son de cet instrument que
les Sybarites enseignaient la danse à leurs chevaux, circonstance qui fut très-habilement mise à
profit par les Crotoniates dans une expédition
contre ce peuple efféminé. Aristote et Athénée
rapportent en effet qu'au moment du combat, loin
de sonner la charge, les Crotoniates jouèrent de la

flûte. Aussitôt la cavalerie sybarite, comme saisie de vertige, se prit à sauter en cadence, à rompre les rangs; et bientôt les chevaux, attirés par l'orchestre, passèrent à .l'ennemi, emportant leurs cavaliers stupéfaits d'une manœuvre si nouvelle.

Depuis un temps immémorial, le cheval a le privilége d'être le compagnon de l'homme dans tous les périls de la guerre. Il est même, sous la main de son maître, d'une intrépidité d'autant plus étonnante qu'il semble naturellement fait pour la fuite. Son usage dans les armées remonte assez haut, notamment chez les Egyptiens, car ce fut avec sa cavalerie que le Pharaon Aménophis poursuivit les Hébreux dans le désert. Du reste, les premiers écuyers causèrent tant de frayeur et de surprise, que l'imagination poétique des Grecs, confondant l'homme avec le cheval, en fit des monstres de nouvelle forme, appelés Centaures.

La jument, d'ailleurs fort bonne mère, n'a qu'un seul petit qui, presque en naissant, peut se tenir debout; mais le travail ne doit pas lui être imposé trop tôt, pour ne pas nuire à son développement. Selon sa nature, ensuite, on le réserve pour le tirage ou pour la selle; car le cheval de selle n'est pas le même que celui de tirage. Chacun d'eux a toutefois une beauté propre qui réside dans le rapport de ses qualités avec l'office qu'il doit remplir. De tous les animaux domestiques, aucun n'a été aussi bien étudié, aucun n'est employé à un plus grand nombre d'usages utiles ou agréables, aucun n'a autant de maladies. La durée de sa vie est d'environ trente ans; mais, après douze, il est hors d'âge, c'est-à-dire que, l'inspection de ses dents ne pouvant plus faire préciser son âge, il a perdu la plus grande partie de son prix. Il est, du reste, beaucoup mieux traité chez les peuples nomades que dans les pays civilisés, où, le plus souvent, il passe une vie dure et laborieuse ; et puis, lorsqu'il est devenu vieux ou infirme, l'égoïsme du maître le condamne à la voirie.

Sa peau donne un cuir souple et tenace, principalement employé pour la sellerie. Sa chair ne se mange guère que dans les moments extrêmes ; mais son crin sert à mille emplois divers : à rembourrer les coussins, à faire des aigrettes, des cordes, des tamis, à garnir des archets de basse et de violon.

Son rôle historique est véritablement digne d'envie. Consacré au dieu Mars, il fut chez les Anciens le symbole de la guerre. Il eut en même temps le droit exclusif de conduire le char du soleil, et l'honneur de prendre rang parmi les constellations. Dans les jeux olympiques, il était le gage de la victoire. Après Alexandre, il devint l'emblème des rois de Macédoine, et plus tard celui de Carthage. Son image était frappée sur les monnaies gauloises; les Germains avaient une sorte de vénération pour lui; les Francs lui conservèrent tant d'estime, qu'il partageait toujours les honneurs

15

funèbres de celui dont il avait partagé les dangers, et le vestige de cette coutume se retrouve encore aujourd'hui dans la présence officielle du cheval au riche convoi d'un homme de guerre. Clovis II, prince valétudinaire, ayant été forcé de remplacer l'usage du cheval par le *carpenton*, sorte de charrette traînée par des bœufs, ouvrit le premier cette série de nos rois impitoyablement appelés *fainéants*, parce qu'en effet, pour ces peuples belliqueux, un roi devait être le chef des guerriers, si même il n'en était le plus brave. On comprend de quelle importance dut être le cheval au Moyen-Age; aussi le blason l'adopta pour hiéroglyphe de la valeur. Longtemps après encore, un gentilhomme n'allait jamais en guerre sans son coursier, une noble châtelaine ne se montrait en public que sur un palefroi, et les magistrats eux-mêmes chevauchaient pour se rendre au parlement. De toutes les redevances dues par le vassal au suzerain, le cheval était une des premières, car la cavalerie faisait la principale force des armées; et, quoiqu'elle n'en forme guère aujourd'hui que le cinquième, le cheval n'en constitue pas moins une des plus grandes richesses nationales. Au milieu des idées aujourd'hui plus positives, il n'a même pas perdu toute son ancienne splendeur, car dans nos monuments, la plupart des personnages illustres sont représentés sur un coursier, comme si le cheval devait, par sa forme grandiose, en mieux poétiser le souvenir.

La queue du cheval est l'étendard de guerre chez les Tartares et les Chinois. Elle est chez les Turcs une marque de dignité : il y a des pachas à une, à deux et à trois queues; le grand-vizir en a cinq, le sultan en fait porter sept devant lui.

C'est en Arabie, d'où, sans doute, il est originaire, que le cheval se montre encore doué de plus d'ardeur et de plus d'énergie; c'est là qu'il est aussi en plus haute estime : la naissance d'un poulain y est même souvent constatée, ainsi que dans les pays Barbaresques, avec plus de formalités que celle d'un prince. L'Angleterre n'a rien épargné pour se donner une race qui ne laisse, en effet, rien à désirer; les efforts de la France commencent à lui rendre enfin les excellents chevaux qu'elle possédait à l'époque de la féodalité. L'Allemagne, par des soins mieux dirigés ou plus soutenus, obtient, depuis longtemps déjà, des résultats satisfaisants: L'Amérique, qui reçut le cheval de l'Europe, en possède déjà de belles races; et, dans quelques-unes de ses parties, l'espèce y est devenue si commune qu'il n'est pas rare de voir des mendiants faire leur quête, montés sur d'excellents chevaux.

Parmi les notabilités chevalines, nos souvenirs doivent citer, à différents titres : *Pégase,* le coursier d'Apollon et des Muses, auquel la mythologie donna des ailes, comme attribut de sa vitesse; *Bucéphale,* qui eut la gloire de participer à tous les triomphes d'Alexandre, depuis le Granique où Darius pressentit sa chute, jusqu'à l'Hydaspe où fut soumis Porus; le cheval de César, qui n'acceptait pour cavalier que son maître; enfin, le favori de Caligula, *Incitatus*, qui avait une maison, des meubles, un nombreux domestique pour traiter d'une manière somptueuse ses nombreux courtisans, et qui, après avoir été revêtu du sacerdoce, faillit même devenir consul. Mais, que d'autres noms l'histoire aurait dû défendre de l'oubli ! depuis le cheval qui ramena dans Rome la jeune Clélie, honteusement livrée comme otage, jusqu'au coursier que montait l'héroïne de Vaucouleurs, Jeanne d'Arc, qui périt à peine âgée de vingt ans, coupable d'avoir noblement sauvé son pays !

4° L'ANE.

L'Ane est, de tous les animaux domestiques, le plus méconnu peut-être et, par conséquent, le plus négligé. Sa couleur, plus ou moins grise, est coupée par une bande noire qui, faisant la croix, descend sur les épaules et longe tout le dos. Sa taille est plus petite que celle du cheval; ses oreilles, plus longues; son allure, moins noble; ses formes, moins correctes; son aspect, moins avantageux. Mais il supporte mieux la faim, la fatigue et la soif; il dort moins, a les membres plus nets et le pas beaucoup plus sûr. Sa vue est pénétrante, son ouïe merveilleuse, son odorat parfait.

Il est humble, patient et sobre; son instinct est plus élevé que ne le suppose le vulgaire : il reconnaît sans peine les sentiers qu'il a suivis une seule fois; il sait retrouver son maître au milieu d'une foule, et court à lui, affectueux et caressant, à lui qui, peut-être, ne le toucha jamais que du bâton.

Il reçoit également la selle, le bât, le brancard; mais il a une grande répugnance pour le mors, parce qu'il espère, chemin faisant, pouvoir broûter quelques chardons. Il aime à se rouler sur le sol, et ne manque qu'à regret l'occasion de suppléer ainsi à l'incurie de ceux qui profitent de ses services sans se donner le soin de l'étriller. Il remplit en petit tous les offices du cheval, vit de presque rien et sert durant tout le jour. C'est donc, par son utilité, que l'âne mérite surtout notre estime. Toutefois, au désert, il déploie des qualités brillantes qu'il conserve encore sous un régime tolérable. En Europe même, il est dans son enfance vif, jovial et gracieux ; mais, comme on n'attend pas, pour le mettre au travail, qu'il ait acquis des forces suffisantes, il devient bientôt, sous les coups, lent, morose et contrefait. Pour lui, en effet, toujours les labeurs, jamais une caresse; et lorsque, après douze ou quinze ans de souffrances, il rencontre, à peine au milieu de sa vie, la vieillesse anticipée qu'on lui a faite, ses jours s'achèvent à la voirie, et son nom reste, dans le langage, comme le type de la bêtise et de la stupidité !

Le villageois a mis en proverbe que : *Plus l'âne est chargé, mieux il va.* S'il en est ainsi, c'est qu'en se hâtant d'arriver au but, pour être délivré plus tôt de sa charge, l'âne montre plus d'intelligence encore que le rustre qui le fait fléchir sous le poids ; et, quant à la roideur opiniâtre qu'on lui reproche, n'est-elle pas la conséquence même des mauvais traitements qu'on lui fait subir ?

L'ânesse est bonne mère, et n'épargne aucun soin, aucun sacrifice à l'ânon. Son lait, mis en vogue par François Iᵉʳ, est d'un fréquent usage en médecine. La chair de l'ânon, recherchée chez les Romains depuis Mécène, figurait encore avec honneur au XVIᵉ siècle sur la table du chancelier Duprat.

La peau d'âne, plus dure, plus souple, plus épaisse que celle de la plupart des autres mammifères, est aussi moins attaquée par les insectes. L'industrie en fabrique des cribles, des tambours, de solides chaussures, et du gros parchemin pour les tablettes de poche.

Originaire de l'Asie, l'âne passa d'abord de l'Arabie en Egypte, d'où successivement il nous est venu, par l'intermédiaire de la Grèce et de l'Italie. Il ne se montre guère dans le Nord de l'Europe, car il craint le froid ; il n'était pas encore connu en Angleterre, sous le règne d'Elisabeth. Introduit par Washington aux Etats-Unis, il parcourt aujourd'hui en troupes nombreuses les pampas de l'Amérique méridionale, où il retrouve le soleil brûlant de sa patrie. Les ânes d'Arcadie étaient fameux dans l'ancienne Grèce. Maintenant, après les races de l'Arabie et de l'Egypte, on cite celles de Malte, de l'Italie et de l'Espagne, comme aussi nos races françaises du Mirebalais (Vienne) et du département des Deux-Sèvres.

Élevé avec soin par les Hébreux, l'âne, par cela même, fut en horreur à l'antique Égypte. Les Indiens le considèrent encore comme immonde; mais les Perses, les Chinois, et depuis longtemps les Égyptiens eux-mêmes, y attachent beaucoup de prix. Au Caire, ainsi qu'à Pékin, une multitude d'ânes, tout sellés et bridés, sont dans les carrefours au service du public, comme, sur nos places d'Europe, les carrosses et les cabriolets.

Nous laissons à l'histoire le soin de développer tous les faits divers que rappellent l'ânesse du prophète Balaam, l'arme singulière dont se servit Samson contre les Philistins; le condisciple étrange qu'Ammonius donnait au grand Origène, son élève; le dicton populaire sur l'âne de Louis XI; le sauveur inattendu que trouva Beaumarchais à l'époque de la Terreur. Disons seulement, avec l'Écriture, que ce fut une ânesse qui servit de monture à la Sainte Famille, lors de sa fuite en Égypte; et que ce fut aussi, sur une ânesse, que Jésus-Christ fit son entrée triomphante dans Jérusalem. C'était en commémoration de ces grands souvenirs que la chrétienté du Moyen-Age célébrait la *fête des ânes* avec tant de pompe et de naïveté.

———

Le cheval et l'âne diffèrent assurément sous plusieurs rapports; cependant ils sont liés par une telle affinité, que de ces deux espèces si voisines dérive le *mulet,* qui en réunit les principaux caractères.

———

5° LE BŒUF.

Le Bœuf est, pour l'homme, une acquisition moins brillante sans doute, mais plus utile que la conquête du cheval; sur lui repose, en quelque sorte, toute l'industrie agricole; et, tandis que la sûreté de son pas et la force de ses muscles le rendent essentiellement propre au labourage, l'excellence de sa chair le place encore au premier rang des mammifères qui servent à notre nourriture.

Armé de deux cornes terribles auxquelles le bois le plus dur ne peut résister, et doué d'une puissance telle que, d'un seul coup de tête, il jette au loin des poids considérables, il n'use guère toutefois de ce formidable appareil que pour se défendre; car il ne vit que de feuilles, de fruits et de pâturages. Ses cornes sont permanentes; mais, fracturées, elles ne se reproduisent plus. Pour l'habituer au joug, la ruse est nécessaire; et, dans tous les cas, le jeûne et les caresses valent mieux, pour le réduire, que les coups et l'aiguillon; mais, s'il n'abdique pas toute volonté pour obéir au moindre signe, comme le cheval, il coûte moins à nourrir, et met au service de son maître plus de patience à la fois et plus de force. Il mange vite, puis se couche pour ruminer et digérer à loisir. Il nage assez bien et, quoique sa marche habituelle soit lente, il peut courir assez rapidement; de telle sorte qu'au Bengale, on l'attelle à de légères voitures, et que, dans l'Afrique équatoriale, des peuplades entières le montent à la selle comme un coursier. Il dort peu et d'un sommeil léger; son cri se nomme mugissement; sa couleur, généralement fauve, passe quelquefois au noir et au blanc.

Robuste et massif, il demande pourtant quelques soins. Il craint les fortes chaleurs et, bien qu'il supporte mieux les grands froids, il est très-sensible aux courants d'air, surtout quand il est en sueur. Il faut aussi le défendre des mouches, qui le tourmentent beaucoup, et préserver principalement ses oreilles et ses yeux. Sa vie ne dépasse pas quinze années. Ordinairement même, il n'atteint pas cet âge; car, à dix ans, on l'engraisse pour le livrer au boucher. Sa chair est succulente et nutritive; celle du veau l'est moins; celle de la vache est fort peu savoureuse, le *lait* l'ayant privée des sucs qui la rendraient agréable. Mais ce lait est un comestible précieux. Sa composition chimique prouve l'infinie sagesse de la Providence : c'est un aliment complet, merveilleusement assorti au premier âge et que rien ici ne peut remplacer. La science y constate la présence de trente-quatre substances différentes. (1)

Pour le conserver un an et plus, sans la moindre opération, il suffit d'en remplir une bouteille bien bouchée et de plonger cette bouteille, durant quinze à seize minutes, dans de l'eau bouillante.

L'usage du lait se perd dans la nuit des temps. Les premiers patriarches, qui ne furent que de riches pasteurs, estimèrent infiniment cette nourriture si saine, si abondante et si douce.

Les deux comestibles qui dérivent du lait sont le beurre et le fromage. Quand on laisse le lait au repos durant quelques heures, le beurre et la caséine se séparent par l'effet de leur densité différente : le beurre, plus léger, s'élève à la surface du liquide ; la caséine, plus lourde, descend au fond.

Beurre. — La préparation du beurre consiste à faire adhérer ensemble les globules graisseux qui flottent dans le lait. Ces globules, qu'on désigne aussi sous le nom de crême, sont d'autant plus abondants que le lait est plus pur et qu'on emploie celui qui a été trait le dernier. L'opération

---

(1) Voir le mot *lait* aux notes explicatives, pour sa composition chimique et pour la falsification.

s'effectue dans un long vase en bois, à col assez étroit et fait avec des douves (planches employées dans les ouvrages de tonnellerie). On y verse la crême. On ferme le couvercle, qui est percé d'un orifice pour laisser passer le manche du bat-beurre, petit cercle percé de trous. En soulevant et abaissant tour-à-tour ce disque, on imprime à la crême, par ces coups répétés, un mouvement qui la sépare du liquide. Le beurre se forme en grains qu'on presse pour les faire adhérer. Il ne reste plus qu'à laver le beurre, c'est-à-dire à le pétrir dans l'eau pour l'isoler complètement. Il importe surtout de n'y pas laisser la moindre trace de caséine, substance si prompte à fermenter. Quant au rendement, le terme moyen, c'est qu'en été, une vache donne par jour 8 litres (8 kilogrammes) de lait produisant 1/2 kilogramme (1 livre) de beurre. On conserve le beurre par deux procédés différents : la fusion ou la salaison. En le faisant fondre, on enlève les particules de caséine, qui sont très-putrescibles; en l'imprégnant de sel, on utilise la propriété naturellement conservatrice de ce corps. (1)

La France est peut-être le pays le plus renommé pour le beurre : il suffit de citer ceux de la Prévalaye, d'Isigny et de Campan. Les Grecs n'ont connu le beurre que très-tard. Les Romains eux-mêmes ne l'employèrent pas comme aliment. On le brû-

---

*(1) Quant aux *falsifications,* voir ce mot aux notes explicatives.

lait dans les lampes, durant les premiers siècles de l'Église; car, en 817, l'huile était encore si rare, que le concile d'Aix-la-Chapelle permit aux moines l'usage du jus de lard; et toujours elle fut si chère que, dès 1491, le Souverain Pontife autorisa dans tous les diocèses l'emploi du beurre en assaisonnement pour les jours maigres.

Fromage. — Le fromage est, comme le beurre, un comestible très-ancien. A Rome, celui de Pergame était très-recherché. L'Europe en fabrique aujourd'hui de toute sorte, de toute nuance et de toute saveur. La France surtout en fournit plusieurs espèces entre lesquelles la préférence restera long-temps indécise. Nous devons mentionner principalement ceux de Roquefort, Brie, Neufchâtel, Marolles, Pontarlier, Sassenage, Pont - l'Évêque, Septmoncel, Olivet, Gex; et parmi les fromages étrangers, ceux de Gruyère, Chester, Hollande, Suisse et Parme.

Enfin, l'industrie tire un immense parti de toute la dépouille du bœuf. Ses cornes prennent au tour mille formes diverses; sa peau devient un cuir parfait; ses sabots sont convertis en colle forte; ses os donnent de la gélatine d'abord, et puis le noir animal utilisé par les raffineries de sucre; son sang est employé dans quelques arts; et sa chair, qui se sale et se fume, est la ressource ordinaire des expéditions lointaines et des villes assiégées.

On trouve le bœuf dans toute l'Europe, dans la plus grande partie de l'Asie et de l'Afrique ; il s'est beaucoup multiplié en Amérique, depuis que les Européens l'y ont transporté. Partout, et à toutes les époques, il fut considéré comme l'animal le plus nécessaire aux travaux des champs ; et, pour mieux assurer sa vie, les lois civiles et religieuses, à l'enfance des sociétés, le prirent souvent sous leur sauvegarde. On l'adorait dans la vieille Égypte, sous le nom d'Apis, et une place lui fut réservée dans le ciel. Les monuments les plus antiques de l'Inde attestent aussi que, dans les anciennes croyances de ce pays, comme dans celles de la Chine, le bœuf était l'objet d'une très-grande vénération. Les Gaulois le comptaient parmi leurs divinités ; longtemps même les Grecs et les Romains ne l'immolèrent que sur les autels.

Parmi les nombreux faits historiques auxquels se lie le souvenir du bœuf, nous devons rappeler : Annibal échappant par une manœuvre adroite aux lignes de Fabius ; nos rois dits fainéants adoptant l'attelage de Cybèle et de Triptolème ; l'arrêt de 1499 condamnant un bœuf à la potence, pour avoir occis un jeune garçon ; enfin la noble allégorie du Bœuf-Gras, dégénérée en parade si ridicule, qu'il serait bien difficile aujourd'hui de reconnaître, au milieu de toute cette mythologie burlesque, la fête de l'agriculture, mère nourricière de l'humanité.

6° LE MOUTON.

Naturellement timide et doux, ce ruminant, plus que tout autre, a besoin de vivre auprès de l'homme; car, exposé sans cesse à la voracité des loups, il n'a pour sauvegarde ni force, ni ruse, ni vitesse. Ses colonnes grêles lui refusent tout moyen de fuir, et ses cornes, contournées en spirale, ne peuvent guère lui servir de défense. La brebis elle-même, pour protéger son agneau, n'a, comme lui, qu'une prière dans sa voix, appelée bêlement.

Les plaines sablonneuses des régions tempérées sont la véritable patrie du mouton; il les préfère aux prairies, car il craint surtout l'humidité. Seul, il a le double avantage de concourir à notre nourriture et à notre vêtement. Sa chair est moins substantielle, il est vrai, que celle du bœuf; mais elle convient à tous les âges, à tous les tempéraments et dans toutes les saisons, surtout en été. Sa graisse est le plus blanc, le plus ferme, le plus abondant de tous les suifs; il est le plus estimé pour la fabrication de la chandelle, industrie qui naquit après les croisades. La chair de l'agneau, si goûtée autrefois à Jérusalem, à Athènes et à Rome, est légère et agréable, mais peu nutritive. Celle de la brebis est dure et visqueuse; elle fut prohibée dans l'antique Égypte. Le lait de la brebis est très-savoureux; il donne en petite quantité un beurre fort délicat, et il est très-propre à former,

seul ou mêlé à d'autres laits, différentes sortes de
fromages, parmi lesquels celui de Roquefort (Aveyron) est si réputé depuis tant de siècles.

La peau de mouton fut le premier vêtement des
hommes, elle sert.à faire une espèce de cuir pour
gants et reliure; elle constitue le parchemin. Employé déjà du temps de Cicéron, le parchemin fut
surtout bien nécessaire à cette époque du Moyen-
Age où l'Europe, privée de papyrus, ne connais-
sait pas encore le papier.

Les intestins du mouton servent plus spécialement à faire des cordes harmoniques. C'est surtout de ses os qu'on extrait le phosphore. Mais la
principale richesse de la race ovine est sa toison
qu'on dépouille deux fois l'an. C'est la laine, qui,
débarrassée de son suint et soigneusement pei-
gnée, alimente les manufactures de draps, de fla-
nelle et de mille tissus divers.

La plus belle espèce de mouton pour la production de la laine est le mérinos. Ce mouton, originaire de la Barbarie, passa d'abord en Espagne,
sous les auspices de don Pedro, roi de Castille;
plus tard en France, par les soins du célèbre Daubenton; enfin dans la Saxe, dont il est aujourd'hui
peut-être le plus beau produit. ·

Édouard III l'introduisit, dès le XIVe siècle,
en Angleterre, où il fut singulièrement favorisé
sous les règnes d'Henri VIII et d'Élisabeth. Toutefois, par le changement de climat, sa laine devint

plus longue, mais moins fine. En même temps, des ouvriers habiles furent demandés aux manufactures étrangères, surtout à celles de Bruges déjà très-florissantes, et les tissus anglais furent bientôt fort recherchés. Charles II, par un acte encore en vigueur jusque dans ces derniers temps, ordonna d'enterrer les morts dans un linceul de laine, afin d'assurer ainsi la protection forcée de chaque habitant de l'Angleterre pour cette branche d'industrie; et c'est aussi afin de rappeler sans cesse à la nation de quelle importance est pour elle ce produit, que dans la chambre des lords un sac de laine sert de siége à l'orateur, qui est ordinairement le lord chancelier.

En France, la race ovine s'est beaucoup améliorée sans doute, et dans quelques départements on dépouille des laines d'une grande beauté; mais nos laines superfines sont encore très-rares, et le prix de nos laines communes est trop élevé. Nous devons surtout regretter que notre pays soit si pauvre en laines propres au peigne, qui sont indispensables pour la fabrication de ces innombrables étoffes rases, qu'on appelle mérinos, alépines, etc., et qui sont devenues pour l'Angleterre un immense produit. La filature de la laine a fait plus de progrès; elle répond mieux aux besoins de nos manufactures de draps, parmi lesquelles Elbeuf, Sédan, Louviers et Castres tiennent toujours le premier rang.

Dans le langage ordinaire, l'agneau est l'emblème de la douceur, et la brebis est l'emblème de l'obéissance. Dans la langue mystique, l'agneau est le symbole du divin Rédempteur, et la brebis est l'image des âmes rachetées.

7° LA CHÈVRE.

La Chèvre, femelle du bouc, est, de nos ruminants domestiques, le plus facile à nourrir. Les herbes les plus communes lui suffisent, en effet ; les plantes vénéneuses même semblent prendre pour elle des propriétés alimentaires.

Elle se distingue, au premier aspect, par ses cornes ridées et sa longue barbe, par sa taille plus petite et plus svelte que celle de la vache, plus musculeuse et plus élevée que celle de la brebis. Son organisation a le privilége d'être à la fois légère et robuste. Ses membres souples et vigoureux ne sont chargés ni de graisse, ni de chair. Sa laine droite et couchée ne laisse pas de prise aux buissons, tandis que son sabot, concave et fendu, saisit le roc et s'y tient. Capricieuse et vagabonde, elle se soumet difficilement à la discipline du troupeau ; libre, elle se plaît aux lieux les plus arides et les plus escarpés ; elle aime à se suspendre hardiment aux bords des précipices et à bondir tout à l'aise sur la crête des rochers. Sa couleur ordinaire est le noir ou le blanc. Née sous un climat sec et chaud, elle craint le froid et l'humidité. Sa vie ne dépasse guère quinze ans. Ses petits portent le nom de chevreaux.

Son lait est moins nutritif sans doute que celui de la vache et moins propre à faire du beurre; il est toutefois fort utile dans les fromageries. Il convient surtout à l'allaitement des nouveau-nés, dont la chèvre peut même d'autant mieux devenir la nourrice, que les moindres caresses la rendent confiante et familière. Mais, à toutes ses qualités s'ajoute, il faut l'avouer, un inconvénient grave: sa dent est meurtrière pour les bourgeons des vignes et l'écorce des arbustes. Aussi la chèvre doit-elle être soigneusement écartée des jardins et des taillis. Les dégâts que bien vite elle y cause expliquent, sans les justifier cependant, les dispositions restrictives édictées dans plusieurs de nos anciennes Coutumes, qui sont tombées, du reste, en désuétude.

La chèvre offre de nombreuses variétés, parmi lesquelles nous devons citer celle d'Europe, que recommande l'abondance de son lait; celle d'Angora, qui se distingue par ses cornes en spirale, sa toison fine, sa taille avantageuse; celle de Cachemire, aux oreilles pendantes, si estimée pour la belle toison soyeuse qu'elle produit tous les ans; enfin celle d'Afrique, si remarquable par sa gentillesse et sa vivacité. La chèvre manquait à l'Amérique; elle s'y est aujourd'hui propagée.

Sa chair, qui était mangée dans la Grèce, n'est

pas agréable, et celle du bouc a une odeur forte et repoussante; mais celle du jeune chevreau n'est pas dédaignée, même des gastronomes. Son suif fait d'excellentes chandelles; sa laine, plus ou moins précieuse, peut être tissée; et les Hébreux la tondaient déjà dans la Palestine; sa peau, souple et douce, sert pour chaussure de dames, pour maroquin; sa corne est employée dans les fabriques de colle forte.

La chèvre trouva plus que des soins chez tous les peuples de l'antiquité. Les Égyptiens, pour la récompenser d'avoir, sous le nom d'Amalthée, servi de nourrice à Jupiter, la placèrent au firmament, dans la constellation du Cocher. Chez les Grecs, dans les grandes circonstances, elle était une victime de choix. Ainsi, au moment de livrer la bataille de Marathon, qui allait décider peut-être de tout l'avenir de la Grèce, les Athéniens promirent de sacrifier à Diane autant de chèvres qu'il y aurait de Perses mis hors de combat. Mais la victoire fut si sanglante, que l'accomplissement de leur vœu devant épuiser les troupeaux de l'Attique, on réduisit l'holocauste à cinq cents. Le bouc, au contraire, fut mal venu partout et abhorré; en Égypte seulement, le souvenir du Dieu Pan le sauva de l'aversion universelle. Dans le rite mosaïque, tous les ans, un bouc désigné par le sort était jeté au désert, chargé des imprécations et des péchés d'Israël: c'était le bouc émissaire.

Dans les livres saints encore, le bouc est l'emblème des réprouvés.

La chèvre était commune chez les Hébreux, qui déjà savaient utiliser sa toison. Au Moyen-Age, on l'élevait en grand, et elle était soumise à la dîme. Mais les dommages qu'elle occasionne, quand on la laisse en liberté, firent restreindre peu à peu son éducation. Espérons aujourd'hui que le Code rural, en accordant aux intérêts agricoles la garantie qu'ils réclament, n'oubliera pas cependant que la chèvre est la *vache du pauvre*. Espérons surtout que des soins intelligents et soutenus pourront en améliorer l'espèce ou même acclimater la chèvre cachemirienne, cette richesse de l'Orient. C'est à Kilghiet, dans le district de Loudak, et à vingt journées de Cachemire, que se tient le grand marché des laines destinées à la fabrication de ces tissus moelleux, presque aussi recherchés des Européens que des Orientaux. Chaque chèvre ne donne guère en première qualité qu'un demi-kilogramme de laine, c'est-à-dire la quantité suffisante pour un châle. Quoique cette livre de laine ne se vende que 7 fr. 50 c., et que le salaire de l'ouvrier ne soit que d'environ 15 c. par jour, cependant, par suite du lavage, de la teinture et du tissage, par suite aussi des droits de fabrication et de transport, le prix s'en élève considérablement. Mais, si le châle espouliné indien est le triomphe de la main-d'œuvre et de la patience, le châle découpé européen est le chef-d'œuvre de la mécanique et de l'art. L'industrie française des châles est aujourd'hui sans rivale en Europe. On peut même dire qu'il n'y a pas un beau dessin de l'Inde qui ne soit parfaitement imité, et qu'il n'y a point de tissu d'Orient dont on n'égale la finesse. Or, les châles français coûtent 7 à 800 fr., tandis que les originaux ont coûté 6 à 7,000 fr., et cependant l'œil le plus exercé ne pourrait, au droit sens, les distinguer.

8' LE PORC.

Parmi les animaux tributaires de nos besoins, le porc est un des plus faciles à nourrir; et, quoique son utilité ne commence, pour ainsi dire, qu'après sa mort, il n'en est pas moins un des plus précieux de l'économie champêtre, car tout est produit dans sa dépouille.

Son corps est lourd, son allure gênée, ses mouvements disgracieux; sa peau dure est garnie de soies roides et longues; ses yeux sont petits, et le paraissent d'autant plus que ses oreilles sont grandes et qué son nez se prolonge en boutoir. Une graisse spéciale, différente de celle qui se trouve mêlée à sa chair, le recouvre en entier, formant sous la peau une couche épaisse et distincte appelée *lard*.

Le porc a le toucher très-obtus, mais le flair très-délicat. De son museau, nommé grouin, il peut fouir le sol et en arracher les plus fortes

·racines; sa voix, habituellement grave, grondeuse, éclate parfois en cris pénétrants, surtout quand il est jeune. Il mange quelquefois ses propres petits et les enfants nouveau-nés. Dans sa gloutonnerie brutale, il s'accommode indifféremment de toute sorte d'aliments, et même de ceux qui rebutent les autres animaux. Mais cette immonde voracité n'altère pas la qualité de sa chair qui, cependant, acquiert plus de saveur et de fermeté, lorsqu'il est nourri de glands, de son, de fougère. Avec la propreté, le repos et une abondante nourriture, il devient bientôt gras, et peut peser alors jusqu'à 500 kilogrammes. Malheureusement son éducation est comme abandonnée à la routine et, sous prétexte qu'il se plaît dans la fange, on ne se donne guère le soin de le laver. Cependant il n'est réellement sale que parce qu'on le néglige, et ne se vautre dans la boue humide que pour s'y rafraîchir.

Sa maladie la plus commune est la *ladrerie*, déterminée par la présence d'un petit ver qui se développe dans sa graisse et s'y multiplie. Sa vie, qui serait de quinze ou vingt ans, n'arrive jamais à ce terme, parce qu'on le livre bientôt à la consommation. Cette consommation est énorme sans doute, mais ne compromet pas l'espèce; car la truie, d'après les calculs de Vauban, peut avoir un nombre étonnant de petits.

Le porc offre une chair très-nutritive, et sa graisse est pour les légumes un assaisonnement

fort estimé. Personne n'ignore, du reste, les différentes formes et dénominations sous lesquelles le
charcutier débite sa chair fraîche, fumée ou salée,
ainsi que son sang, ses intestins et ses viscères,
ses pieds et ses oreilles, sa langue et sa tête, sa
graisse et son lard.

On fait des cribles de sa peau, qui peut aussi
être tannée. Ses soies servent à faire des brosses
et des pinceaux, et à guider le fil du cordonnier.

Le porc appartient aujourd'hui à presque tous
les points du globe, mais il préfère les climats
tempérés. Transporté en Amérique par les Européens, il y est, dans quelques localités, redevenu
sauvage, c'est-à-dire sanglier. La race chinoise est
la plus fine et la plus recherchée.

En Égypte, en Arabie et en Palestine, un simple précepte d'hygiène, revêtant le caractère et la
force d'une loi religieuse, défendit l'usage de sa
chair, qui convient peu, en effet, dans les climats
brûlants. L'espèce elle-même y dégénère, car le
porc aime les bois et le frais, ne supportant qu'a-
vec peine les ardeurs de la soif et du soleil.

Cet aliment fut à Rome fort goûté, surtout à
l'époque des Empereurs; et l'on sait que le cuisinier d'Antoine fut doté d'une ville, pour avoir su
satisfaire à cet égard le goût du triumvir. Une des
manières les plus somptueuses de l'apprêter reçut
le nom de *troyenne,* par allusion au cheval de bois
dont l'intérieur était rempli de combattants. Le

porc alors était servi tout entier, mais farci de grives, de bec-figues, d'huîtres, et arrosé du vin le
plus délicieux, du jus le plus exquis.

Ce fut aussi le mets fondamental des Gaulois et
des Francs, qui en avaient des troupeaux considérables. La loi Salique consacrait à cet animal domestique des dispositions toutes particulières, et
cette sorte de dîme constituait le plus important
revenu des églises. Longtemps même, on vit les
porcs vaguer dans les rues pêle-mêle avec les
oiseaux de basse-cour. Mais, en 1131, le prince
.Philippe, que Louis-le-Gros, son père, avait associé
à la couronne, étant mort d'une chute causée par
un pourceau qui s'était embarrassé dans les jambes de son cheval, ce droit de libre circulation
pour les porcs devint un privilége exclusif à ceux
de l'abbaye de Saint-Antoine, sous la condition
toutefois qu'ils porteraient au cou une clochette.
L'histoire ne dit pas si ce pourceau fut traduit en
justice; d'où résulte peut-être que l'usage singulier d'instruire des procès contre les animaux malfaisants n'existait pas encore. Mais nous voyons,
en 1386, une truie pendue à Falaise pour avoir
déchiré un enfant, et huit ans après, un porc également pendu à Romagny (Manche) pour le même
méfait. Pour terminer enfin par un souvenir étrange, nous devons surtout citer le fameux ballet et
le concert plus fameux encore exécutés par des
pourceaux qui surent distraire un moment et

même égayer Louis XI au château de Plessis-les-Tours.

Quoi qu'il en soit, le porc est encore aujourd'hui la principale nourriture de la plupart des habitants de nos campagnes; et, dans plusieurs de nos cités, ce n'est pas seulement pour la classe ouvrière qu'il est une grande ressource, puisque sur divers articles de charcuterie repose en partie l'illustration commerciale de Bayonne, Strasbourg, Lyon, Troyes, Mortagne, Sainte-Menehould. A Paris, la foire aux jambons, rendez-vous des meilleurs produits de la France, de l'Italie, de l'Angleterre et de l'Allemagne, est une des plus productives et des plus animées. Toutefois, et quelque saine que paraisse la chair de porc, il est essentiel de n'en faire usage que lorsqu'elle est parfaitement cuite. En effet, elle peut être infectée de deux animalcules microscopiques très-redoutables : la *trichine* et le *cysticerque*. (1)

9° LE LAPIN.

Entouré de périls et n'ayant que la fuite pour sauvegarde, le lapin se trouve plus disposé par cela même à la domesticité. Il ne diffère guère du lièvre que par ses plus petites proportions, et fut comme lui, chez les Anciens, le symbole de la peur. Sa vie, en effet, qui comprend à peine huit

(1) Voir ces mots aux notes explicatives.

ou neuf ans, n'est pour ainsi dire qu'une alternative d'inquiétudes sans cesse renaissantes et bien vite oubliées. Mais tandis que le frôlement d'une feuille l'épouvante, il se plaît au contraire au pied de ces cratères mal éteints de l'Italie où les convulsions du sol glacent d'effroi l'homme lui-même.

Il boit rarement et ne peut supporter l'humidité. Il se creuse avec adresse des galeries souterraines ou terriers, et s'y ménage en tout sens des orifices, afin que le vent, quelle que soit sa direction, vienne l'avertir du danger.

Alerte dans ses excursions, il dresse la tête au moindre bruit, et il explore l'air, ne remuant que ses oreilles, qui, très-mobiles et allongées en cornet acoustique, sont merveilleusement propres à recueillir le son. Quand il veut fuir, il détend tout d'un coup ses pattes élastiques, et fait des bonds prodigieux, franchissant ainsi comme une flèche les haies et les ravins.

Plus vigilante encore et moins timorée, la femelle donne presque toujours la première le signal de la retraite ; mais elle ne rentre au gîte qu'après ses lapereaux. Sa fécondité est extrême ; et elle devait l'être, pour compenser tous les dangers qui menacent la famille. Parmi ses nombreux ennemis citons : le loup et le renard, qui le prennent à la course ; la fouine et le furet, qui l'atteignent au fond de son terrier.

Toutefois, la propagation du lapin peut devenir

comme un fléau dans les localités qui lui conviennent. Strabon rapporte que les habitants des îles Baléares, n'osant pas y, mettre obstacle, par un scrupule religieux qui leur était commun, d'après César, avec ceux des îles Britanniques, furent réduits à supplier l'empereur Auguste de les sauver d'une ruine complète. Mieux avisés, les insulaires de Basillazo s'en délivrèrent en se faisant assister seulement d'un bon nombre de chats.

Cette famille doit donc être maintenue dans certaines limites, car il ne faut pas que les récoltes soient détruites ni les bois compromis. Mais ce serait une méthode tout aussi désastreuse que d'exterminer par une guerre à outrance une espèce qui nous est doublement utile par sa chair et par sa dépouille.

On élève le lapin dans une garenne ou dans un clapier. La garenne est un enclos où il peut vivre dans un état presque sauvage; le sol doit en être incliné vers le soleil et tapissé de plantes aromatiques. Le clapier est un local qui lui est réservé dans nos basses-cours, et qu'il importe surtout de bien distribuer. Le premier mode, éloignant peu le lapin de ses habitudes naturelles, lui conserve aussi toutes ses propriétés. Mais le second les lui fait perdre, ou du moins les modifie profondément. Car, placé désormais sous la main de l'homme, le lapin n'a plus à s'inquiéter ni de sa nourriture, ni de la sûreté de ses petits; il ne songe

plus à se préparer un asile dont il n'a pas besoin;
il ne sait plus courir, sa marche même est difficile; et comme si ses oreilles n'avaient plus de
fonctions à remplir, il les laisse indolemment éten-
dues sur le dos, ses ongles si forts grattent à peine
la paille ou le gazon, et à mesure qu'il devient gros
et gras, il prend sa captivité en patience et presque en affection. Sa chair enfin n'a plus la même
saveur, à moins qu'on ait l'attention de mêler à ses
aliments du thym, de la marjolaine ou du serpo-
let. Quand l'animal est nourri de choux, sa chair
est fade et le fumet en est rebutant.

Originaire de l'Afrique peut-être, mais assurément des pays chauds, le lapin, du temps de Pline,
n'était connu en Europe que dans la Grèce et dans
la péninsule Hispanique, où il abonde encore aujourd'hui. Bientôt après, il passa d'abord en Italie
et en France, puis successivement dans presque
toutes les parties du globe, et jusqu'en Amérique.
Sa chair, blanche, tendre et saine, fut frappée d'in-
terdiction par la loi de Moïse, comme elle est encore prohibée par la loi de Mahomet. Ce qui s'explique peut-être par le motif qu'en certain cas,
elle ne serait pas sans danger. (1) Toutefois la principale richesse du lapin réside dans sa fourrure,
qui, généralement grise et quelquefois noire ou
blanche, est d'un grand produit pour le commerce

(1) Voir *Tœnia* aux notes explicatives.

et pour l'industrie. Elle forme notamment la matière première des chapeaux. Et c'est ici le lieu de regretter que la France, autrefois si riche sous ce rapport, soit forcée de voir aujourd'hui ses fabriques de Paris et de Lyon tributaires de l'étranger pour des sommes considérables. Le lapin d'Angora est presque toujours blanc; sa chair n'est pas très-agréable , mais sa fourrure soyeuse et ondoyante est, de toutes, la plus belle et la plus recherchée.

10° LE RAT.

Le genre rat est très-nombreux en espèces. Quelques-unes, depuis longtemps, sont, pour ainsi dire, devenues domestiques. D'autres habitent les champs, et n'y sont pas moins nuisibles pour les récoltes, que ne le sont, pour les denrées et pour les étoffes, celles qui vivent en parasites dans nos maisons. Il importe surtout de connaître le *rat commun* et la *souris*.

Ces deux variétés offrent de si légères différences que, dans une étude qui ne doit pas être trop scientifique, on peut ne pas les séparer. Sans doute, la rat est plus volumineux, plus fort, plus vorace, plus hardi; sans doute, la souris est d'une nuance grise plus agréable; sa robe est plus douce, sa taille plus svelte, ses mouvements plus vifs et plus gracieux; mais leurs mœurs sont à peu près les mêmes.

Le rat et la souris sont essentiellement rongeurs

et boivent fort peu. Quoique nocturnes, ils ne s'engourdissent pas dans les hivers les plus rigoureux; leur température propre reste même très-élevée. Le jour, ils se tiennent cachés dans les greniers, dans les caves, derrière les boiseries, ou bien, au fond des trous qu'ils creusent à travers les poutres et les murs. Le soir, ils en sortent pour parcourir les autres parties de la maison, et leurs dégâts se portent de préférence sur les grains, la farine, le pain; le lard, la laine, le linge, les meubles. Le rat seul attaque quelquefois les pigeons, les poulets et les lapereaux. La fécondité de ces deux rongeurs serait vraiment menaçante, s'ils n'avaient notamment pour ennemis l'homme et le chat. Cependant ils pullulent parfois en si grande proportion qu'ils affameraient bien vite un pays, si la faim ne les poussait eux-mêmes à s'entre-dévorer. L'histoire rappelle, par exemple, que les insulaires de *Gyaros* et les habitants d'*Abdéra* furent mis en fuite par une invasion de rats; aujourd'hui encore, pour en débarrasser un vaisseau, on n'a souvent d'autre moyen que l'immersion. On les apprivoise facilement, et, pour preuve ici, nous pourrions citer l'infortuné Latude, oubliant sa longue captivité au milieu d'une famille de rats, et Mme de Montespan se consolant de ses peines avec ses six petites souris blanches attelées à un carrosse en filigrane.

Originaire des climats tempérés, le rat et la

souris ont été répandus par le commerce maritime dans toutes les contrées du globe, et ils y abondent d'autant plus que le pays est plus fertile et plus riche. Aussi, dès les temps les plus anciens, l'Égypte en fut-elle infestée, et les animaux qui leur faisaient la chasse furent-ils placés sous la sauvegarde des lois civiles et religieuses.

A Rome, le rat était regardé comme prophétique. Un seul de ses cris suffisait pour rompre et annuler les auspices, et il n'en fallut pas davantage à Fabius Maximus pour abdiquer la dictature, et à Caius Flaminius, général de la cavalerie, pour se démettre de sa charge. Sous les empereurs, il contribuait, pour sa part, aux divertissements publics; Héliogabale en fit même combattre dix mille dans le cirque destiné aux gladiateurs. Ils étaient d'autant plus nombreux qu'à Rome il n'y avait point de chats.

Les Chinois et les insulaires des archipels polynésiens mangent la chair du rat. Il s'en est fait une prodigieuse consommation aux États-Unis dans la sanglante guerre du Nord et du Sud, ainsi qu'à Paris durant le dernier siége.

Parmi les souvenirs historiques auxquels se lie le nom du rat et de la souris, nous citerons la victoire de Séthon sur les Assyriens, qui ne purent se défendre, parce que les rats avaient mangé les cordes de leurs arcs; le siége de *Casilinum* par Annibal, où la disette fut si forte qu'un rat se vendit six cents francs; un des loisirs singuliers de Louis XI, qui se plaisait à voir combattre de petits chiens contre des rats dans un cirque à Plessis-les-Tours; le siége d'Arras, où un soldat français sut corriger, par un heureux à-propos, l'inscription injurieuse de Maximilien (1); l'usage autrefois adopté par les habitants de la Virginie, qui portaient, en forme de boucles d'oreilles, de petites souris blanches parfumées; le fameux plaidoyer de Chasseneux, dont le président de Thou parle avec éloge, et qui fut prononcé en faveur des rats accusés de ravager les environs d'Autun.

II. OISEAUX.

Le caractère propre des oiseaux est de naître sous forme d'œuf, et d'avoir des plumes pour vestiture.

Nous devons à cette classe la poule, le dindon, l'oie, le canard, le pigeon et le paon, qui, du nom même de leur habitacle, sont appelés *oiseaux de basse-cour.*

1° LA POULE.

La Poule, par son extrême fécondité, par l'excellence de ses œufs et la délicatesse de sa chair, forme, chez tous les peuples civilisés, la principale richesse des basses-cours. Elle ne demande à l'homme, pour ainsi dire, qu'un abri contre le

(1) Voir le mot *rat* aux notes explicatives.

renard et les oiseaux de proie, n'ayant, en effet, ni des ailes assez puissantes pour fuir, ni des armes convenables pour se défendre. Elle est, du reste, si facile à nourrir, qu'avec elle rien n'est perdu. Ses ongles grattent sans cesse le sol et le fumier pour y chercher des grains ou des vermisseaux, et son bec se darde avec tant de vitesse que l'insecte ailé lui-même ne peut l'éviter. Elle a pour les mûres et les cerises une préférence marquée; mais elle s'accommode de toute sorte d'aliments, et sa force digestive est un des faits les plus curieux de la physiologie. Quand elle boit, elle emplit son bec d'une certaine quantité d'eau et lève la tête pour l'avaler.

Son plumage est simple et de couleur variée, sa voix est une espèce de caquetage continuel, son allure est vive et pétulante. Quoiqu'elle s'associe sans peine aux autres gallinacés, elle ne tolère pas volontiers leur présence dans le poulailler, qu'elle veut propre et aéré.

Elle est faible et, par conséquent, craintive. Mais les devoirs maternels viennent bientôt modifier complètement son caractère. Admirablement assidue auprès de ses œufs, elle ne les quitte qu'à regret pour prendre un peu de nourriture; et lorsque ses poussins sont éclos, sa sollicitude, se distribuant aux moindres soins, ne s'occupe plus que de leur bien-être. Son regard alors est si pénétrant et si mobile, qu'elle aperçoit à la fois, au sein de la terre, le petit ver qu'elle leur abandonne et, dans le haut de l'air, l'oiseau rapace qu'elle ne redoute plus que pour eux; car, intrépide par tendresse, elle se précipite au devant du danger, et parfois cette audace inattendue déconcerte l'épervier. Mais aussi, qu'elle est heureuse, lorsque les tenant recueillis sous ses ailes, elle les entend piauler d'aise et de joie, qu'elle les sent se jouer sous cette arche douce et chaude, qu'elle les voit passer leur petite tête entre ses pennes et regarder ainsi au dehors comme par une croisée !

La poule est si bonne couveuse qu'on lui confie souvent des œufs étrangers. Elle en produit elle-même en si grande abondance (1) qu'on a dû songer à un mode de couvaison artificielle. Les Égyptiens, dès la plus haute antiquité, eurent le secret de construire des fours où ils faisaient éclore à la fois cinquante mille poulets. A ce secret perdu, l'Europe a substitué plus tard, particulièrement depuis Réaumur, d'autres moyens d'incubation; mais ces procédés sont trop coûteux pour être employés dans l'économie domestique; à moins que, selon l'ingénieuse application qui en est faite à *Chaudes-Aigues*, on n'utilise ici les eaux thermales. (2)

La chair de tous les individus de cette famille, surtout de ceux qui, sous le nom de poularde et

(1) Voir le mot Poule aux notes explicatives.
(2) Voir notre *Géographie*.

de chapon, sont spécialement destinés à être engraissés, est un aliment sain, léger, agréable, réparateur. C'est un mets qui, pour être succulent, n'a pas besoin de l'art de nos Apicius, quoiqu'il s'y prête merveilleusement. Les œufs surtout sont préparés de mille façons, et la consommation en est prodigieuse; car personne aujourd'hui ne partage les scrupules de *Pythagore*, qui croyait, ainsi que ses disciples, devoir s'en abstenir. Pour conserver les œufs, même en été, il suffit de les immerger durant une minute dans de l'eau bouillante. La mince membrane qui enveloppe l'*Albumine* (blanc d'œuf), en se coagulant, ferme hermétiquement tous les pores de la coquille. Dès lors, il est impossible que la substance de l'œuf s'évapore ou se décompose, car l'albumen ne peut pas plus sortir que l'air ne peut entrer.

Aujourd'hui, la poule se trouve presque partout à l'état domestique, et presque nulle part à l'état sauvage. On croit qu'elle est originaire des Indes-Orientales, où son plumage est plus beau, sans que sa chair y soit meilleure. Les *Déliens*, les premiers, eurent l'idée de l'engraisser; et cette fureur devint telle à Rome, que ce fut un des principaux abus frappés par les lois somptuaires.

Sa plume est l'édredon du laboureur et de l'ouvrier; mais les plumassiers, qui la trouvent trop molle, n'emploient guère que celle du coq.

Le coq, plus grand et plus orné que la poule,

se distingue aussi par la fierté de son regard et la noblesse de son port. Son bec est épais et robuste ; ses pattes portent de longs éperons. Sa tête est surmontée d'une crête charnue, rouge et festonnée, que remplace quelquefois une aigrette élégante et touffue, tandis que de sa queue verticale, formée de grandes plumes recourbées, s'élèvent deux pennes plus grandes encore qui dominent les douze autres, et, comme elles, retombent en courbes gracieuses. Le coq est soigneux de sa parure. Il chante la nuit comme le jour ; aussi les Sybarites le bannirent-ils de leur ville, afin de n'être pas troublés dans leur sommeil. Longtemps il fut dans les cités, comme il est encore dans les campagnes, l'horloge du matin ; et c'est à ce titre seulement que la loi musulmane permet au meunier d'avoir un coq, tandis qu'elle lui défend d'élever d'autres oiseaux de basse-cour, de peur qu'il ne les nourrisse du grain même qu'il est chargé de mettre en farine.

La mythologie adopta le coq comme le symbole de la vigilance ; le blason, pour emblème de la valeur ; et la Gaule antique le porta sur ses enseignes, comme la France naguère sur son drapeau.

On ne peut méconnaître que, par son caractère, le coq semble personnifier l'idée de *vaincre ou mourir ;* car il ne souffre jamais de rival, et l'empire est toujours pour lui le prix de la victoire. Aussi le dresse-t-on facilement pour les combats, et ces joûtes sanglantes, auxquelles Pergame, Athènes et Rome applaudirent tour-à-tour, furent un des passe-temps de⋅ la vieille Angleterre, et font encore, de nos jours, les délices des Chinois. De tels faits sont affligeants, sans doute, et doivent se retirer enfin devant les progrès de la civilisation.

Le coq nous rappelle la faiblesse de saint Pierre, qui lui fut si affectueusement pardonnée ; la parole dernière de Socrate, qui semble remercier Esculape d'être guéri d'une vie qu'on lui avait faite si amère ; la bravade de Zennequin, qui fut noblement châtiée par la victoire de Cassel. Le poulet reporte notre souvenir sur l'épigramme burlesque de Diogène contre l'homme de Platon ; sur le rôle prophétique des oiseaux sacrés que Rome consultait avec tant de foi. La poule, enfin, ne nous permet pas d'oublier combien Henri IV désirait que fût amélioré, sous son règne, le régime alimentaire des classes pauvres.

2° LE DINDON.

Le Dindon se distingue des autres oiseaux de basse-cour par des caractères individuels. Son bec est robuste et recourbé ; ses pattes sont longues, ainsi que son cou ; sa taille cependant ne manque pas d'élégance. La belle couleur pourpre de sa cravate et de ses caroncules varie seule l'uniformité de son plumage noir ou blanc. Son port, il est vrai, parait humble et son regard craintif, et, jusque dans le cri qu'il répète sans cesse, il semble regretter encore ses immenses forêts canadiennes, où il se montre, en effet, avec tant de splendeur. Mais, quoique chétif et presque attristé dans notre Europe, il ne mérite aucunement l'épithète de stupide. Il est, au contraire, très-vif; et, dès qu'il est impressionné, il change bien vite de maintien, relevant avec fierté sa tête et disposant sa queue en éventail. Il a d'ailleurs tout l'instinct nécessaire à sa conservation comme au bien-être de sa famille. La dinde surtout, intelligente pour nourrir et diriger ses poussins, est, pour les défendre, impétueuse et déterminée. Sa ponte est nombreuse, et ses œufs sont préférés à ceux de poule pour les gâteaux. Mais on les lui laisse en général; car elle est naturellement si bonne couveuse, que lorsqu'on les lui enlève, il faut, pour la satisfaire, lui en substituer au moins le simulacre.

Le dindonneau demande beaucoup de soins dans les premiers moments de sa vie. Pendant deux mois même, il a besoin de trouver sous les ailes de sa mère une chaleur égale à celle qu'il recevait dans sa coquille. Il exige beaucoup d'air jusque dans le juchoir; le soleil ardent lui est presque aussi fatal que la pluie. Comme son éducation serait trop coûteuse, s'il n'était nourri que de grains, on le fait conduire en troupe dans les bois et dans les champs, d'où il revient toujours le gésier rempli de glands, de faînes, de limaces, de vers, de sauterelles. Pour l'engraisser, on le retient captif, et on lui prépare plusieurs fois par jour de la farine d'orge et de maïs.

La chair du dindon est ferme, abondante et savoureuse. Celle de la dinde est encore plus estimée, et c'est elle qui, parfumée de truffes, a la suprématie dans les solennités gastronomiques. Leur plume est trop dure pour être employée dans les arts.

Originaire de l'Amérique du Nord, le dindon y est resté le gallinacé national; il constitue le mets d'honneur dans toutes les solennités gastronomiques. Là, son plumage est toujours noir et sa vie dure dix années.

Il est encore à l'état sauvage dans cet immense territoire qui s'étend des rives du Saint-Laurent à celles de l'Amazone. Apporté en France sous le règne de François Ier, il parut pour la première fois sur la table royale, aux noces de Charles IX, en 1570. Vingt ans après, il était si répandu qu'on le servait déjà dans les festins champêtres. Il forme aujourd'hui, parmi les oiseaux domestiques, une des peuplades les plus nombreuses et en même temps les plus utiles.

3° L'OIE.

L'Oie, dont le mâle se nomme Jars et les petits, Oisons, est un des premiers oiseaux de basse-cour. Si d'autres, en effet, se recommandent par une chair plus savoureuse, par une plus grande fécondité, l'oie fournit à son tour une nourriture plus abondante, une dépouille plus estimée.

Elle est d'une taille avantageuse; quelquefois même elle a du cygne toute la prestance et presque tout l'éclat : sa couleur généralement cendrée, devient blanche vers les flancs et sombre vers le dos; sa marche est pesante et comme embarrassée, car ses pattes palmées sont plus propres à s'appuyer sur l'eau que sur le sol. Souvent elle jette une clameur bruyante et prolongée; mais, quand elle est tranquille, elle murmure des accents plus brefs, et c'est par une sorte de sifflement très-sourd que se manifeste sa colère ou sa frayeur.

Quoiqu'elle aime mieux pâturer que barboter, cependant il lui faut toujours un petit réservoir où elle puisse à loisir nager, se rafraîchir et plonger. Elle accepte avec plaisir l'orge, le maïs et les herbages; mais elle est friande de vers, d'insectes et même de vipères, dont elle s'empare avec adresse. On doit l'éloigner des vignes et des jardins, car elle est avide et dévastatrice. Elle craint le froid et le brouillard; elle aime à voir dans tous les temps son coucher propre et sec, pour être à l'abri de la vermine; et dans son humeur impérieuse, elle veut dominer sur les poules et les dindons, qu'elle maltraite quelquefois.

Son sommeil est léger; sa vigilance, parfaitement secondée par la portée de sa vue et la finesse de son ouïe, n'est jamais en défaut; et le naturaliste s'explique d'autant moins le proverbe qui cite l'oie comme symbole de la stupidité, qu'elle ne manque certes pas d'instinct, et qu'elle est susceptible d'attachement. Coureuse et vagabonde, elle n'oublie jamais le chemin du logis; et, lorsque des compagnes encore sauvages viennent s'abattre près d'elle dans les prairies, elle songe bien moins à les suivre qu'à les retenir, préférant ainsi les assurances paisibles de la vie domestique aux chances aventureuses de la liberté.

Sa vie dépasserait vingt années; mais ordinairement, on tue les oisons après quelques mois, et, comme il en coûterait trop de les nourrir toujours de grains, on leur fait bientôt contracter l'habitude de se rendre en troupe dans les pâturages et sur le bord des étangs, et puis de revenir le soir sans conducteur. A mesure qu'ils prennent de l'embonpoint, leur foie grossit de plus en plus; et, pour qu'il ait à la fois un volume extraordinaire et un goût succulent, on soumet ces malheureux volatiles à un régime atroce, qui a pour résultat de les étouffer, pour ainsi dire, dans leur graisse.

La chair et la graisse de l'oie servent aux mêmes usages que celles du porc: dans la plus grande partie de la France, dans le Midi surtout, chaque famille en fait sa provision; la classe pauvre y trouve une ressource précieuse, et l'opulence elle-même, un assaisonnement très-délicat.

Mais le plus riche produit de l'oie, c'est sa plume, qui, douce et fine, est douée d'une rare élasticité. On l'en dépouille trois fois dans l'année, parce que, sans cette précaution, lors de sa mue, elle irait semant son duvet dans les champs. On ne touche pas aux pennes, qui tombent d'elles-mêmes, lorsqu'elles ont atteint leur complet développement. Ces pennes constituent les plumes à écrire; seulement, comme elles contiennent une substance grasse qui les rend ternes et molles, et qui ne permettrait guère à l'encre de les mouiller, on les rend nettes et sèches en tenant les tuyaux enfoncés quelque temps .dans du sable chauffé. Les ailes garnies de toutes leurs plumes, forment des plumeaux; le luxe et la mollesse se réservent son duvet, pour en former des coussins ou des vêtements à la fois mous, chauds et légers.

Naturellement voyageuse et cosmopolite, l'oie se soumet sans peine à la domesticité; aussi est-elle répandue, et depuis longtemps, dans presque toutes les parties du globe. Mais nous devons spécialement distinguer la variété magnifique qu'on élève dans quelques départements du bassin de la Garonne.

L'oie fut très-recherchée en Egypte, où sa chair était regardée comme un des meilleurs mets. L'épisode fabuleux de Philémon et Baucis prouverait aussi que déjà, dès la haute antiquité, elle se trouvait à l'état domestique dans la Grèce, alors même .que nous n'aurions pas à rappeler encore

l'oie de Lacydes, qui, en retour de son dévouement, reçut de ce philosophe des obsèques tellement somptueuses,.que chacun se demanda si le
disciple d'Arcésilas avait perdu son père ou son
fils. Enfin, on sait le rôle tutélaire que l'histoire
romaine lui prête dans la défense du Capitole, et
par suite avec quelle pompe, chaque année, les
censeurs allaient au temple de Janus chercher une
des oies sacrées, pour la présenter processionnel-
lement à la vénération du peuple. Mais, plus tard
et surtout à l'époque des empereurs, l'oie n'eut plus
d'autre culte que celui des gastronomes, qui l'en-
graissaient avec des figues pour qu'elle fût plus parfumée. Tous les ans, la Gaule en envoyait à Rome
des troupes considérables, qui cheminaient en
caravane. César, qui l'avait rendue populaire en
Italie, rapporte que les Bretons juraient sur l'oie,
quand il pénétra dans leur île. Aujourd'hui, elle a
perdu chez tous les peuples la plupart de ces priviléges; mais partout on la considère comme une
des richesses du fermier.

4° LE CANARD.

Plus petit que l'oie, le canard n'en diffère essentiellement que parce qu'il est plus aquatique. Sa
marche est plus disgracieuse encore, car ses pattes, plus spécialement propres à la natation, sont
plus divergentes et plus palmées; comme aussi

son bec est plus plat et plus dentelé, disposition avantageuse qui lui permet, en tamisant la vase ou le sable, de retenir le moindre vermisseau. Dans sa livrée, que nuancent les plus vives couleurs, on distingue surtout le reflet d'émeraude qui brille sur sa tête, et qu'un collier d'un blanc de neige détache si bien du beau velours pourpré de sa poitrine et de ses flancs.

Le canard demande peu de soins et se fait sans peine à tous les climats, pourvu qu'on mette à sa disposition un étang ou une mare, car l'eau lui est aussi nécessaire que les aliments. Il vit de tout ce qu'il rencontre; mais il préfère une nourriture animale, et n'en prend, du reste, d'aucune sorte, si elle n'est un peu humide. Il mange sans cesse, saisissant avec une extrême habileté les chenilles, les limaces, les araignées, les petits poissons, les jeunes serpents et les crapauds. Il est même si vorace qu'il s'étouffe quelquefois en voulant avaler, tout d'un trait, une grenouille. Très-friand de vipères, il sait en éviter adroitement les atteintes.

Quoiqu'il revienne de l'état domestique à l'état sauvage plus facilement peut-être qu'il ne passe de l'état sauvage à l'état domestique, il ne songe guère cependant à quitter la ferme, quand il y trouve chaque jour un supplément à sa pêche, qui jamais ne lui suffit. Mais il s'éloigne quelquefois du logis, et tombe ainsi sous la dent du renard, qui est, avec la fouine, son plus redoutable ennemi.

La cane donne des œufs meilleurs que ceux de
poule pour la pâtisserie, et propres à leur être
associés encore en omelette; mais ces œufs ont
l'inconvénient de ne pouvoir être mangés à la mouil-
lette, parce que, par l'action de la chaleur, la membrane qui enveloppe le vitellus (le jaune), prend
une consistance solide. A l'époque de la ponte, la
cane doit être surveillée de très-près ou même
confinée dans la basse-cour; car, reprenant alors,
pour ainsi dire, son caractère naturel, elle cherche à pondre au loin dans des retraites igno-
rées. Quelquefois, après avoir disparu durant six
semaines, on la voit revenir, orgueilleuse mère,
amenant avec elle sa nombreuse couvée. Le plus
souvent, comme elle est mauvaise couveuse, on
lui enlève ses œufs pour les confier aux soins
d'une poule, qui est plus douce, plus familière,
plus assidue.

A peine nés et couverts d'un duvet jaune, les
canetons, n'écoutant que leur instinct, courent
droit à la mare, s'y précipitent et s'y jouent, tandis que leur mère adoptive, retenue au rivage
par un instinct contraire, s'agite avec effroi, les
ailes ouvertes et les plumes hérissées, jetant des
cris qu'ils ne comprennent pas. Désormais, en
effet, ils peuvent pourvoir seuls à leur subsistance.
On les engraisse à la manière des oies, et on les
tue dans l'année.

Resté en grande partie à l'état sauvage, le canard se trouve temporairement ou à demeure dans toutes les contrées du globe. Les Chinois surtout sont ingénieux pour l'élever. Les Anglais y attachent aussi beaucoup d'importance. Le canard de la Chine est remarquable par la richesse de ses couleurs et le magnifique panache vert et pourpre qui orne sa tête. Le canard de la Caroline, aussi, est recherché pour l'éclat de son plumage et le goût exquis de sa chair. Cependant le canard commun est, sans contredit, l'espèce la plus profitable, et, par conséquent, celle que préfère le fermier. Sa chair, plus fine et plus délicate que celle de l'oie, paraît avec plus d'honneur sur nos tables. Son foie gras surtout, si estimé des gourmets, forme une branche de commerce fort importante pour quelques-unes de nos cités. L'empereur Paul Ier accorda grâce, dit-on, à un Polonais qui, malgré les distances, trouvait le moyen de lui envoyer de Toulouse, chaque semaine, un pâté de foie de canard parfaitement conservé.

La plume du canard, moins élastique que celle de l'oie, est aussi d'une moindre valeur, quoiqu'elle serve cependant aux mêmes emplois.

Mais, parmi les différentes espèces de canards sauvages, se trouve l'eider, qui fournit le plus doux, le plus léger, le plus chaud et le plus élastique de tous les duvets : l'édredon. L'eider se nourrit de poissons et de coquillages. Il habite les rochers suspendus au-dessus des mers arctiques, et ne quitte pas les régions boréales, qui, privées de toute culture, s'en dédommagent en partie par ce riche produit, si recherché surtout des Chinois. Le duvet du mâle est blanc, mais moins estimé que celui de la femelle, qui est d'un brun rougeâtre, et qu'elle s'arrache elle-même pour en couvrir ses œufs durant son absence. L'eider fréquente les côtes de l'Islande, de la Norwège, de la Laponie, du Spitzberg, du Kamtchatka, du Groënland et du Canada; il vient quelquefois s'égarer jusque sur celles de l'Ecosse.

5° LE PIGEON.

Le Pigeon, plus petit que la poule, est, comme elle, très-répandu; mais une grande partie de l'espèce est restée à l'état sauvage. L'autre partie se distingue elle-même, en pigeons de colombier, qui ne sont que demi-domestiques, et en pigeons de volière, qui sont à l'état complet de domesticité. Toutefois, le pigeon de colombier n'est pas moins fidèle que celui de volière au toit qui l'a vu naître; car c'est là que sont aussi pour lui ses habitudes et ses affections; et si, le jour, cédant à son instinct aventureux, il s'en éloigne jusqu'à des distances considérables, il revient cependant, chaque soir, y reprendre sa place accoutumée.

Le pigeon est d'un gris bleuâtre, nuancé, sous le cou, d'un beau vert doré. Il est propre, inoffensif et timide; il se nourrit de grains, fait une sorte de sieste vers midi, et ne peut supporter la faim plus de vingt-quatre heures. Quand il boit, il ne relève pas la tête comme les autres oiseaux à chaque gorgée, mais seulement à la dernière. Sa voix peu sonore se nomme roucoulement; sa vie dure environ quinze années. Il passe généralement pour le modèle et l'emblème de l'union de famille; il est, en effet, le plus aimant de tous les oiseaux. Par ses mœurs douces et affectueuses, il offre, à celui qui le soigne, un agréable délassement; mais il lui est en même temps d'un très-bon rapport, car sa chair est nutritive, légère et délicate.

Quoiqu'il s'effraye du moindre bruit, il se familiarise sans peine, et nous devons ici surtout nous rappeler les deux pigeons de Latude, qui partageaient si bien sa captivité, lorsqu'ils lui furent ravis si cruellement.

Son vol facile et soutenu le met bien vite à l'abri des oiseaux de proie. La vitesse en a été très-souvent mesurée. Nous citerons une expérience toute récente : 680 pigeons, partis de Bordeaux pour Bruxelles, ont effectué ce voyage avec une vitesse moyenne de 25 lieues par heure (23 juillet 1865). C'est ainsi que le pigeon devient encore fort utile, car le télégraphe électrique est seul un messager plus rapide. Encore le télégraphe ne peut-il transmettre que des signes, des autographes; tandis que le pigeon porte lui-même des objets, avec une sûreté souvent mise à profit non-seulement dans les temps modernes, mais encore à des époques fort anciennes, par exemple, au siége de Modène que bloquait Marc-Antoine.

En 1575, la ville de Leyde ayant dû son salut à ce genre d'estafettes, le prince d'Orange décida que les pigeons qui en avaient rempli l'office seraient nourris aux frais de l'État dans une volière d'honneur, et qu'après leur mort, on les embaumerait pour les conserver à l'hôtel de ville, en témoignage perpétuel de reconnaissance.

La colombe n'est, pour ainsi dire, qu'une variété du pigeon, dont elle se distingue par la blancheur complète de son plumage, par sa forme plus svelte, son allure moins vive, son regard plus doux. La colombe nous rappelle d'abord l'heureux message qu'elle remplit auprès de Noé sur le mont Ararat; mais signalons surtout ces deux priviléges historiques : elle servit de modeste offrande lors de la présentation de l'Enfant Jésus au temple de Jérusalem, et elle est le symbole mystique du Saint-Esprit.

6° LE PAON.

Le Paon est peut-être le plus beau des oiseaux par la majesté de sa taille, l'élégance de ses formes et la splendeur de sa livrée. Tandis qu'il agite gracieusement au-dessus de sa tête une aigrette légère nuancée d'émeraude et d'or, il étale avec orgueil les riches couvertures de sa queue sur lesquelles, par des accidents de lumière que détermine le moindre mouvement, tous les reflets métalliques se montrent et disparaissent tour-à-tour. Rien ne manquerait donc à ce pompeux gallinacé, si sa voix était plus douce, sa patte plus fine, ses tarses plus corrects.

Une sorte de sympathie semble le lier au dindon, avec lequel il a, du reste, les plus grands rapports de conformation, d'habitudes et d'instinct. Il peut supporter les froids les plus rigoureux, quoiqu'il préfère les climats chauds. Il vole assez bien et se plaît sur les lieux élevés, comme s'il craignait de souiller au contact du sol sa magnifique parure. Sa vie est de vingt-cinq à trente ans; la femelle est plus petite et beaucoup moins ornée.

L'Inde est la patrie du paon, qui s'y trouve encore à l'état sauvage. L'Amérique ne le présente, comme l'Europe, qu'à l'état domestique. Il est très-commun dans la Chine. A l'époque de Périclès, il était presque inconnu dans la Grèce, où il fut dédié à Junon. Transporté par Alexandre des bords de l'Indus à Babylone, il passa successivement dans la Perse, dans l'Asie mineure et à Rome. L'orateur Hortensius, l'émule de Cicéron, le fit servir le premier dans un festin, et ce nouveau mets devint bientôt à la mode. Cependant l'époque la plus célèbre pour le paon fut celle de la féodalité. C'était, en effet, dans la préparation de ce noble oiseau que se signalait le savoir-faire du maître-queux. L'adroit cuisinier, au lieu de le plumer, l'écorchait avec soin et le faisait rôtir ainsi, après avoir enveloppé son aigrette de bandelettes qu'il imbibait d'eau sans cesse, afin de la préserver de l'action du feu. Quand le paon était cuit, il le revêtait de sa peau, déployait l'éventail de sa queue, découvrait son brillant diadème, lui dorait les pattes et le plaçait sur la table dans un plat d'argent. La personne la plus qualifiée avait seule le privilége de le dépecer ; elle devait prendre ses mesures de telle sorte qu'il y eût autant de parts que de convives. Souvent, dans l'enthousiasme de la fête, un chevalier prenait les plus téméraires engagements. Alors les plus difficiles promesses devaient être exécutées, car, de tous les vœux, celui du *paon* était le plus solennel et le plus authentique.

Aujourd'hui la chair du paon, qui, selon les vieux romanciers, était la nourriture des preux, est tout simplement dure et sèche, et le paon n'entre dans les basses-cours que comme ornement ; aussi est-il généralement assez rare. Ses plumes sont employées dans les arts. Une des variétés du paon domestique a le plumage tout-à-fait blanc.

Quelque intéressants que soient le rossignol, la fauvette et tous les autres petits artistes du bocage, nous ne pouvons en parler ici que pour signaler les immenses services que nous rendent ces échenilleurs, beaucoup plus habiles et plus alertes que nous pour détruire les larves et les insectes. Si, trop longtemps méconnus, ils furent abandonnés à l'impitoyable convoitise des enfants, cet abus va cesser, car la loi française les prend aujourd'hui sous sa sauvegarde.

III. REPTILES.

Les Reptiles se distinguent essentiellement des autres animaux *ovipares,* par leur tégument écailleux. Leur respiration est volontaire, c'est-à-dire qu'ils peuvent la rendre, à leur gré, plus rapide ou plus lente. Leur température est, par conséquent, variable. L'insertion latérale de leurs pattes rend difficile leur progression sur le sol; car, en général, ils rampent plutôt qu'ils ne marchent. Ils mangent peu, supportent longtemps la privation de toute nourriture, et passent la froide saison dans un état complet d'engourdissement. Ils habitent principalement les contrées chaudes et humides.

L'industrie profite peu de leur dépouille, si l'on excepte toutefois les tortues, qui se recommandent, les unes par la délicatesse de leur chair, les autres par la beauté de leur écaille. L'écaille fut de tout temps un article de luxe. Cette matière cornée, translucide et jaspée de différentes nuances, provient des plaques qui constituent le test de la tortue, mais surtout d'une espèce de tortue marine appelée *Caret*. L'écaille a sur la corne le triple avantage de pouvoir être coupée dans tous les sens, polie et soudée. Elle se ramollit à l'eau chaude comme de la pâte, prend alors toutes les formes et les conserve par le refroidissement. Les tortues des mers équatoriales ont quelquefois des dimensions telles que leur carapace, c'est-à-dire la partie supérieure de leur test, peut servir de pirogue, de baignoire, de toiture. La ville de Pau conserve avec affection le test de tortue qui servit de berceau à Henri IV.

Ne disons qu'un mot du lézard gris de nos murailles, pour le défendre contre ceux qui méconnaissent son utilité. Ce petit reptile, en détruisant un grand nombre d'insectes, protége nos vergers et nos champs, et nous dédommage ainsi largement des minimes dégradations qu'il commet pour se loger.

Quant au serpent, disons seulement qu'il a le triste privilége de rappeler, à la première ligne de l'histoire, la désobéissance de l'homme et son châtiment.

IV. POISSONS.

Le *Poisson* a pour caractère distinctif, parmi les vertébrés ovipares, de respirer par des *branchies,* sorte de poumons qui ne lui permettent pas de vivre hors de l'eau. Sa température est variable; il est muet et ne boit pas.

Les espèces en sont très-nombreuses et très-variées, mais beaucoup moins connues que celles des animaux terrestres, car la plupart des poissons habitent un milieu qui n'est guère accessible à nos observations.

Leur vie est longue et tenace. Ainsi le requin, l'anguille, survivent longtemps à une blessure mortelle; la sole, la sardine, souvent à demi cuites, bondissent encore. Il en est qui vivent de deux à trois siècles : tel fut, entre autres, le brochet de l'empereur Frédéric II, qui, placé par ce prince dans l'étang de Lautern, en 1230, y fut pêché en 1497.

Les poissons se mangent entre eux. Leur fécondité est véritablement prodigieuse : on compte plusieurs millions d'œufs dans une seule morue.

Leur équilibre dans l'eau est d'autant plus facile qu'ils n'ont presque que la densité de ce liquide. Leur mode de progression se nomme natation et s'opère principalement par les mouvements de la queue, les nageoires ayant plutôt pour fonction de maintenir le corps dans sa position naturelle. En général, ils sont pourvus d'un appareil spécial pour augmenter leur volume et devenir plus légers, en aspirant et retenant une certaine quantité d'air. Ils peuvent ainsi s'élever dans l'eau très-facilement, et pour descendre il leur suffit,

en chassant cet air ou en le comprimant, de reprendre leur volume primitif, car leur corps est
par lui-même un peu plus pesant que l'eau.

Les uns ne quittent pas l'eau salée, les autres,
l'eau douce; quelques-uns remontent les fleuves
et les rivières.

Le poisson d'eau douce peut être apprivoisé.
Ainsi le célèbre orateur Hortensius élevait des murènes qui distinguaient sa voix; et, au temps de
Charles IX, il y avait dans le bassin du Louvre
des carpes qui s'approchaient, dès qu'elles étaient
appelées. Cependant, il faut le reconnaître, les
organes des sens sont peu développés dans les
poissons, et leur éducation, toujours lente et difficile, n'offre pas un grand intérêt.

L'action de prendre le poisson se nomme *pêche*.
La pêche se fait principalement *à la ligne* ou *aux
filets*. La ligne est une cordelette à l'extrémité de
laquelle on attache un dard crochu d'acier ou de
fer appelé *hameçon*, auquel on fixe un ver ou un
insecte vivant; car le poisson ne mord point à un
appât qui n'a pas, au moins, l'apparence de la
vie. Les filets sont une espèce de réseau formé
de ficelle ou de corde, dont on proportionne les
mailles au calibre et à la force du poisson. Le
poisson pris au filet n'est pas aussi délicat que
s'il est pris à l'hameçon. En outre, il se meur-
trit et se mutile d'autant plus, qu'il reste plus
longtemps à se débattre dans le filet. Ajoutons en-

fin que la nature du fond n'est pas sans influence sur la qualité de sa chair. Le poisson pêché sur un fond de vase n'est jamais aussi savoureux et salubre que le poisson pêché sur un fond de sable ou de rocher.

C'est ainsi que, chaque année, il sort des fleuves, des rivières, des étangs, une masse considérable de poissons, qui vont porter au loin, dans les cités et dans les campagnes, l'abondance et la variété. Mais l'Océan surtout est pour nous comme un immense vivier, où sont nourries sans frais d'innombrables peuplades de poissons.

L'industrie, sans doute, n'emploie guère encore que l'huile et la peau de quelques-uns d'entre eux, ainsi que la graisse de l'esturgeon appelée ichthyocolle (colle de poisson), et la substance nacrée de l'ablette. Mais l'économie culinaire utilise depuis longtemps la chair des poissons, qui, du reste, est moins nutritive que la viande. Toutefois signalons ici un fait étrange. On laisse mourir le poisson, au lieu de le tuer. Il en résulte d'abord un acte cruel, car le poisson souffre ainsi de sa longue agonie, quoique sa douleur soit muette. Et puis la chair s'en altère sous un double rapport : elle perd un partie notable de sa saveur et tend à se décomposer plus vite.

Les Égyptiens ne mangeaient aucun de ceux qui n'ont pas d'écailles ; la loi de Moïse portait une semblable prohibition. Dans la Grèce, l'usage en était général et répandu. A Rome, durant la période républicaine, on regardait comme efféminés ceux qui mangeaient du poisson; mais, sous les empereurs, ce mets devint l'objet d'une vogue frénétique et d'un luxe ridicule. L'histoire rougit de rappeler : le turbot de Domitius, porté au Sénat pour que ce corps eût à délibérer gravement sur une simple question d'office; l'esturgeon de Sévère, arrivant sur la table impériale, entouré de plus d'honneurs militaires que n'en avait reçu Scipion lui-même après la victoire de Zama; les murènes de Vidius Pollion, nourries de la chair des esclaves que ce patricien condamnait à ce supplice atroce d'une manière si frivole, que l'empereur Auguste, son convive, en fut indigné. La *pisciculture* y était pratiquée très en grand. C'est ainsi que Lucullus fit percer une montagne, près de Naples, pour introduire dans ses viviers les eaux de la mer. La murène était un des poissons les plus recherchés des gastronomes. Elle tint le premier rang dans les repas triomphaux de Jules-César. Une jeune patricienne poussa l'extravagance jusqu'à mettre de riches boucles d'oreille à une murène qui obéissait à sa voix. Aujourd'hui la pisciculture, devenue plus savante, s'occupe de l'empoissonnement de nos rivières et de nos lacs.

Autrefois les villes assez voisines du littoral pouvaient seules profiter du poisson de mer; l'art de le conserver en le salant ne fut, en effet, découvert que dans le xive siècle par Guillaume Beukels, pêcheur hollandais. Ce n'est que depuis cette époque, et surtout au carême, que l'habitant du plus petit village méditerrané voit le commerce apporter jusqu'à lui le hareng, par exemple, et la morue, qui vivent parmi les *baleines* (1) du Nord. Mais ne l'oublions pas, comme première condition hygiénique, le poisson doit être frais. Sa chair est moins salubre, dès qu'on l'injecte de sel ou de fumée. Le phosphore qu'elle contient naturellement la rend excitante. Quoi qu'il en soit, la pêche est la plus grande ressource alimentaire de tous les peuples, après l'exploitation du sol et l'éducation des animaux domestiques.

Signalons en quelques mots un des poissons les plus extrordinaires assurément, le gymnote électrique. C'est, en effet, une espèce d'anguille pourvue d'une formidable batterie qui, d'une seule décharge, peut paralyser un cheval. Le gymnote, qu'on appelle aussi anguille de Surinam, est cylindrique, de couleur sombre, complètement lisse et sans le moindre rayon épineux. Il atteint près de deux mètres de longueur. Sa tête est percée de petits orifices d'où suinte une humeur visqueuse qui communique à sa chair une odeur fétide. Sa batterie électrique longe la partie infé-

(1) Voir ce mot aux notes explictives.

rieure de son corps. Elle est formée d'alvéoles où se rendent des nerfs volumineux.

Dans les premiers siècles de l'Église, le poisson était l'image du baptisé; et chacun sait que le Souverain Pontife porte l'anneau du pêcheur comme symbole du titre dont Pierre fut investi au lac de Génézareth, le jour de la pêche miraculeuse.

Nous n'essayerons pas ici de résoudre l'énigme historique du *poisson d'avril;* remarquons seulement que les poissons ont reçu trois places dans le ciel, où ils forment notamment une des constellations zodiacales, et qu'ils furent souvent employés dans l'art héraldique, qui commit l'erreur d'y comprendre le *dauphin*. (1)

V. INSECTES.

Les Insectes forment la première classe du type des Articulés. Scientifiquement, on les nomme hexapodes (à six pattes), parce que leur caractère distinctif est, en effet, d'avoir trois paires de pattes. Dépourvus de squelette intérieur, ils ont le corps divisé en trois parties bien distinctes: la tête, qui porte la bouche, les yeux et les antennes; le thorax, qui soutient une ou deux paires d'ailes et porte les trois paires de pattes;

(1) Voir ce mot aux notes explicatives.

l'abdomen, qui est composé de segments dont le nombre ne dépasse jamais dix. Ils respirent par des organes spéciaux nommés *trachées*. Ils ne parviennent, d'ordinaire, à leur entier développement qu'en passant par une série de modifications appelées *métamorphoses*. Leurs proportions sont en général très-petites; et cependant par eux s'accomplissent des faits dont l'importance ou l'art étonne souvent l'imagination elle-même.

A cette classe, de toutes la plus étendue, la plus variée et peut-être la plus intéressante, appartiennent l'Abeille et le Bombyx-à-soie.

1° L'ABEILLE.

L'Abeille, improprement appelée mouche à miel, car elle diffère essentiellement de la mouche, est un insecte fort remarquable par son industrie, mais surtout fort précieux par ses produits.

Son corps est velu. Sa lèvre se prolonge en une trompe déliée qui sort d'une gaine écailleuse et qu'elle plonge dans le calice des fleurs. Son corselet, quoique mince, prête un solide point d'appui à ses quatres ailes et à ses six pattes. Son abdomen, formé d'anneaux élastiques, est très-renflé. La délicatesse de son odorat la dédommage de la faiblesse des organes de la vue et du goût. Le toucher, qui est pour elle un des sens les plus importants, réside dans les antennes. L'odorat est le sens qui prédomine, ainsi que l'ouïe.

Elle vit en société, ou plutôt elle se constitue en une famille nombreuse et policée qui porte, ainsi que l'habitation qu'elle se construit elle-même, le nom de *ruche*. La ruche se compose de quelques mâles appelés aussi *faux bourdons*, et de vingt-cinq à trente mille femelles, parmi lesquelles une seule doit produire des œufs. Cette femelle privilégiée a reçu le titre de *reine,* parce qu'elle domine, en effet, d'une manière absolue et sans partage. Mais la déférence obséquieuse de toute la ruche pour elle, n'est réellement qu'une sorte de respect filial; car la reine est seule la mère-abeille. Les autres femelles sont nommées ouvrières, parce qu'elles sont exclusivement chargées de tous les travaux. Mais chacune a pour fonction spéciale d'être mellifère, cirière, artiste ou nourrice; et toutes ces fonctions sont si bien distribuées et si bien remplies, que la ruche est un modèle d'économie, de travail, d'ordre et d'art.

Les abeilles tiennent à faire leur travail dans une profonde obscurité, parce qu'elles ne se croiraient pas en sûreté dans une ruche transparente.

La reine produit des milliers d'œufs et les dépose, chacun, dans une des alvéoles confiées à la surveillance des nourrices. Deux ou trois jours après il en sort un petit ver blanc, sans pattes, qui, nourri avec une admirable sollicitude, tapisse bientôt de soie son alvéole, passe à l'état de nym-

phe et devient abeille au bout de deux semaines.
A sa naissance, la jeune abeille est entourée d'ouvrières qui essuient ses ailes, qui lui infusent une liqueur exquise, qui la soignent enfin et qui la guident, tandis que d'autres nettoient la cellule pour faire place au nouvel œuf que la reine doit encore y déposer.

Quand la ruche trop nombreuse veut se fractionner en essaims, ce qui arrive deux ou trois fois dans l'année, ou bien quand elle a eu le malheur de perdre sa reine, l'inquiétude est grande sans doute, mais il n'y a pas confusion. Une femelle est aussitôt choisie parmi celles qui viennent de naître; et des soins assidus, une alimentation toute particulière, en favorisant son complet développement, l'élèvent ainsi à la dignité de reine.

Des *apiculteurs* sont dans l'usage de faire voyager les ruches elles-mêmes, quand la saison des fleurs est passée dans leurs cantons ou n'est pas encore venue. Cette méthode était mise en pratique chez les Égyptiens, qui formaient ainsi des convois considérables. Les riverains du Pô embarquent leurs ruches sur ce fleuve, et dans les Alpes c'est ainsi que s'obtient l'excellent miel du Mont-Blanc. Du reste, l'abeille ne craint pas de parcourir seule plusieurs lieues pour aller chercher des plantes qui lui conviennent.

La reine et les ouvrières ont une arme dont

le mâle est privé : c'est un aiguillon acéré, dont elles se servent pour l'attaque et pour la défense; souvent même elles le laissent dans la plaie. Cet aiguillon inocule une liqueur irritante, vénéneuse, qui ne serait pas sans danger, si les piqûres étaient nombreuses.

La vie des abeilles est d'environ sept ans. Il en périt beaucoup chaque année : les unes, de mort naturelle; les autres, victimes de leurs ennemis. Parmi ces nombreux ennemis, citons le mulot, le renard, l'araignée, la guêpe surtout et certaines chenilles.

Admise à l'état domestique dès les temps les plus reculés, l'abeille se trouve cependant encore à l'état sauvage dans quelques contrées même de l'Europe. La mythologie l'honora comme nourrice de Jupiter, le blason la choisit pour symbole du travail et de l'obéissance. Elle est désormais pour l'agronome une des ressources les plus importantes, par la production de la cire et du miel.

Le miel est une substance visqueuse et sucrée que l'abeille accumule aux anneaux de son abdomen. Il est en général jaune ou blanc. On préfère le blanc, surtout lorsqu'il est grenu et comme transparent. Le miel fit les délices de l'antiquité. Pline le nomme *nectar des dieux*, Virgile l'appelle *présent du ciel*. Les Pères de l'Église le citent aussi avec prédilection dans leur style métaphorique. Il était la nourriture habi-

·tuelle de Pythagore. Celui du mont Hymette fut pour la Grèce et pour les peuples anciens ce qu'est aujourd'hui, non-seulement pour la France, mais encore pour tout le globe, celui de Narbonne, si délicat, si aromatique et si blanc.

Le miel tenait encore lieu de sucre au Moyen-Age. Maintenant il paraît fort peu sur nos tables; il sert plutôt à édulcorer les tisanes, à fabriquer le pain d'épice et l'hydromel.

La cire est une substance compacte, aromatique, presque insipide et d'une nuance plus ou moins jaune, que l'abeille élabore et pétrit avec ses pattes postérieures. Après la cire de Smyrne, qui est la plus estimée, mais assez rare, se place celle des Grandes-Landes, entre Bayonne et Bordeaux.

La cire brute, c'est-à-dire jaunâtre, sert à frotter les parquets, à lustrer les meubles, à faire l'encaustique. Quand on veut en fabriquer des bougies, des cierges, des figures, on la blanchit d'abord, et cette opération consiste à la couper sous l'eau en rubans qu'on expose sur le pré.

L'art de modeler la cire était pratiqué chez les peuples anciens, mais principalement dans la Grèce et à Rome. On connaît même une des singulières manies d'Héliogabale, qui se plaisait à donner des repas où il faisait servir, imités en cire, tous les mets qu'il mangeait lui-même en nature. Après chaque service, les convives étaient obligés, selon l'usage, de se laver les mains, et on leur présentait ensuite un verre d'eau pour faciliter la digestion. Ces convives, du reste, gens de basse condition, payaient souvent plus cher l'honneur de dîner à la table impériale; car le prince les forçait, d'autres fois, à manger des pois mêlés de grains d'or, des lentilles avec de jolies petites pierres de même couleur, du riz avec des perles fines.

Au Moyen-Age, la cire jouait un rôle spécial dans le sortilége qui consistait à *envoûter* la personne de son ennemi.

L'emploi le plus utile des imitations en cire s'applique aujourd'hui aux représentations anatomiques, dont l'exactitude est si parfaite, qu'il n'y a, pour ainsi dire, que le tact et l'odorat qui puissent corriger l'illusion des yeux. Il faut aussi mentionner, comme merveille en ce genre, ces fleurs artificielles qui semblent avoir pris à la nature la légèreté de leurs feuilles et de leurs pétales, la délicatesse de leurs contours, la flexibilité de leur tige, le velouté de leurs nuances, enfin toute leur physionomie végétale et presque toute leur fraîcheur.

La cire est surtout d'une importance essentielle dans l'éclairage, et l'on sait que le nom de *bougie* fut donné à la chandelle de cire, parce qu'à l'époque de cette invention, la ville de *Bougie*, surtout, faisait un grand commerce de cette substance. La chandelle dans laquelle une petite quantité de cire seulement est unie au blanc de baleine ou à une préparation spéciale de suif, reçoit aussi le nom de bougie. Des expériences faites avec soin prouvent que la bougie de cire diffère peu de celle de blanc de baleine, qui ne lui est préférée. que pour son éclat et sa translucidité. La bougie tirée du suif vaut les deux autres pour l'usage, mais elle est d'un aspect moins agréable.

2° LE BOMBYX DU MURIER.

Cet insecte, improprement appelé *ver à soie*, n'est pas moins admirable par son riche produit que par les nombreuses métamorphoses qui l'amènent à l'état de papillon. La durée entière de son existence ne comprend guère que deux mois. Dès que la chaleur printanière développe les feuilles du mûrier, dont il se nourrit exclusivement, il sort d'un petit œuf sous forme de larve ou chenille, mange alors avec une voracité prodigieuse, et change plusieurs fois de peau; puis, à peine âgé de vingt-huit jours, il s'enferme dans un précieux cocon qu'il se file avec adresse, et s'y change en nymphe ou chrysalide. Vingt jours après, devenu papillon, il quitte sa demeure où il laisse sa double dépouille de larve et de nymphe, et meurt enfin au bout de huit ou dix jours, qu'il passe sans essayer ses ailes écailleuses, sans prendre même la moindre nourriture, mais uniquement occupé de ses devoirs de famille.

L'éducation du bombyx est difficile et délicate; l'établissement qui lui est consacré se nomme magnanerie.

En France, le bombyx dégénère avec le temps. Pour le rénover, on recherche celui de Perse et du Japon, qui est plus robuste et moins maladif.

Comme il importe que les œufs éclosent simultanément, et à l'époque où le mûrier se charge de feuilles, on en retarde le moment en tenant les œufs dans un lieu frais; ensuite, quand on veut les faire éclore, il suffit de les placer dans une température convenable. La magnanerie doit être vaste et propre; il faut y maintenir surtout un air sain et une température uniforme. La jeune chenille, à sa naissance, doit trouver, pour se nourrir, des feuilles fraîches sans être humides; et, quand l'époque est venue, des rameaux secs pour y suspendre son cocon. Mais on ne laisse arriver à l'état complet de papillon que quelques chrysalydes destinées à donner de nouveaux œufs; tous les autres cocons sont jetés dans de l'eau bouillante, où l'on fait périr l'insecte avant qu'il opère sa sortie. L'action de l'eau bouillante a pour résultat aussi de ramollir suffisamment le vernis qui lubrifie les fils et qui s'opposerait au dévidage des cocons.

Cette industrie est plus parfaite en France que

dans aucune autre partie de l'Europe. Elle peut même s'étendre à la plupart de nos départements; car la difficulté d'élever le bombyx, au nord des contrées dans lesquelles cette éducation a été limitée jusqu'ici, ne tient pas à l'extension de la culture du mûrier; car le mûrier préfère sans doute les climats doux et tempérés, mais il résiste fort bien à nos plus grands froids. La difficulté réside essentiellement dans les variations trop brusques de l'atmosphère que subissent les régions septentrionales, et qui sont pour l'insecte le plus terrible des fléaux. Du reste, le magnanier intelligent a soin de planter différentes sortes de mûriers, et de varier aussi les procédés de culture. Ainsi, avec les mûriers à haute tige, qui ont l'avantage de prendre moins de terrain, il cultive des mûriers en taillis, parce qu'ils donnent des feuilles plus faciles à cueillir, plus abondantes, plus précoces et de meilleure qualité. Il plante aussi le mûrier multicaule, dont les branches sont si minces qu'à la Chine la récolte s'en fait avec la faux, et dont la feuille est encore tendre, lorsque le soleil d'été a rendu trop dure, pour la jeune chenille, celle des autres mûriers.

La soie est une substance animale, filamenteuse, éclatante, élastique. Elle est assez tenace, quoique cependant d'une ténuité telle qu'elle échappe presque à la vue de l'ouvrier dévideur des cocons. Chaque cocon est formé d'un seul fil continu qui, par suite de sa ténuité même, est d'une longueur extraordinaire. La soie porte dans le commerce différents noms, d'après les divers degrés de préparation auxquels elle est parvenue. Mais il y a réellement deux espèces principales de soie, l'une blanche, l'autre jaune, qui sont données par deux variétés de bombyx. La soie jaune peut être blanchie par le *décreusage;* mais cette opération, qui consiste à la décolorer, altère plus ou moins la force du fil, et donne un blanc moins durable que celui de la soie naturellement blanche. Aussi la préférence est-elle acquise au bombyx *sina*, dont tous les cocons sont d'un blanc d'argent et qui produit la plus belle soie de Chine. Il n'est connu en France, ou plutôt bien distingué, que depuis 50 ans; mais on commence à le substituer partout au bombyx à soie jaune; nous citerons surtout, à cet égard, les magnaneries importantes des environs de Paris, celles de Honfleur et d'Alais.

Ajoutons un fait physiologique qui mérite d'être cité : quand on saupoudre d'indigo les feuilles de mûrier, le bombyx qui s'en nourrit produit de la soie bleue; quand on les saupoudre de garance, la substance soyeuse est rose.

Originaire de la Chine, cet insecte fut inconnu des Anciens, qui supposaient que la soie était le produit d'une espèce d'araignée, ou bien d'un arbre, comme le coton. Durant les cinq premiers siècles de l'ère chrétienne, la soie était encore hors de prix; et l'histoire rapporte, notamment, que l'empereur Aurélien crut pouvoir refuser à l'impératrice son épouse une robe de soie, par la raison que l'étoffe· en était trop chère. A l'époque de Justinien, le bombyx fut transporté de l'Inde à Constantinople par des missionnaires grecs, qui en cachèrent les œufs dans des cannes creusées tout exprès, et qui firent connaître à l'Europe la manière d'obtenir et d'employer la soie. Des manufactures s'élevèrent bientôt dans la Grèce, d'où Roger, roi de Sicile, à son retour de la Palestine, ramena des ouvriers pour les deux établissements qu'il fonda, l'un à Palerme, l'autre en Calabre. Cette industrie passa successivement dans le Piémont, en Espagne et en France; mais Jacques Ier, roi d'Angleterre, fit d'inutiles efforts pour décider la culture du mûrier dans son royaume. Louis XI, en 1470, établit à Tours nos premières manufactures de soieries. Cependant ces tissus ne devinrent moins rares que longtemps après; car Henri II, le premier, porta des bas de soie. Ce fut Henri IV qui rendit vraiment française l'industrie de la soie, branche si importante de notre production nationale. Lyon devint le centre de cette fabrication, et dut à l'ingénieux mécanisme de Jacquart la supériorité qui lui appartient encore aujourd'hui, malgré l'active concurrence de divers pays de l'Europe. En effet, Zurich, la Saxe et la Russie ont vu naître leurs fabriques; l'Autriche a doublé les siennes, ainsi que la Prusse et l'Angleterre. Heureusement Lyon et Nîmes s'ouvrent des voies nouvelles, celles des étoffes mélangées, soie et coton, soie et laine; et comme ici encore c'est le goût, c'est le dessin qui donne au tissu le plus de prix, on peut espérer que, dans ce genre nouveau, nous conserverons la prééminence; car ce sont particulièrement des étoffes unies que fabrique l'étranger.

Nous ne devons consacrer qu'un mot au bombyx du *Ricin*, ainsi qu'au bombyx de l'*Ailante*. Ces deux espèces sont aujourd'hui presque domestiques; mais leur soie est bien inférieure, sous le double rapport du rendement et de la qualité.

VI. ARACHNIDES.

Les Arachnides, ou mieux les Octopodes (à huit pattes), forment la deuxième classe du type des Articulés. Nous ne citerons ici que l'araignée.

ARAIGNÉE.

L'Araignée n'a pas de cou comme les insectes, car sa tête se soude et se confond avec la poitrine. Elle n'a pas, comme eux, des ailes et des antennes; mais elle est munie d'un plus grand nombre de pattes, avec le privilége même de pouvoir les reproduire, quand elles sont coupées. Elle a huit petits yeux, qui sont immobiles, et toutefois distribués de telle sorte qu'elle voit dans toutes les directions. Elle est solitaire, farouche et carnassière. Son aspect est repoussant; mais, quand on observe avec soin ses habitudes, ses ruses, son industrie, on s'élève alors pour elle jusqu'à l'admiration. La femelle est beaucoup plus volumineuse que le mâle. Elle entoure ses œufs d'une soie très-blanche, et prodigue longtemps ses soins à ses petits. La durée de leur vie est de deux ou trois ans.

L'araignée sécrète une liqueur gluante, qui prend, au contact de l'air, une consistance filamenteuse. Elle en fabrique son réseau, qu'elle tend dans les appartements négligés, et qui, tissé comme la toile, en a reçu le nom.

Le fil ordinaire dont elle fait usage est d'une excessive ténuité. Cependant il résulte de la réunion de plusieurs fils primitifs qu'elle tord et qu'elle entrelace, parce que, dans cette multiplicité même, elle trouve le double avantage d'augmenter d'abord la solidité du fil définitif, et puis de se donner un point d'appui plus étendu. Cette espèce de petit cordon résiste, en effet, beaucoup mieux que ne le pourrait un seul fil attaché sur un seul point. Du reste, elle fait la chaîne et la trame avec des fils de nature différente, liés ensemble par leur viscosité. Au centre, elle se prépare un tube cylindrique, sorte de cachette avec deux ouvertures, l'une en dessus, l'autre en dessous, d'où rayonnent des fils conducteurs. Ces fils lui transmettent les moindres oscillations causées par les insectes pris au piége. C'est là qu'elle se tient constamment à l'affût. Dès qu'un moucheron, par exemple, s'est embarrassé dans sa toile, elle accourt promptement, s'empare de sa proie et l'entraîne au fond de sa cellule, afin de l'y sucer plus librement, ou bien, si elle est pressée de courir sur un autre point, elle enlace de fil le captif et l'enchaîne. Elle n'attaque jamais un insecte mort, ni même vivant, s'il ne remue pas : le mouvement seul étant pour elle le signe manifeste de la vie. Elle distingue fort bien aussi l'ébranlement produit par un ennemi ou par le vent. Le vent l'inquiète peu, car d'ordinaire elle en est à l'abri; d'ailleurs sa toile, assez serrée pour refuser passage au plus petit insecte, est toutefois perviable à l'air. Mais si, au contraire, il s'agit d'un péril réel et pressant, elle s'enfuit bien vite par l'issue inférieure de sa loge; au besoin, elle se précipite et se laisse tomber, en ménageant sa chute au moyen d'un petit cordage qu'elle file aussitôt.

Elle est très-propre par instinct et par nécessité. Elle a grand soin de secouer la poussière qui rendrait sa toile visible, et de rejeter au loin les petits cadavres dont la présence rendrait suspecte sa demeure. Pour se porter directement à un point dont elle est isolée, elle confie à l'air un fil très-délié qui flotte au gré du vent jusqu'à l'objet éloigné auquel il se fixe, et c'est ce fil imperceptible, petit pont suspendu, qui lui sert de trajet. Quand sa toile, qui n'est pas perméable à l'eau, se trouve déchirée par la pluie ou par tout autre accident, elle y fait avec art une reprise, et peut même la renouveler en entier. Mais les sécrétions l'épuisent enfin, et, dans sa vieillesse, elle est réduite à s'emparer d'une toile qu'une araignée plus jeune a tissée.

Des savants ont essayé de mettre à profit la soie de l'araignée. On a pu même en fabriquer des gants et des bas. Toutefois, l'industrie ne peut guère en tirer parti. Le principal obstacle vient de ce que cette soie, ne pouvant être dévidée, doit être mise en œuvre au fur et à mesure qu'elle est filée par l'animal ; de plus, elle n'est produite que par la femelle, et, pour obtenir un kilogramme de soie, il ne faudrait pas moins de cent mille araignées.

Quant aux filaments légers que le vulgaire appelle fil de la Vierge, ce sont les débris du nuage soyeux que se filent, à la fin de l'automne, certaines araignées. Dans cette espèce d'aérostat que le moindre vent soulève, l'animal va produire ainsi ses petits loin des regards et du danger.

Le nombre des œufs pour chaque araignée est de sept à huit cents; et, s'il y a relativement peu de ces octopodes, c'est surtout parce qu'ils se mangent entre eux. Le dévouement de l'araignée pour ses petits pourrait, dit le savant Bonnet, servir de leçon à plus d'une mère. Ajoutons qu'elle sait reconnaître la main qui la soigne et qu'elle est même susceptible d'attachement, comme le prouve l'épisode de Pellisson à la Bastille, et plusieurs faits tendent à établir que la musique douce et mélodieuse la captive singulièrement.

Les Anciens voyaient en elle *Arachné,* punie ainsi par *Minerve* de son chef-d'œuvre et de sa vanité. Ce fut en observant l'artifice de l'araignée aquatique que Fulton conçut l'idée des bateaux sous-marins.

L'araignée agreste se recommande par son utilité : elle est le meilleur préservatif de la Pyrale, cette larve si funeste aux vignobles de la Champagne que, par suite du mode de culture, l'*oïdium* n'attaque pas.

L'araignée domestique ne présente pour l'homme aucun danger. Il en est d'autres, cependant, qui sont armées de crochets venimeux, dont elles se servent pour paralyser instantanément leur proie. Quant à la Tarentule, espèce d'araignée des environs de Tarente, on a faussement attribué à sa morsure ces crises nerveuses sur lesquelles le charlatanisme s'est beaucoup exercé. Enfin, sur les bords du Gange notamment, il est une araignée gigantesque, d'un noir bordé de rouge, qui se nourrit de petits oiseaux. Sa toile, très-résistante et d'un jaune brillant, est fixée aux branches des arbres ou aux tiges des bambous et occupe une surface circulaire de plus d'un mètre de rayon.

VII. MOLLUSQUES.

Le type des Mollusques a pour caractère distinctif une peau molle, contractile et non segmentée.

Nous ne citerons dans ce type que l'Huitre, qui appartient à la classe des Acéphales (sans tête). Privée, du moins en apparence, de la vue, de l'ouïe et de l'odorat, recluse entre deux valves aussi dures que sa chair est molle, obligée d'attendre enfin sa chétive subsistance, l'huître n'offre au regard distrait qu'une existence problématique. Mais, aux yeux du naturaliste, elle jouit en réalité, dans sa demeure inexpugnable, de facultés qui intéressent et qui étonnent. Car n'est-il pas surprenant, par exemple, qu'un être si flasque soit doué toutefois d'une puissance musculaire telle que l'homme seul, aidé d'un levier, puisse ouvrir de force sa coquille ?

La jeune huître, attachée d'abord à l'écaille de sa mère, ne s'en sépare que dès qu'elle a pris assez de consistance ; alors, doucement portée par les flots sur un rocher, elle s'y fixe elle-même pour ne plus le quitter. On l'en arrache au moyen de la *drague,* sorte de grande pelle en fer, garnie d'un sac et d'un trapèze. Cette pêche ne se fait nulle part aussi abondamment que près de Cancale, entre ce bourg, le mont Saint-Michel et Granville. Toutefois le rendement s'en affaiblit depuis quelque temps, et ce banc célèbre demande à être renouvelé.

L'huître craint le froid qui la congèle d'autant plus facilement que, par elle-même, l'huître, comme mollusque, a normalement peu de caloricité.

Parmi ses divers ennemis citons d'abord le *crabe*. Pour se défendre de ce crustacé, qui cherche à se glisser dans la coquille, elle le repousse en projetant sur lui avec force une certaine quantité d'eau qu'elle tient en réserve.

Il n'y a qu'une seule espèce d'huître comestible. C'est l'huître *édule* des auteurs; toutes les différences qu'on peut constater dans cette huître ne proviennent que de son âge ou de son habitacle. Ainsi l'hypopus n'est que l'âge avancé de l'huître qui, plus jeune, est si agréable et si fine.

L'huître vit dix ans. Jusqu'à trois, elle est comestible dans toutes les saisons; mais, dès sa quatrième année, elle cesse de l'être, du mois d'avril au mois de septembre. Quand elle est gâtée, elle dégage de l'acide sulfhydrique en proportion suffisante pour empoisonner.

De jour en jour l'huître comestible diminue, tandis que la consommation s'en accroît d'autant plus que les voies ferrées rapprochent du littoral les villes les plus distantes. La science et l'industrie se sont occupées de cette question. On a établi des fermes-modèles d'ostréiculture, c'est-à-dire pour la production artificielle des huîtres. Telle est celle de la baie de Saint-Brieuc, qui est en plein rapport. Un premier essai vient d'être fait aussi dans l'étang de Thau, près de Cette. L'huitre demande un certain degré de salure. Si la proportion du sel dans l'eau est de 3,70 pour 100, comme dans l'Océan Atlantique, dans la Manche, dans la Méditerranée et la mer du Nord, l'huître prospère à merveille; elle peut s'accommoder d'une salure qui n'est que 1,80, comme dans le Cattégat; mais, si la salure est en plus petite proportion, l'huître ne réussit pas.

L'huitre n'est savoureuse qu'après avoir reposé quelque temps dans un *parc*, sorte de réservoir d'eau salée, mais limpide. C'est là seulement qu'on peut encore, avec des soins particuliers, la faire devenir verte. Par elle-même, en effet, l'huître est blanche, et ne se colore ainsi qu'en s'imprégnant, par le repos, des bourgeons imperceptibles de différentes plantes maritimes qui la rendent, dit-on, plus délicate.

C'est ainsi que le littoral de Marennes est admirablement propre à verdir les huîtres. Le produit annuel de cette industrie spéciale y est considérable.

Redisons ici ce qui a été signalé, dans l'étude du cuivre. Il est des huitres qui, accidentellement ou par fraude, sont verdies à l'aide de solutions de cuivre. Ces huîtres sont vénéneuses; mais il est facile d'y constater la présence du cuivre; il suffit d'introduire une aiguille dans l'huître suspecte,

après l'avoir inondée de vinaigre ; et le cuivre ne tarde pas à se déposer sur l'aiguille.

La célébrité des huîtres est fort ancienne. Aristote rapporte que, dans la Grèce, on les nourrissait pour les avoir plus grasses. Pline, Cicéron, Horace, en parlent avec un enthousiasme d'autant plus vrai, que l'orateur romain, surtout, en mangeait habituellement par centaines dans un repas. Le gastronome Sergius les parqua le premier, et Apicius inventa une méthode pour les conserver. Macrobe assure qu'on en servait chaque jour aux pontifes. La consommation qu'en faisait Vitellius était considérable. Les huîtres qu'on estimait le plus à Rome venaient d'Abydos, du lac Lucrin et de Brindes. Mais aujourd'hui la préférence est acquise à celles de Cancale, de Marennes, d'Ostende et d'Angleterre.

L'huître a pour principal ennemi une *Hélicine* marine, que les habitants du littoral appellent Burgau-perceur. Ce mollusque abonde sur les bancs huîtriers. Il attaque de préférence les jeunes huîtres, dont la coquille est naturellement moins épaisse ; car ce n'est que par voie de perforation qu'il peut atteindre sa proie. Pour faciliter son travail, il répand sur l'une des valves une liqueur corrosive qui la désorganise. La jeune huître n'a d'autre préservatif que de fabriquer à la hâte une nouvelle couche calcaire sur le point menacé, préservatif presque toujours insuffisant.

L'huître présente plusieurs variétés parmi lesquelles nous devons distinguer l'*avicule,* ou huître à perles, qu'on n'a pu parvenir encore à faire vivre dans les parcs. Toutes les avicules ne contiennent pas des perles, et quelquefois la même coquille en renferme plusieurs. Les perles ne sont, en effet, que des produits accidentels déterminés par la présence d'un corps étranger que l'huître isole d'elle, pour ainsi dire, en le recouvrant de la substance nacrée qu'elle sécrète. Dans la Chine, où cette remarque est depuis longtemps mise à profit, on pêche d'abord l'avicule; puis, après avoir percé sa coquille pour y introduire un morceau de fil de fer, on la remet en place, pour la repêcher enfin, lorsque, blessée par ce fragment de métal, elle a déposé, tout autour, une suffisante quantité de nacre. Cette nacre durcit peu à peu et se fortifie par couches successives. On trouve rarement des perles dans les avicules qu'on choisit pour la table, et qui sont les plus belles. C'est à Ceylan surtout que se fait la pêche de cette huître. L'avicule est transportée dans un enclos où elle se corrompt en une dizaine de jours. On l'ouvre ensuite, on la lave et on livre les coquilles aux rogneurs qui en détachent les perles avec des tenailles. On crible aussi tous les résidus pour retrouver les petites perles qui pourraient être mêlées aux débris de coquilles ou à la substance même de l'huître.

Linnée dut ses lettres de noblesse, non à ses immenses travaux en botanique et en zoologie, mais au moyen qu'il découvrit de faire grossir les perles que produisent certaines moules de Suède.

Il y a plus de vingt siècles que la perle était déjà en Grèce la partie principale d'une belle parure. On sait quel rôle elle joua surtout dans le luxe désordonné des Romains, combien aussi elle fut estimée en France à différentes époques, et combien elle l'est encore en Orient. Les deux perles qui servaient de pendants d'oreilles à Cléopâtre avaient coûté plus de trois millions de notre monnaie; aujourd'hui la plus grande perle que l'on connaisse en Europe est celle qui sert de bouton de chapeau au roi d'Espagne.

Mais au commencement du xviiie siècle, un Français nommé Jacquin inventa l'art de fabriquer des perles avec une substance nacrée qu'on retire d'un petit poisson de nos rivières, l'*ablette*. Dans le commerce, cette substance est appelée essence d'Orient. La perfection de ces perles artificielles, que Paris fournit à toute l'Europe, a diminué beaucoup le prix des perles naturelles.

Dans l'avicule, l'intérieur de la coquille est formé lui-même d'une substance dure, lisse, blanche, à reflets irisés et brillants, qui, ayant une grande épaisseur, constitue la *nacre* proprement dite. La nacre s'emploie dans la tabletterie, et sert à faire des manches de couteaux, de canif et un grand nombre de petits ouvrages fort jolis. Les ébénistes et les fabricants de pianos l'appliquent aussi comme ornement.

L'huître a donné son nom à l'ostracisme, jugement populaire où les votes étaient inscrits, en effet, sur des coquilles de ce mollusque; et à ce propos, elle nous rappelle un trait admirable d'Aristide, au moment même où l'inique sentence allait le condamner à l'exil.

VIII. RAYONNÉS.

Le caractère dominant de ce type est de présenter une forme rayonnée. La plupart vivent agglomérés sur un *polypier* qui les porte. Leur fibre charnue est rarement distincte de la peau. Dans la série animale, les Rayonnés, qui ont déjà perdu la forme *binaire*, comme le Corail, nous mènent graduellement aux animaux dont la forme ne peut être définie, comme l'Éponge.

1° CORAIL.

Le corail a ses bourgeons épars et plus ou moins saillants à la surface d'un *polypier* arborescent. Ce polypier, perpendiculairement fixé sur le roc par un empâtement, s'élève au plus à trois décimètres et ressemble à une miniature d'arbre sans feuilles. Il se compose d'un axe pierreux couvert d'une couche vivante, qui est gélatineuse, blanche, mince et translucide. L'axe est épais et d'un beau rouge, mais il est inapparent sous l'écorce qui le couvre. Cette écorce est formée d'une multitude innombrable d'animaux microscopiques; en se desséchant à l'air, elle devient friable.

Le corail est une des plus élégantes productions de la mer; il semble appartenir plus particulièrement à la Méditerranée. On le pêche sur les côtes de l'Algérie, sur le littoral de la Sardaigne et de l'île d'Elbe. Cette opération s'effectue parfois jusqu'à 300 mètres de profondeur. Aujourd'hui on procède au moyen du scaphandre, petite nacelle qui porte le rameur et l'explorateur. Le rameur gouverne la nacelle; l'explorateur, aidé d'un long tube qui lui permet de voir à une grande profondeur, scrute le fond où vit le polypier et le retire sans le mutiler. Naguère on employait une méthode brutale qui consistait à faire descendre une machine à branches de fer placées en croix horizontale, auxquelles s'accrochait le corail. La substance calcaire qu'il produit est dure comme le marbre et peut, comme lui, recevoir un poli parfait. La joaillerie en fabrique divers petits objets. C'est un ornement de luxe fort estimé des Orientaux.

La mise en œuvre du corail est une industrie italienne. Marseille possède, il est vrai, quelques tailleries, mais de très-minime importance. L'Italie, au contraire, emploie tous les ans près de quatre mille marins à la pêche du zoophyte. et vingt établissements créés à Naples, Trepani, Livourne travaillent ce produit. On distingue trois variétés de corail : 1° le corail rose, dont la valeur à l'état brut s'élève parfois jusqu'à 500 fr. le kilogramme; 2° le corail rouge, qui coûte de 75 à 100 fr. le kilogramme; 3° le corail pâle, dont le prix varie selon les teintes et selon les qualités, tantôt très-inférieur à celui du corail rouge, tantôt notablement supérieur. La fabrique la plus considérable est à Livourne : elle occupe quatre cents ouvriers.

Sous le rapport des souvenirs historiques, le corail est un exemple de la propension naturelle de l'homme pour le merveilleux. En effet, on lui attribua longtemps des propriétés médicales dont on ne parle plus aujourd'hui; seulement, les dentistes font avec le corail des pâtes ou poudres dentifrices.

2° ÉPONGE.

L'Éponge produit sa demeure fibreuse, comme le corail son axe pierreux, comme l'huître sa coquille calcaire. Cette demeure, qui dans le langage ordinaire porte le nom même de l'animal, a des formes très-variées : tantôt elle est arborisée, tantôt elle est massive avec une dépression en forme d'entonnoir à sa partie supérieure.

L'époque la plus favorable pour la pêche de ce zoophyte, c'est l'hiver. Dans la période de mars à novembre, les roches sont, en effet, couvertes d'herbes marines qui dissimulent les éponges et gênent le *dragage.* Les tempêtes de novembre et de décembre arrachent et emportent cet amas épais d'herbages et mettent à découvert les éponges. La barque des pêcheurs est légère. Elle ne porte que le rameur et le harponneur : l'un manœuvre la barque, l'autre manœuvre la drague. Le harponneur explore le fond de la mer au moyen d'un long tube d'étain. Ce tube porte à l'une de ses extrémités un verre épais. Suffisamment immergé dans l'eau, il permet au pêcheur de voir au fond sans être troublé par les oscillations de la surface. Une éponge nouvelle se reproduit, dans l'année, à la place de l'éponge enlevée par la drague. Les Grecs sont plus habiles plongeurs que les Arabes. C'est aussi sur leur littoral que sont recueillies les fines éponges.

On n'emploie guère que l'éponge marine. C'est surtout dans les mers intertropicales que vivent, fixées sur les roches, les grandes espèces; mais la mer de l'Archipel (Grèce), fournit celles qui sont d'un tissu plus délicat. Ce tissu fibreux et criblé d'alvéoles sert de support à une multitude innombrable d'animaux microscopiques qui constituent une couche mince et glaireuse. Cette couche disparaît par la dessication. Dès qu'on a pêché les éponges, on les lave à grande eau, on les dégage des graviers ou coquillages qui peuvent y adhérer. Les plus fines servent à la toilette; les autres, au pansement des chevaux et aux lavages. Ce qui rend, en effet, très-utiles les éponges, c'est qu'elles absorbent l'eau promptement, qu'elles la retiennent sans l'altérer et la restituent sous une simple pression. On blanchit les éponges par le chlore. Cette opération doit être faite avec soin pour ne pas altérer le tissu. Autrefois on se servait des cendres d'éponges contre le goître; elles contiennent, en effet, de l'iodure de potassium, qu'on retire aujourd'hui du foie de morue. La chirurgie les emploie à divers usages.

Enfin, et cette application est toute récente, on utilise les éponges pour en former un filtre à la fois très-simple et très-efficace. Cet appareil, que toute personne peut construire, réunit trois conditions : il aspire l'eau et, tout en l'aérant, il la clarifie. Du reste, il opère en quelques secondes et, très-économique par lui-même, il ne demande d'autre entretien que de laver à grande eau les éponges, quand les corps étrangers qu'elles ont retenus en oblitèrent les pores. La description de l'appareil peut se réduire à ces quelques mots : une éponge assez volumineuse s'épanouit dans l'eau qu'il s'agit de filtrer, et, par la partie supérieure, elle ferme un vase cylindrique qui est rempli de petites éponges. L'eau monte à travers l'éponge aspiratrice et redescend à travers les petites éponges jusqu'au robinet qui permet de la recueillir. On comprend que cette eau doit être limpide et aérée; car, dans ce système d'éponges, il s'est établi un double courant d'air et d'eau.

FIN.

Les préfaces risquent souvent de n'être pas lues. Nous croyons, par conséquent, devoir dire ici que la nôtre fait connaître le motif et l'utilité des notes explicatives qui terminent cet ouvrage.

Nous devons appeler aussi l'attention sur l'avis essentiel qui est en regard de la préface elle-même.

NOTES EXPLICATIVES

AARON (de 1574 à 1454 avant notre ère), frère aîné de Moïse, fut investi par lui des fonctions de grand-prêtre. Comme lui, et pour le même motif, il fut privé d'entrer dans la Terre-Promise. Il mourut sur le mont Horn, près de Cadès (Idumée).

ABLETTE ou ABLE, petit poisson de l'ordre des Abdominaux. Elle se distingue du Goujon et de la Tanche, parce qu'elle n'a pas de barbillon. Sa chair est fade et peu estimée.

ABRAHAM. Ce fut au pied du chêne de Mambrée, vallée entre Hebron et Jérusalem, que ce grand patriarche reçut la promesse de la naissance inespérée d'un fils.

ABYDOS, aujourd'hui Nagara-Bouroun, ville d'Asie, sur le détroit des Dardanelles.

ALAMBIC, appareil pour opérer la distillation.

ALEXANDRE-LE-GRAND (de 356 à 323 avant notre ère), fils de Philippe, roi de Macédoine. Après avoir rapidement accompli d'immenses conquêtes, il mourut à peine âgé de 33 ans, mais trop tard pour sa gloire, que ternirent, en effet, les dernières années de sa vie. En mémoire des services que lui avait rendus son cheval de bataille, Bucéphale, il lui dédia une ville nouvelle, Bucéphalie, sur l'Hydaspe, en face de Nicée. Il ne faut pas confondre Nicée, dans l'Indostan, avec la célèbre Nicée, ville de Bithynie (aujourd'hui Isnik, à 70 kilomètres E. de Brousse). L'Hydaspe est aujourd'hui le Djelem, rivière indirectement tributaire de la rive gauche de l'Indus (Sind). Bucéphale, cheval de Thessalie, ne pouvait être monté, dit-on, que par Alexandre; il avait coûté 13 talents (environ 70,000 fr.).

ALICANTE, ville et port de la Méditerranée, à 106 kilomètres S.-O. de Valence (Espagne); 25,200 habitants.

ALUMINE, oxyde d'aluminium, c'est-à-dire combinaison de ce métal avec l'oxygène.

AMBOINE, île hollandaise de l'archipel des Moluques, par 3º 40' de latitude N., 126º 30' de longitude E. Les Hollandais lui ont réservé le monopole de la culture du giroflier. Cette île suffit, du reste, à la consommation de toute l'Europe.

ANIMAL, être organisé d'une manière supérieure, c'est-à-dire doué d'organes sensoriaux et d'organes locomoteurs.

L'animal *vit*, c'est-à-dire naît et grandit; divers dans ses différentes parties et limité dans sa durée. Comme la plante, il ne peut exister s'il n'est en rapport continuel avec le monde extérieur, qui lui fournit les éléments propres à renouveler sans cesse toutes ses parties. Mais, de plus que la plante, il est doué d'organes des sens, d'organes de mouvement et d'un instinct qui lui ménage toutes ces conditions de bien-être.

ANNIBAL (de 247 à 183 avant notre ère), général carthaginois, le plus grand capitaine peut-être de l'antiquité, mais assurément le plus digne d'estime. Il sut se maintenir durant plus de quinze années au cœur même de l'Italie, quoiqu'il ne reçût de Carthage que des secours insuffisants. Annibal fut réduit à s'empoisonner pour ne pas tomber vivant au pouvoir des Romains.

APICIUS, gastronome, contemporain d'Auguste et de Tibère; il s'empoisonna dans la crainte de n'avoir plus une fortune suffisante pour maintenir le luxe extravagant de sa cuisine.

APICULTEUR, qui donne ses soins à l'éducation des Abeilles.

ARACHNÉ, personnage mythologique. Minerve, jalouse de cette habile brodeuse, la frappa violemment de sa navette; Arachné, ne pouvant se venger de la déesse, se pendit de désespoir, et fut changée en araignée, octopode dont elle prit même le nom.

ARCHIMÈDE (de 286 à 212 avant notre ère), célèbre géomètre et physicien, de Syracuse. La science lui doit le principe hydrostatique : tout corps plongé dans un liquide y perd de son poids, le poids du liquide qu'il déplace. S'il déplace un litre d'eau, il perd un kilogramme de son poids.

ARISTIDE (de 547 à 469 avant notre ère), issu d'une des principales familles d'Athènes, reçut du peuple le surnom de Juste. Thémistocle, jaloux de ce grand citoyen, mais n'osant l'attaquer ouvertement, fit répandre le bruit qu'Aristide transformait son archontat (première magistrature de la république) en une sorte de royauté, parce qu'il attirait, pour les concilier, tous les plaideurs. On peut s'étonner d'abord de voir incriminer ainsi les nobles fonctions de juge de paix; mais en réalité, c'était un grief très-grave auprès de la dernière classe du peuple, qui retirait des procès un salaire. L'insinuation produisit son effet : Aristide fut exilé par l'ostracisme. Or au moment du vote, un paysan qui ne savait pas écrire et qui se trouvait à côté d'Aristide, s'adressa précisément à lui pour faire inscrire sur sa coquille le nom du citoyen dont il réclamait l'exil. Aristide, en accédant stoïquement à sa demande, se contenta de lui dire : — Avez-vous à vous plaindre d'Aristide ? — Non, répondit le paysan, je ne le connais même pas, mais je suis las de l'entendre appeler Juste.

ARISTOTE, élève de Platon, précepteur d'Alexandre-le-Grand, vécut de 384 à 322 avant notre ère. Surnommé le Prince des philosophes, il résume en lui seul, pour ainsi dire, toute la science de l'antiquité.

ASPHYXIE, privation d'air respirable.

AUSONE (de 310 à 264), poète latin, né à Bordeaux, fils d'un sénateur et précepteur de l'empereur Gratien, fut élevé aux plus hautes dignités.

BAROMÈTRE, instrument qui mesure la pression atmosphérique, c'est-à-dire le poids de l'air qui enveloppe la terre. Cette pression varie sans cesse, mais dans des limites fort restreintes. Le baromètre consiste en une colonne de mercure contenue dans un tube gradué. Ce tube est de verre, c'est-à-dire transparent, afin de laisser voir la hauteur du mercure qui doit contrebalancer toujours par sa pression la pression de l'atmosphère. Par conséquent, la colonne mercurielle est plus ou moins longue, selon que l'air pèse plus ou qu'il pèse moins.

Basiluzzo, une des îles Lipari, autrefois îles éoliennes. C'est dans cet archipel de la mer tyrrhénienne que la mythologie plaçait le séjour d'Eole et les forges de Vulcain.

Basoche, communauté des gens du Palais, érigée en 1303 par Philippe-le-Bel. Les basochiens élisaient un roi qui avait une cour, une armée, une monnaie, des armoiries. Henri III supprima le titre de roi de la basoche et en transmit au chancelier tous les droits et priviléges.

Basselin (de 1366 à 1418), poète populaire fort goûté dans le Val-de-Vire (Manche).

Beaumarchais (de 1732 à 1799), habile horloger, harpiste supérieur, financier tour-à-tour à bonne et mauvaise fortune, mais surtout littérateur plein de verve et d'originalité. A l'époque de la Terreur, menacé de l'échafaud, après avoir été membre provisoire de la Commune de Paris, il parvint à s'échapper de l'Abbaye, et il errait dans la campagne n'espérant guère trouver un asile, car la loi des suspects rendait fort périlleux tout acte d'hospitalité. Le proscrit dut son salut à la reconnaissance...... d'un âne. Cet âne appartenait à une blanchisseuse qui avait l'habitude de l'attacher à la grille du jardin de Beaumarchais, tandis qu'elle allait vaquer à ses affaires. Or, le poète prenait plaisir à donner, de sa main, du fourrage et même des friandises au pauvre animal qui l'en remerciait de son mieux et qui en était venu jusqu'à distinguer le moindre son de sa voix. Beaumarchais, égaré la nuit, au milieu des champs, va providentiellement frapper à la ferme de la blanchisseuse. L'âne reconnaît aussitôt le bienfaisant Parisien, et se débat de telle sorte que tous les gens de la maison sont réveillés, et Beaumarchais, que la blanchisseuse reconnaît à son tour, en reçoit le plus parfait accueil.

Binaire, c'est-à-dire coupé, par le plan de l'axe, en deux parties symétriques. En chimie, binaire signifie composé de deux éléments.

Biot (de 1783 à 1861), astronome et physicien de premier ordre. La science lui doit notamment le saccharimètre, instrument fondé sur ce fait que le pouvoir rotatoire de poralisation d'un sirop est proportionnel à la quantité de molécules actives (c'est-à-dire sucrées) que contient ce sirop.

Bioxyde d'hydrogène. On l'appelle aussi eau oxygénée, parce que, comme l'eau, il est formé d'hydrogène et d'oxygène; mais l'oxygène y est en plus grande proportion, ce qui en fait un corps tout-à-fait différent par ses propriétés chimiques. Ainsi il colore en teinte verte l'huile d'olive pure et, en teinte rosée, l'huile d'œillette. Si l'on opère sur l'huile de sésame pure, la teinte est d'un rouge vif; si l'on agit sur l'huile de faîne pure, la teinte est d'un rouge ocracé.

Birmanie, état de l'Indo-Chine. Les Anglais se sont emparés de Rangon, sa capitale, sur l'Iraouady.

Bonnet (de 1720 à 1793), naturaliste distingué de Genève.

Botanique. — Voyez *Phytologie*.

Brindes, aujourd'hui Brindisi, à 100 kilomètres N.-O. d'Otrante.

Buraste. — Ville ancienne de la Basse-Egypte, dont il ne reste plus que des ruines.

Buffon (Leclerc, comte de), anobli par Louis XV (1707 à 1788). Son *Histoire Naturelle* des mammifères et des oiseaux est un monument scientifique à la fois et littéraire.

Cachemire. — La chèvre dite de Cachemire ou du Thibet habite, en réalité, toute l'Asie centrale.

Calorique. — Naguère encore on désignait ainsi l'agent dont l'impression sur nos organes se nomme chaleur; mais aujourd'hui la *chaleur* est considérée comme étant l'impression que produit sur nous un certain mode de vibrations de l'éther; un autre mode de vibrations de l'éther produirait ce que nous appelons la *lumière* ; enfin, un autre mode de vibrations de l'éther produirait ce que nous appelons l'*électricité*.

CAMPÊCHE, dans la presqu'île de Yucatan, sur le St-François, par 19° 50' latitude N., 93° longitude O.

CANCALE, port sur la Manche, à 13 kilomètres E. de St-Malo (Ille-et-Vilaine).

CANDY, ville de l'île Ceylan, par 7° 23' de latitude N., 78° 15' de longitude E.

CANOVA (de 1757 à 1822), illustre statuaire de Venise.

CAPILLARITÉ, force qui fait que dans un tube étroit la surface d'un liquide n'est pas horizontale. Cette surface est concave ou bien convexe, c'est-à-dire se relève vers les bords ou bien, au contraire, s'y déprime, selon que le liquide mouille ou ne mouille pas les parois. Ainsi, dans un tube de verre, l'eau se relève vers les bords, tandis que le mercure s'y déprime ; parce que l'eau mouille le verre et que le mercure, au contraire, ne le mouille pas.

CÉSAR (de 100 à 44 avant notre ère), célèbre général romain. Avec Crassus et Pompée, il forma le premier triumvirat, qui réunissait ainsi les trois plus grands éléments de force : l'opulence (Crassus), le pouvoir (Pompée), le génie (César). Resté seul par la mort de ses deux collègues, il se fit nommer dictateur perpétuel et tomba bientôt après, en plein Sénat, sous un poignard républicain.

CHALEUR. — Voyez *Calorique.*

CHARLES-QUINT, empereur d'Allemagne et roi d'Espagne (de 1500 à 1558). Atteint de précoces et violentes infirmités, il se retira dans un palais contigu au monastère de Saint-Just, en Estramadure (Espagne), où il mourut dignement.

CHAUDES-AIGUES, petite ville du département du Cantal. Ses eaux thermales, qui ont une température de 80° centigrades, sont diversement utilisées. (Voir notre *Nouvelle Géographie.*)

Chiraz ou Chiras, ville de la Perse, par 29º 36' latitude N.,
50° 17' longitude E. Trois tremblements de terre (1813, 1824,
1853) l'ont détruite en grande partie.

Chlore, élément gazeux, d'un jaune verdâtre, d'une odeur suffocante. Son action sur nos organes est délétère; mais c'est un
réactif puissant pour décomposer les miasmes, parce qu'il s'empare de l'hydrogène et défait ainsi les substances gazeuses qui
rendent l'air irrespirable.

Chypre, île de la Turquie d'Asie géographiquement (et d'Europe administrativement), par 35º latitude N., 32º longitude E.

Clélie, d'une famille patricienne, avait été comprise, ainsi que
la fille du consul Publicola et huit autres jeunes Romaines, parmi
les otages que Rome, vivement assiégée par Porsenna, dut envoyer
au camp de ce roi d'Etrurie. Ne se voyant séparée de sa patrie
que par le Tibre, Clélie le traverse à la nage, suivie de ses compagnes, malgré les javelots que les Etrusques lançaient de toutes
parts. Les fugitives furent ramenées à Porsenna, qui non-seulement leur rendit la liberté, mais encore offrit à Clélie un beau
cheval richement harnaché.

Cléopatre, reine d'Egypte, célèbre par sa beauté, son esprit et
ses crimes (de 52 à 12 avant notre ère).

Colbert (de 1619 à 1683), un des plus grands ministres de
Louis XIV. Il mit de l'ordre dans les finances de l'Etat, protégea
et encouragea les sciences, les lettres et les arts. Fondateur de
l'Académie des inscriptions et de l'Académie des sciences, il créa
l'Académie d'architecture ainsi que l'Ecole de peinture de Rome et
fit élever l'Observatoire.

Constance, ville d'Afrique, colonie anglaise, à 23 kilomètres E.
du cap de Bonne-Espérance. Son vin rouge est désigné sous le
nom de Grand-Constance, et son vin blanc, sous le nom de Petit-
Constance.

Corinthe, sur l'isthme de ce nom (Morée). Elle avait autrefois
un port sur les deux rivages opposés de l'isthme.

COULEURS PROHIBÉES.

COULEURS BLANCHES. — Pour reconnaître le carbonate de plomb qui, dans le commerce, est vendu sous les noms de blanc de plomb, de céruse, de blanc d'argent, on l'applique en couche mince, à l'aide d'un couteau, sur du papier épais auquel on met le feu. Le plomb à l'état métallique apparaît alors sous la forme de petits globules que l'on voit encore mieux lorsqu'on opère la combustion au-dessus d'une assiette de porcelaine. Ajoutons que le carbonate de plomb et les papiers lissés avec cette substance brunissent, quand on les touche avec de l'eau saturée d'acide sulfhydrique.

COULEURS BLEUES. — L'oxyde de cuivre et le carbonate hydraté de cuivre (dits cendres bleues), donnent avec l'ammoniaque un liquide bleu.

L'outremer pur ne colore pas l'ammoniaque ; mais il le colore, quand il est falsifié par le carbonate hydraté de cuivre, et cette teinte bleue est caractéristique d'un composé cuivreux.

COULEURS JAUNES. — L'oxyde de plomb, dit massicot, se reconnaît de la même manière que la céruse. Le chromate de plomb (dit jaune de chrôme) brunit, quand on le traite par une solution saturée d'acide sulfhydrique. Il faut avoir soin d'agiter le liquide avec une baguette de verre. La *gomme gutte* délayée dans l'eau donne un lait jaune qui rougit par l'action de la potasse ou de l'ammoniaque ; jetée sur des charbons ardents, elle se ramollit, puis brûle avec flamme et laisse un résidu de charbon ou de cendre.

COULEURS ROUGES. — Le sulfure de mercure (dit cinabre ou vermillon) jeté sur des charbons ardents brûle avec une flamme bleue pâle et produit l'odeur du soufre en combustion ; une pièce de cuivre rouge, nettoyée au grès, étant tenue au-dessus de la fumée ou vapeur blanche qui se dégage, est bientôt couverte d'une couche de mercure métallique, qui devient brillante par le frottement.

Le carmin mêlé de vermillon se comporte de la même manière.

L'oxyde de plomb (dit minium) se comporte comme le massicot et la céruse.

Couleurs Vertes. — L'arsénite de cuivre (dit vert de Schweinfurt, vert de Schéele, vert métis), mis dans un verre, en contact avec de l'ammoniaque (dit alcali volatil), s'y dissout et bleuit le liquide.

Quand on en projette une très-petite quantité sur des charbons ardents, il produit une fumée blanchâtre qui a une odeur d'ail très-prononcée. Il faut s'abstenir de respirer cette fumée.

Dans les ateliers où l'on colore ainsi les étoffes et parures, on prescrit des précautions qui certainement sont salutaires; mais ne serait-il pas plus sage de renoncer à cette main-d'œuvre si dangereuse, car enfin cette poussière si fine flotte dans l'air, quoi qu'on fasse, et se trouve ainsi absorbée.

Les papiers colorés avec ces substances sont décolorés par l'action de l'ammoniaque. Une goutte d'ammoniaque suffit pour blanchir le papier dans le point qu'elle touche ; elle prend ensuite, presque instantanément, la couleur bleue. Enfin, ces papiers, en brûlant, dégagent l'odeur d'ail, qui signale l'arsenic. Les cendres que laissent ces papiers ont une teinte rougeâtre et sont formées en grande partie de cuivre métallique.

On prépare aussi une couleur verte avec la gomme gutte et le bleu de Prusse ou l'indigo. On reconnaît la gomme gutte en traitant, par l'éther ou même par l'alcool, la couleur verte réduite en poudre : la gomme gutte se dissout, en donnant au liquide une couleur jaune d'or; une partie de ce liquide, versée dans un peu d'eau, forme une émulsion jaune. Si l'on ajoute un peu de potasse ou d'ammoniaque à la dissolution alcoolique ou éthérée, on obtient une coloration rouge foncé ou orangé.

Feuilles de Chrysocale, — Ces feuilles se dissolvent facilement dans l'acide azotique (dit eau forte) étendu de son volume d'eau, et donnent une couleur bleue par l'addition d'un léger excès d'ammoniaque.

Arrêtons aussi notre attention sur les papiers servant à envelopper les substances alimentaires; car des accidents graves ont été causés par l'emploi des papiers peints et des feuilles artificielles dont se servent quelquefois les fruitiers, les charcutiers, les bouchers, les épiciers et autres marchands de comestibles pour envelopper les substances alimentaires qu'ils livrent à la consommation.

Les papiers les plus dangereux sont les papiers peints ou teints en vert ou en bleu clair; ils sont ordinairement colorés par des substances vénéneuses. Citons ensuite les papiers lissés blancs, orangés, jaunes et dorés faux; ils sont colorés par le chrysocale, alliage de cuivre et de zinc.

Ces divers papiers, mis en contact avec des comestibles mous et humides ou gras, peuvent leur communiquer une partie plus ou moins grande de leur matière colorante et déterminer ainsi des accidents plus ou moins graves.

Pour reconnaître la nature des substances qui colorent ces papiers, on doit consulter les renseignements que nous avons donnés pour les bonbons et sucreries. Il faut apporter aussi beaucoup de soin dans le choix des papiers qui enveloppent les bonbons. Les papiers lissés blancs ou colorés sont souvent préparés avec des substances minérales très-dangereuses. Ils ne doivent pas servir, même comme seconde enveloppe, car les sucreries qu'ils recouvrent pourraient, en s'humectant, adhérer au papier, et causer des accidents, si on les portait à la bouche (1).

Curcuma. — Tient à la fois aux plantes qui donnent une couleur rouge et à celles qui donnent une couleur jaune.

Décreusage, opération préparatoire de la soie, se compose de trois parties : le dégommage, la cuite et le blanchîment. Le dé-

---

(1) Les limites de notre programme ne nous permettent pas de citer encore de sages prescriptions et de salutaires enseignements que, dans sa sollicitude pour l'hygiène publique, l'administration tend à vulgariser de plus en plus.

gommage a pour objet d'enlever l'espèce de gomme dont la soie se trouve naturellement recouverte ; on l'effectue en plongeant la soie dans une eau de savon bouillante et très-forte. Après avoir tordu la soie et l'avoir mise dans des sacs, on procède à la cuite, c'est-à-dire on plonge la soie dans une eau de savon plus faible et qu'on fait bouillir. Enfin, le blanchîment consiste à la soumettre à l'action de l'acide sulfureux dans une chambre faite exprès, parfaitement close, où l'on brûle du soufre.

Daubenton (de 1716 à 1800), éminent anatomiste, fut l'utile collaborateur de Buffon.

Désuintage, opération préparatoire de la laine, qui consiste à la dégager du suint, c'est-à-dire de la matière grasse produite par la transpiration de l'animal. On plonge d'abord la laine dans un bain tiède de savon et on lave ensuite à grande eau. La laine perd ainsi plus de la moitié de son poids, surtout quand elle est fine. Après plusieurs désuintages successifs, elle est apte à recevoir la teinture. Mais, pour l'avoir d'un beau blanc, il faut la soumettre à l'action de l'acide sulfureux.

Pour filer la laine, soit écrue, soit mise en teinture, il faut la graisser artificiellement. On se sert habituellement d'huile d'olive ; il paraît qu'il serait mieux d'employer l'acide oléique.

Diogène, philosophe grec (de 414 à 324 avant notre ère). Platon ayant défini l'homme un bipède sans plumes, Diogène jeta devant ce philosophe un coq déplumé, en s'écriant : Voilà l'homme de Platon.

Distillation, opération qui consiste à séparer deux corps, dont l'un est volatil et l'autre ne l'est pas ou l'est moins. Quand l'un des corps est volatil et que l'autre est fixe, la séparation s'en effectue nettement ; quand l'un des corps est seulement plus volatil que l'autre, il passe le premier à la distillation et, par conséquent, on parvient à l'isoler par des opérations successives.

Dondis (de 1298 à 1360) établit à Padoue la première horloge sonnante. Cette horloge merveilleuse lui valut le surnom d'*Hor-*

logius, qui finit par devenir le nom patronymique de sa famille. Les horloges portatives (montres) parurent sous Louis XI.

Drague (la) est une lame de fer horizontale à laquelle est adapté un sac qu'on maintient ouvert au moyen d'un trapèze métallique. Les huîtres, détachées par la lame de fer que manœuvre le pêcheur, sont recueillies dans le sac.

Ductilité, propriété de s'étirer à la filière.

Électricité, vibrations particulières qui déterminent divers phénomènes appelés électriques, parce que les premières manifestations en furent remarquées dans l'ambre jaune (en grec Electrôn).

Electro-Magnétisme, partie de la Physique qui s'occupe de l'action réciproque du magnétisme et de l'électricité. C'est par l'électro-aimant que s'obtiennent aujourd'hui, dans la science comme dans les arts, les effets les plus merveilleux de l'électricité. L'électro-aimant est un aimant aimanté par un courant électrique.

Elément, corps simple, qu'on ne peut point dédoubler en deux substances différentes. On compte aujourd'hui soixante-cinq éléments (15 métalloïdes et 50 métaux).

Encaustique, dissolution de cire dans l'eau de potasse (c'est comme une espèce de savon). Elle est composée, par litre d'eau, de 1 hectogramme de cire, 30 grammes de savon et un peu de potasse. On la fait fondre à chaud et on l'étend avec un pinceau sur les meubles, sur les parquets ou carreaux d'appartements; et, quand ce cirage est sec, on le frotte avec une brosse rude pour lui donner de l'éclat.

Envouter, c'est-à-dire exercer un maléfice par un prétendu sortilége qui consistait à représenter en cire la personne de son ennemi et, après quelques paroles cabalistiques, la figure et la personne étaient mises, croyait-on, dans un tel rapport que les blessures faites à la première étaient ressenties par la seconde; le poignard qui transperçait le cœur de l'image déterminait la mort de la personne représentée. L'accusation capitale portée contre le ministre Enguerrand de Marigny fut d'avoir envoûté le sire Charles de Valois, oncle du roi Louis X.

Estrel, chaîne de collines qui limite au nord la vallée de l'Argens (Var).

Ether, substance impondérable répandue partout et qui, par divers modes de vibration, produirait la lumière, la chaleur, l'électricité. — Il est fâcheux que le mot éther désigne aussi un composé chimique, qui a pour formule $C^4 H^5 O$, c'est-à-dire résultant de proportions inégales de Carbone, d'Hydrogène et d'Oxygène.

Falerne, vignoble sur le versant nord des collines Massiques (mont Massico), près de Capoue. Le vin de Falerne était l'un des plus célèbres chez les Romains; il n'avait pour rival que le vin de Cécube (ville entre Terracine et Gaëte), qui était plus capiteux.

Falsifications. — *Indigo.* — L'indigo est aujourd'hui sophistiqué sur une grande échelle par son mélange avec l'amidon. La fraude ne se découvre point par le poids spécifique, comme l'a pensé Slater, mais on la constate de la manière suivante : on détruit d'abord la couleur bleue de l'indigo par le chlore et l'on ajoute ensuite de l'iodure de potassium. L'amidon, s'il y en a, trahit sa présence par cette couleur bleu-noir caractéristique que lui donne l'iode.

Lait. — La falsification du lait consiste généralement ou bien à vendre comme lait pur le lait écrémé, c'est-à-dire dépouillé de la substance graisseuse qui en fait presque tout le prix ; ou bien à faire un mélange de lait pur et de lait écrémé ; ou bien, et surtout, à étendre le lait d'une notable proportion d'eau. Dans l'économie domestique, le pèse-lait est suffisant pour constater ces diverses falsifications, bien qu'il n'en mesure pas les degrés. Le pèse-lait est un tube creux, en verre. Il est renflé à sa partie inférieure, afin qu'il déplace une certaine quantité de liquide; mais il est lesté, pour qu'il puisse se tenir en équilibre quand il est immergé. On choisit pour type normal, pour terme de comparaison, un lait de qualité supérieure, qu'on a fait traire devant soi et dont on ne prend que la meilleure part, c'est-à-dire le lait qui a été trait le dernier. On y plonge le pèse-lait, qui s'enfonce jusqu'à un certain point déterminé. On marque ce point sur la tige du pèse-lait et désormais on peut constater si le lait que vend la laitière est semblable au type normal. Or, si le lait est écrémé, ou bien s'il est étendu d'eau, le pèse-lait s'enfoncera moins, parce que le liquide est devenu plus dense. Dans le premier cas, en effet, il a perdu le beurre qui le rendait plus léger ; dans le second cas, il est devenu plus aqueux. — En graduant le pèse-lait, qu'on plongerait successivement dans divers mélanges de lait et d'eau, on pourrait signaler, en quelque sorte, la quantité d'eau frauduleusement surajoutée. — Dans les grands établissements et notamment dans les hospices, on se sert d'un instrument appelé crémomètre, qui permet d'apprécier la qualité réelle du lait, c'est-à-dire la quantité de crème qu'il contient. Le crémomètre est une éprouvette à pied, en verre : cette éprouvette porte des traits gravés comprenant entr'eux un centième de sa capacité. On l'emplit du lait qu'il s'agit de contrôler, puis on laisse le liquide au repos durant vingt-quatre heures. En raison de sa moindre densité, la crème monte et se réunit à la surface. On la distingue aisément à son opacité, on n'a plus qu'à lire sur l'échelle graduée le nombre de degrés qu'elle occupe. Si la crème forme une couche qui occupe dix degrés, c'est évidemment parce qu'elle entre en proportion de dix centièmes dans le lait essayé. Or, tel est le degré que doit marquer au crémomètre le lait qui est pur et de qualité normale.

Œufs. — La fraude ne consiste ici qu'à vendre comme frais des œufs qui ne le sont pas, ou bien à vendre comme comestibles des œufs qui ne le sont plus. L'odeur fétide que dégage l'œuf gâté suffit pour manifester qu'il n'est plus comestible, mais ajoutons toutefois que cette altération profonde peut être spontanée, produite, en effet, par l'action de cryptogames microscopiques dont le spore, venu de l'extérieur, pénètre à travers la coque.

Pour reconnaître l'œuf frais du jour et le distinguer même de l'œuf frais de la veille, il faut le plonger dans un vase contenant de l'eau salée (tenant en dissolution 1/5 environ de sel marin). S'il est frais du jour, l'œuf, qui est un peu plus lourd que l'eau salée, reste au fond du vase. S'il est de la veille, il ne touche pas le fond. S'il est de deux jours, il s'élève dans le liquide, et s'il est de trois à quatre, il flotte dans le liquide et finit par monter à la surface. Le fait s'explique aisément. L'air étant 775 fois plus léger que l'eau douce et, par conséquent, encore plus léger que l'eau salée, doit alléger l'œuf pour peu qu'il y pénètre. Or il y pénètre de plus en plus au fur et à mesure que s'effectue à travers les pores de la coquille l'évaporation de l'albumen.

Les chiffres suivants donnent une idée de l'importance du commerce des œufs en Normandie seulement. En 1868, il a été exporté par le port de Honfleur pour 9,104,240 fr. d'œufs. L'année 1869 s'annonçait comme plus productive encore. Or, ce chiffre de 9,104,240 fr. ne comprend pas la consommation faite dans l'arrondissement de Pont-l'Évêque. D'un autre côté, ce chiffre ne représente pas la seule production de cet arrondissement, parce que les arrondissements voisins contribuent à l'exportation qui s'effectue par Honfleur. Mais la vérité qui s'en dégage, c'est, pour l'agriculteur, l'importance de ce produit qui vient, à peu près sans surcroît de travail, ajouter à la masse un petit bénéfice. Ajoutons un renseignement à noter. La poule peut, dans la période ordinaire de son existence, pondre six cents œufs : dans la première année, 20 seulement ; dans la deuxième année, 130 ; dans la troisième, 114. Dans les quatre années suivantes, le nombre diminue constamment de 20, et, la neuvième année, la poule en vient à n'en pondre que 10 au plus Donc, l'agriculteur qui veut que le produit soit en rapport avec la dépense de nourriture, ne doit conserver la poule au delà de quatre années, à moins qu'il s'agisse de la reproduction d'espèces rares.

Pain. — Pour donner plus de consistance à la pâte, quand le gluten est altéré, on y introduit une certaine quantité d'alun (sulfate d'alumine et de potasse, dans le langage chimique ; gypse et potasse, dans le langage des boulangers). Pour constater cette fraude dangereuse, il suffit de mettre sur l'échantillon de cette pâte une goutte d'un extrait alcoolique de bois de campêche. Si la farine est pure, la couleur produite est d'un brun jaunâtre ; si la farine contient une proportion notable d'alun, la pâte se colore en gris bleu ou bien en gris violet. Si l'alun est dans . la proportion de 1 ou 2 p. %, la tache est jaune rougeâtre ; si la proportion est de 1/2 p. %, la tache présente une bordure bleu-gris ; s'il n'y a que 1/4 p. % d'alun, cette bordure bleue n'est pas longtemps visible à l'œil nu, mais avec une loupe, on peut encore découvrir les points bleus. C'est la limite de la réaction, c'est-à-dire que le réactif ne peut signaler la présence de l'alun, s'il n'est que dans la proportion de 1/5 p. %. Et cependant, dans l'économie, l'usage habituel de ce pain aluné serait nuisible.

Savon. — Pour être parfait, c'est-à-dire pour n'être ni gras, ni maigre, le savon exige que la matière grasse et la matière alcaline qui le composent soient absolument combinées. Mais, en pratique, on n'obtient pas ce résultat, et tous les savons sont, les uns, alcalins, les autres, graisseux. Or le savon alcalin ride et parchemine la peau ; il altère les tissus et les couleurs. Le savon graisseux rend la peau poisseuse, d'où résulte que les poussières atmosphériques adhèrent à la peau, comme sur les tissus, et la salissent. Le savon alcalin ayant ainsi plus d'inconvénients que le savon gras, c'est par excès de matière grasse que pêche le savon.

On annonce que l'hydrate de *silice* (la *silice* est l'acide silicique du chimiste) introduit dans le savon alcalin ou bien graisseux, le perfectionne. Si le savon est alcalin, la silice y sature l'excès de l'alcali ; si le savon est graisseux, l'hydrate de silice, par son extrême ténuité, divise à l'infini la matière grasse et l'empêche de se déposer. Ainsi cette substance impalpable agit ou chimiquement ou bien physiquement, selon la défectuosité du savon.

Dans quelques fabriques de savon à détacher, on utilise la substance amère qui se détache de la coquille d'huître, lorsqu'on traite cette coquille pour la fabrication des eaux de seltz. C'est qu'en effet, ces coquilles d'huîtres entassées aux portes des restaurants ne restent pas sans emploi. On les écrase sous l'action d'un vaste moulin mû par un ou deux chevaux. Puis on les met au pilon, d'où elles sortent réduites en poussière grossière, mais blanche. Enfin, quand cette poussière est bien sèche, on la vend aux fabricants d'eau de Seltz, qui en retirent une partie de l'acide carbonique de nos syphons d'eau gazeuse.

Sel. — Ce corps si nécessaire dans l'alimentation est trop souvent falsifié, ou par l'addition de plâtre pulvérisé, ou bien par des sels de varech (iodure dans le langage scientifique). Pour reconnaître que le sel est falsifié par la poudre de plâtre (sulfate de chaux), on le traite par quatre parties d'eau qui dissolvent le sel et ne dissolvent pas le plâtre. On peut séparer de même les sables et les matières insolubles qui ont été frauduleusement mêlés au sel. Pour constater dans le sel marin la présence des sels de varech, qui sont vénéneux, on opère de la manière suivante : on fait bouillir un gramme d'amidon en poudre dans cinquante grammes d'eau, puis on laisse refroidir la solution. On verse ensuite quelques grammes de cette solution dans un verre contenant le sel marin, on y ajoute quinze ou vingt gouttes d'acide azotique (nitrique) et l'on agite. Si le sel contient des sels de varech, il prend une coloration qui varie du violet au bleu.

Vin. — La falsification du vin consiste presque toujours dans l'addition d'une certaine quantité d'eau. Connaissant la proportion d'alcool que doit comporter naturellement telle ou telle espèce de vin, il est facile, par une simple distillation, de constater la proportion d'eau surajoutée.

Quant à la présence de l'acétate de plomb (sucre de Saturne), qui parfois est employé pour adoucir le vin acidifié, nous avons dit, en parlant des matières colorantes prohibées, quel est le moyen de reconnaître ce composé vénéneux.

Vinaigre. — La falsification la plus grave et la moins coûteuse du vinaigre consiste dans l'addition d'une petite proportion d'acide sulfurique. Le réactif, c'est l'amidon soumis à l'action de l'iode. Si le vinaigre ne contient pas d'acide sulfurique, l'amidon n'est pas transformé (en glycose) et, par conséquent, si l'on ajoute de l'iode, le vinaigre se colore en bleu. Si le vinaigre contient de l'acide sulfurique, l'amidon passe à l'état de glycose et, comme l'iode n'a pas d'action sur le glycose, le vinaigre ne se colore pas.

FERNAMBOUC ou Pernambouc, ville du Brésil, port très-commerçant sur l'Océan Atlantique, par 8° 19' latitude S., 37° 25' longitude O.

FINIGUERRA (de 1420 à 1471), sculpteur et orfèvre de Florence, inventa la gravure sur cuivre.

FLUORHYDRIQUE (acide) composé de fluor et d'hydrogène. On n'est pas encore parvenu à isoler le fluor.

FONTAINEBLEAU, au milieu d'une magnifique forêt (Seine-et-Marne). Le plant célèbre, qui est une de ses richesses, eut pour origine un cep venu du Quercy, petit pays de la Guyenne, dont les chefs-lieux étaient Cahors, pour le Haut-Quercy, et Montauban, pour le Bas-Quercy.

FOUCAULT, astronome français qui, le premier, au moyen du pendule, a rendu manifeste la rotation de la Terre. L'astronomie lui doit aussi le perfectionnement des miroirs, dont il augmente le pouvoir réflecteur en substituant l'argent à l'amalgame d'étain, c'est-à-dire l'argenture à l'étamage.

FRÉDÉRIC II (de 1184 à 1250), 26e empereur d'Allemagne. Son règne fut très-agité. Ce prince, qui ne s'était décidé qu'avec peine à partir pour la croisade, acheta du sultan Mélédin la ville de Jérusalem. Il se fit roi de la Ville-Sainte, mais il fut forcé de se couronner lui-même, aucun prêtre n'ayant voulu bénir un front que l'Eglise avait frappé d'anathème.

FRONTIGNAN, à 49 kilomètres S.-O. de Montpellier ; 1,850 habitants.

FULMINIQUE (acide), composé de carbone et d'azote ; il est trèsexplosif. Avec l'argent, il forme la matière détonnante des *bonbons chinois*.

Fusibilité, propriété de se liquéfier par la chaleur.

Fusil Français. — Le nouveau fusil adopté pour l'armée française est sur un tout autre type. Il ne pèse que trois kilogrammes; et le soldat peut tirer, dans les rangs, dix coups par minute; et sept à huit coups, s'il tire avec soin, c'est-à-dire s'il doit bien viser.

Galvanoplastie, art de déposer, par l'effet d'un courant électrique, une couche de métal sur un corps qu'on revêt ainsi d'or, d'argent ou de cuivre, en lui conservant toutes les délicatesses de sa forme. C'est ainsi que l'on bronze les monuments.

Gay-Lussac (de 1778 à 1850), chimiste et physicien de premier ordre, né à St-Léonard (Haute-Vienne). Ce fut en 1804 qu'il exécuta avec M. Biot d'abord, et puis seul, sa célèbre exploration de l'atmosphère jusqu'à une hauteur de plus de 7,000 mètres.

Gaz. — L'Oxygène est le corps comburant par excellence, c'est-à-dire qui brûle les autres corps. L'Hydrogène est le corps combustible par excellence, c'est-à-dire le corps qui est brûlé avec le plus d'énergie par l'oxygène. L'Azote n'est ni comburant ni combustible; mais il est un élément, un corps simple. L'Acide Carbonique n'est ni comburant, ni combustible; mais il n'est pas un élément, car il est composé du corps comburant (oxygène) et d'un corps combustible (carbone). Le signe représentatif de l'Oxygène est la lettre O; de l'Hydrogène, la lettre H, de l'Azote, les deux lettres Az; de l'Acide Carbonique, les lettres C. O.

Golconde, à 2 kilomètres O. d'Heiderabad (Inde anglaise), par 17° 18' latitude N., 76° 15' longitude E., a beaucoup perdu de son ancienne splendeur.

Gédéon. — Ce fut au pied du chêne d'Ephra que ce juge d'Israël reçut la mission de délivrer son peuple.

Gyaros, une des Cyclades (aujourd'hui Ghyoura), était, pour les Romains, un lieu de déportation.

HOMME. — Créé à l'image de Dieu, l'homme est en dehors et au-dessus de la série animale par sa raison, par son libre arbitre, par sa conscience, par sa future destinée. Cependant, sous le rapport physique, on peut le considérer comme zoomètre, c'est-à-dire comme la mesure de l'animalité, dont il est le modèle par excellence.

HYDROPHOBIE (voir Rage).

HYMETTE (mont), à 11 kilomètres S.-E. d'Athènes, était célèbre pour son excellent miel et pour son marbre statuaire; aujourd'hui Mavro-Vouni.

INSTITUT (de France), ensemble des cinq Académies : académie Française, académie des Inscriptions et Belles-Lettres, académie des Sciences, académie des Beaux-Arts, académie des Sciences Morales et Politiques.

ISIGNY, petit port sur la Manche, à 27 kilomètres O. de Bayeux (Calvados). Il ne faut pas le confondre avec Isigny près de Morlaix (Manche).

JACQUART (1752 à 1834), mécanicien lyonnais, rendit le tissage plus simple, plus rapide et plus salubre. Dans le métier-Jacquart, nous signalerons seulement la navette et les deux pédales. Les deux pédales font monter et descendre tour-à-tour les fils de la chaîne, qui forment deux surfaces planes, inclinées l'une vers l'autre, et c'est dans cet espace angulaire, qui est près du tisserand, que la navette dépose, en passant, le fil de trame. La navette est un petit morceau de bois, long, effilé, très-poli. Au centre, elle est percée d'un trou circulaire pour recevoir une bobine chargée du fil de trame, qui sort par un petit orifice ouvert à l'un des bouts de la navette.

KILOGRAMME (mille grammes) équivaut à deux livres et 5/100 environ.

LACRYMA-CHRISTI, vignoble au pied du Vésuve, à 8 kilomètres S.-E. de Naples.

Lacydes (de 374 à 215 avant notre ère), philosophe sceptique, dont il ne nous est rien parvenu.

Lavoisier (de 1743 à 1794), un des fondateurs de la chimie moderne, que son génie scientifique et ses services publics auraient dû sauver au moins de l'échafaud politique.

Linnée (de 1707 à 1778), naturaliste célèbre, une des gloires de la Suède.

Lion (le) d'Athènes était un lion d'airain sur lequel siégeait le fonctionnaire chargé d'emplir les clepshydres dont on se servait dans les jugements pour fixer un temps égal à chacun des orateurs. La clepshydre était une sorte d'horloge où le temps était mesuré par la durée même de l'écoulement du liquide contenu dans ce vase, qui avait une capacité déterminée.

Louis XI, dans les circonstances même les plus graves, ne consultait personne. C'est ce qui fit dire plaisamment que l'âne qui servait de monture à ce prince, était bien fort, puisqu'il portait le Roi et son Conseil.

Louvre. — Ce magnifique monument de Paris, qui est comme une annexe du Palais National des Tuileries, fut longtemps la résidence des rois de France; sous le premier Empire, il devint un musée, qui est le plus riche du Globe.

Lucrin (lac), au N.-O. de Naples, n'est plus aujourd'hui qu'un étang. Le 30 septembre 1538, un tremblement de terre y souleva une montagne de 350 mètres de hauteur, appelée Monte-Nuevo; et c'est ainsi qu'a disparu ce lac qui, communiquant avec la mer, était le grand parc aux huîtres des Romains.

Lucullus (de 115 à 49 avant notre ère), après s'être montré un des plus habiles généraux de Rome, se rendit célèbre par la mollesse de ses habitudes et le luxe de ses festins. Il rapporta le cerisier de Cérasonte, aujourd'hui Kéresoun sur la mer Noire, dans l'eyalet et à l'O. de Trébizonde.

Lunel, à 24 kilomètres N.-E. de Montpellier; 6,500 habitants.

MACHINE PNEUMATIQUE, pompe à air, destinée à retirer l'air contenu dans une espace déterminé.

MADÈRE, île d'Afrique, colonie portugaise ; 150,000 habitants. Par 32º 45' latitude N., 12º 37' longitude O. Son nom signifie bois, et lui vint de ce qu'en effet, quand elle fut découverte en 1419, elle n'était qu'une immense forêt. On y mit le feu en 1421, et l'incendie dura sept ans. Fertilisé par cette prodigeuse quantité de cendres, le sol donna d'abord des vendages exubérantes qui, de nos jours, diminuent de plus en plus.

MAGNÉSIUM, radical de la Magnésie, qui n'est en effet que du magnésium oxydé. Ce métal, aussi léger que le verre, presque aussi blanc que l'argent, brûle avec un éclat extraordinaire. Sa puissance lumineuse est 1/500 de celle du soleil; mais sa puissance photogénique, c'est-à-dire son action chimique pour la photographie, est 1/35 de celle de cet astre.

MAGNÉTISME, force mystérieuse qui détermine divers phénomènes qui ont été appelés magnétiques, parce qu'ils furent entrevus pour la première fois dans l'aimant (en grec, Magnès). Le magnétisme n'est qu'une modification de l'électricité.

MAHOMET (de 570 à 632), le grand prophète des Musulmans. Contraint, en 622, de se réfugier à Yatreb, cette ville l'accueillit avec transport et reçut de là le nom de Médine (Medinet-al-Nabi, c'est-à-dire ville du prophète).

MALAGA, ville et port sur la Méditerranée; 70,000 habitants. Par 36º 43' latitude N., 5º 45' longitude O. Ses vignobles produisent un raisin délicieux.

MALLÉABILITÉ, propriété de s'étendre sous le marteau.

MALVOISIE (Nauplie de), ville de la Grèce, sur la petite île de Minoa, à 53 kilomètres S.-E. de Misitra; 6,000 habitants.

MARSALA, autrefois Lilybée; à 150 kilomètres S.-O. de Palerme.

MAXIMILIEN d'Autriche, encore simple archiduc (1492), se rendit maître d'Arras par trahison. Cette ville portait alors pour armoiries ce qu'on appelle en terme de blason *trois rats de sable;* les Espagnols en conçurent l'idée de mettre sur une de ses portes l'inscription suivante : *Quand les Français prendront Arras, les rats mangeront les chats.* Un des Français qui s'emparèrent d'Arras en 1640, se contenta de ne retrancher de l'inscription que la lettre *p.*

MÉTAMORPHOSE. — La plupart des insectes n'arrivent à leur entier développement qu'en passant par une série de modifications qu'on appelle improprement métamorphoses, car ils ne font que se dépouiller successivement des enveloppes qui cachent leur forme définitive.

MÈTRE, unité de longueur. Il est égal à la dix-millionième partie du quart du méridien terrestre; il équivaut à 3 pieds 11 lignes environ.

MICROSCOPE, instrument qui amplifie les images des corps et rend ainsi visibles des objets qui échappent à la vue par leur extrême petitesse.

MINÉRAL (le) *cristallise,* c'est-à-dire ses molécules s'agrégent géométriquement, affectant des formes précises et invariables. Il ne demande rien au monde extérieur. Sa durée est indéfinie.

MINÉRALOGIE, description raisonnée des minéraux. Elle est une branche de la Géologie, elle en est pour ainsi dire l'alphabet.

MINERVE, déesse de la sagesse. Le hibou lui était consacré.

MOÏSE (de 1573 à 1453 avant notre ère), le plus grand des historiens, le plus sublime des philosophes et le plus sage des législateurs. Dans une circonstance solennelle, ayant douté un moment de la puissance du Seigneur, il n'eut pas la satisfaction d'entrer dans la Terre-Promise. Il mourut sur le mont Nébo (pays des Moabites, qu'occupa plus tard la tribu de Ruben).

Molécule ou atome, la plus petite particule de matière qu'on puisse imaginer. Pour quelques savants, atome est un diminutif de molécule.

Montefiascone, petite ville à 15 kilomètres N.-O. de Viterbe.

Néron (de 37 à 68), empereur romain d'exécrable mémoire. Il se fit tuer par son secrétaire, en apprenant que le Sénat l'avait déclaré ennemi public.

Newton (de 1642 à 1727), une des gloires scientifiques de l'Angleterre. Comme mathématicien, astronome et physicien, Newton a pris au premier rang sa place incontestée.

Objectif. — Verre en forme de lentille et qui est appelé *objectif*, parce qu'il est tourné du côté de l'objet, de l'astre qu'on observe; tandis qu'on appelle *oculaire* le verre en forme de lentille qui est du côté de l'œil, c'est-à-dire de l'observateur. Cette lame d'argent remplace avec avantage les verres colorés qui sont en usage. M. Foucault, qui avait déjà perfectionné les miroirs télescopiques en substituant l'argenture à l'étamage, crée ainsi un écran métallique qui intercepte la chaleur du soleil. L'image est d'une netteté exceptionnelle, parce que les rayons de chaleur ne pénétrant pas dans l'intérieur du tube de la lunette, la circulation de l'air n'a pas lieu, comme cela arrive ordinairement. Les rayons transmis par l'*objectif* et qui produisent l'image du soleil au foyer de cette lentille, sont colorés en bleu foncé; l'œil s'y habitue en très-peu de temps.

Odessa, port sur la mer Noire, entre l'embouchure du Dniéper et celle du Dniester. Déclaré port franc en 1802, il a cessé de l'être en 1857.

Oïdium, petite plante acotylédonée (cryptogame), de la famille des mucédinées. Une de ses espèces forme la moisissure, parasite de la vigne, véritable fléau qui nous est venu d'Angleterre, fait d'autant plus inattendu que l'Angleterre n'a pas de vignobles. Mais cette moisissure s'y est développée dans les serres où l'aristocratie anglaise cultive quelques ceps, et les germes microscopiques de l'oïdium, disséminés par le vent, se sont abattus sur nos plants de Bourgogne et de Bordeaux, sur ceux de l'Espagne, de l'Italie, de la Grèce et de l'Orient. Contre cette maladie de la vigne, l'agent le plus efficace est le soufre qu'on doit répandre sur toutes les parties du cep, aux trois époques principales de la période végétative : la floraison, la fructification et la maturation. Pour opérer d'une manière convenable, on se sert d'un soufflet qui, dans un petit compartiment, contient cette poussière fine de soufre, qu'on appelle *fleur de soufre.*— On signale aussi la submersion du sol comme un excellent moyen de détruire les germes de l'oïdium.

OSTENDE, sur la mer du Nord, à 19 kilomètres O. de Bruges (Belgique).

OVIPARE, animal qui produit des œufs et qui est né lui-même sous forme d'œuf.

PARACELSE (de 1493 à 1541), médecin suisse et alchimiste. Il introduisit dans la thérapeutique l'emploi de l'opium et du mercure. Il croyait à la magie.

PARMENTIER (de 1737 à 1813), agronome, se voua surtout à l'étude et à l'amélioration des substances alimentaires.

PAROS, aujourd'hui Paro, île de l'Archipel, par 47° 3' latitude N., 22° 51' longitude E.

PATHOLOGIE, science qui étudie les organes à l'état morbide.

PERGAME, aujourd'hui Bergamo, ville de Mysie, a donné son nom au parchemin *(pergamina charta),* dont elle avait de nombreuses fabriques.

PHIDIAS, Athénien (de 498 à 430 avant notre ère), le plus grand statuaire de l'antiquité.

PELLISSON ou PELISSON (de 1624 à 1693), premier commis de Fouquet, surintendant des finances, partagea la disgrâce de son protecteur. Incarcéré durant cinq ans à la Bastille, il y fut distrait par une araignée qu'il avait apprivoisée.

Physiologie, science qui étudie les organes à l'état sain.

Phytologie, description raisonnée des végétaux. L'expression Phytologie signifiant étude des plantes, doit être préférée à l'expression Botanique, qui signifie plutôt étude des herbes. Le nom de botanique fut donné par des médecins qui créèrent la science, mais ne s'occupaient guère que des plantes herbacées. L'expression phytologie a de plus pour elle la terminologie, qui donne à cette science un air de famille avec sa sœur, la Zoologie.

Pile. — Voir *Volta*.

Plante. — Voyez *Végétal*.

Platon, le plus moral des philosophes grecs (de 428 à 387 avant notre ère), fondateur de. l'école si célèbre sous le nom d'*Académie* (1). Il admettait l'unité et l'éternité de Dieu, ainsi que l'immortalité de l'âme.

Potasse, oxyde de Potassium, c'est-à-dire combinaison de ce métal avec l'oxygène. C'est un caustique très-énergique; la chirurgie l'emploie sous le nom de pierre à cautère, pour brûler les chairs. La potasse est la base des savons mous.

Pyromètre, instrument pour mesurer d'une manière approximative les températures excessives, par exemple, la température nécessaire pour cuire la porcelaine, pour fondre le cristal, les émaux. Le plus simple *Pyromètre* consiste en un petit corps de pâte d'alumine, qui se contracte d'autant plus qu'il est soumis à une température plus élevée. Ce fait paraît contraire à l'action caractéristique de la chaleur, qui dilate effectivement tous les corps. Mais ce n'est qu'une simple apparence que dissipe aisément l'analyse. La pâte qui constitue le pyromètre est composée d'alumine et d'eau. Or, la chaleur dilate l'une et l'autre, mais très-inégalement, car l'alumine est peu dilatée, tandis que l'eau

(1) Le mot *Académie*, qui rayonne toujours d'un certain éclat, n'a qu'une étymologie fort étrange : il dérive d'Académus, citoyen d'Athènes, auquel avait appartenu le jardin où Platon établit son école.

est volatilisée. Il en résulte que, la dilatation de l'alumine ne pouvant pas compenser la diminution du volume produite par le départ de l'eau, le pyromètre présente un volume de plus en plus réduit.

Pythagore, philosophe grec, mais surtout grand mathématicien (de 575 à 509 avant notre ère). Il n'a rien écrit. Il s'abstenait de toute espèce de viande, ainsi que ses disciples, qui avaient en lui une confiance absolue, tenant pour vrai tout ce que *le maître avait dit.*

Quercitron (le) est, à l'arrière-saison, l'arbre le plus ornemental de l'Amérique Septentrionale ; car alors son feuillage, qui se mêle au feuillage violet de divers autres arbres, est d'un rouge éblouissant. Les Etats-Unis ont ainsi un aspect dont nous n'avons pas d'idée en Europe.

Rage ou Hydrophobie, maladie terrible que le chien peut transmettre à l'homme lui-même par la moindre morsure. Le meilleur préservatif serait de vulgariser les symptômes qui précèdent de beaucoup le moment où l'animal est enclin à mordre. Le chien devient morose, inquiet, sauvage. Il a des mouvements désordonnés, sa voix devient étrange. Alors il n'y a plus à hésiter ; il faut abattre l'animal, qui ne tarderait d'ailleurs pas à succomber ; et son corps doit être profondément mis en terre. — L'incubation du virus rabique, c'est-à-dire le temps qui peut s'écouler entre l'inoculation et l'accès, ne dépasse guère trois mois. La cautérisation doit être effectuée dans tous les cas ; mais elle ne peut presque jamais être faite immédiatement, et son efficacité n'est pas certaine. Nous devons donc signaler les divers autres modes curatifs qui ont été proposés. M. Delaunay conseille l'emploi du brôme. M. le docteur Grégoire recommande l'emploi de l'azotate d'argent (pierre infernale) administrée à l'intérieur pendant l'incubation du virus, c'est-à-dire pendant la période latente de la maladie.

M. le docteur Buisson, après expérience faite sur lui-même, dit : Quand une personne est mordue par un chien enragé, il faut lui faire prendre sept bains de vapeur, un par jour (dit à la russe) de 57 à 63 degrés, c'est là le remède préventif. Quand la maladie est déclarée, il ne faut qu'un bain de vapeur monté rapidement à 37 degrés centigrades, puis lentement à 63 degrés. Le malade doit se tenir bien enfermé dans sa chambre jusqu'à ce qu'il soit complètement guéri.

Terminons par un conseil qui, dans tous les cas, a l'avantage d'une plus facile application. Toute personne mordue par un animal enragé ou suspect d'hydrophobie doit, à l'instant même, presser sa blessure dans tous les sens, afin d'en faire sortir le sang et la bave. Il faut ensuite laver la blessure soit avec de l'ammoniaque (alcali volatil étendu d'eau), soit avec de l'eau de lessive, soit avec de l'eau de chaux. A défaut de ces liquides, on se sert d'eau salée, et même au besoin on opère avec de l'eau pure. On doit laver la plaie avec un linge un peu rude, afin de l'irriter et d'en mieux exprimer le sang ; puis on doit faire chauffer au rouge blanc un morceau de fer qu'on appliquera profondément sur la blessure. Quelques heures après cette cautérisation, il est sage de mettre sur la plaie un large vésicatoire, qu'on lève et qu'on traite comme les vésicatoires ordinaires. Ces moyens, bien employés, peuvent suffire pour dissiper tout danger. — Nous avons dit que le corps de l'animal abattu doit être profondément enfoui ; car, par l'intermédiaire des mouches ou d'autres insectes, le virus rabique peut être communiqué à d'autres chiens et même à l'homme.

RÉAUMUR (de 1683 à 1737), physicien, naturaliste et technologiste.

RÉFRANGIBILITÉ, propriété d'être réfracté, c'est-à-dire dévié. Ainsi le rayon lumineux est réfrangible, car il peut être réfracté dans certains cas, par exemple, quand il traverse un corps anguleux appelé prisme. Alors, comme les différentes couleurs dont le rayon blanc se compose sont inégalement réfrangibles, il en résulte que ces couleurs se séparent et forment une image où se disposent, dans un ordre parfait, toutes les couleurs de l'arc-en-ciel.

Regnard (de 1655 à 1709), poète comique qui, par sa franche gaîté, se place immédiatement après Molière, le premier de tous les poètes comiques.

Règnes. — Cette expression se conserve dans le langage pour désigner les trois groupes considérables que forment les divers corps de la Nature. Mais l'Histoire Naturelle ne comprend que les deux règnes organiques (végétal et animal) ; le règne inorganique (minéral) appartient à la Géologie.

Rollin (de 1661 à 1741), professeur célèbre, auteur de plusieurs ouvrages fort estimés, notamment du *Traité des Études*.

Rouissage, opération préparatoire du chanvre et du lin. Après avoir arraché la plante, on en coupe les racines, la tête et les feuilles ; puis on met en bottes les tiges qu'on tient submergées, durant une quinzaine de jours, dans une mare ou dans un ruisseau. Il importe d'arrêter à temps la fermentation putride, afin qu'elle n'altère pas les fibres elles-mêmes qu'elle doit seulement isoler de l'écorce.

Scaliger (de 1484 à 1558), savant presque universel, mais d'une excessive vanité. Son fils le surpassa sous le rapport littéraire et surtout comme chronologiste et historien.

Seltz ou Nieder-Selters, village du duché de Nassau, au N.-E. de Wiesbaden, à 41 kilomètres N. de Mayence.

Sèvres sur la Seine, à 10 kilomètres S.-O. de Paris, célèbre par sa manufacture de porcelaine qui tient en Europe le premier rang.

Sidon aujourd'hui Séide, ville de Syrie, autrefois rivale de Tyr. Son port, sur la Méditerranée, fut comblé vers 1630 par l'émir Fakhr-el-Dyn, prince des Druses.

Silice, acide silicique, composé de silicium et d'oxygène.

Silo, espèce de grenier profondément souterrain où les grains sont abrités à la fois contre l'air, l'humidité, les rongeurs et les insectes.

Siphon, tube recourbé, dont une branche est plus longue que l'autre.

Socrate, un des sept sages de la Grèce (470 à 400 avant notre ère), eut la gloire d'introduire dans la philosophie le dogme de la Providence. Au moment de boire la ciguë, il recommanda d'offrir en son nom un coq à Esculape, dieu de la médecine : il était d'usage à Athènes de faire cette offrande toutes les fois qu'on était guéri d'une maladie grave.

Solubilité, propriété de se liquéfier dans un liquide.

Soude, oxyde de sodium, c'est-à-dire combinaison de ce métal avec l'oxygène. La soude est la base des savons durs.

Spitzberg, archipel russe dans l'Océan glacial arctique, 77⁰ latitude N., 8⁰ longitude E.

Sully (de 1560 à 1641), ministre et ami de Henri IV, qui lui donna le titre de duc. Il se nommait Maximilien de Béthune et prit le nom de la terre de Sully, dont il fit l'acquisition. Il fut économe des deniers de l'Etat et protégea l'agriculture.

Sybarites, habitants de Sybaris, ville de l'antique Italie, étaient cités pour leur luxe excessif et leur extrême mollesse. La ville fut détruite par les Crotoniates, et ses ruines occupent une assez grande étendue sur le Craté (Calabre citérieure).

Tarare, sur le Turdine, à 20 kilomètres S.-O. de Villefranche (Rhône) ; 9,800 habitants.

Tasse (le), le plus grand poète de l'Italie moderne (de 1544 à 1595).

Taille. — En horticulture, c'est une opération qui consiste à supprimer quelque partie de la plante au profit d'une autre partie. La sève est ainsi dirigée vers le point dont on veut favoriser le développement. Le plus souvent, la taille restreint les dimensions de l'arbre fruitier au profit de la fructification. Quelquefois, elle n'a pour but que de donner à l'arbre une forme plus gracieuse, plus ornementale.

Ténacité, propriété de ne pas se rompre par la traction.

· **Thalès** (de 639 à 548 avant notre ère), un des sept *Sages* de la Grèce. Il admettait dans le monde physique un principe moteur, l'esprit, et disait que tout est plein de Dieu. Chez les Grecs, le même mot signifiait Sagesse et Savoir. Les sept sages ou savants du VIe siècle avant notre ère furent Thalès, Solon, Bias, Chilon, Cléobule, Pittacus et Périandre. Chacun d'eux avait adopté pour devise une maxime. Celle de Thalès était *connais-toi toi-même.*

Thermomètre, instrument destiné à mesurer la température des corps, c'est-à-dire la chaleur sensible. Il consiste en un tube de verre contenant une colonne de mercure d'un diamètre capillaire. Le mercure se dilate graduellement par l'action de la chaleur ou se contracte par l'action du froid ; il peut ainsi parcourir l'échelle thermométrique, qui a deux points fixes : le point 0 (température de la glace fondante) et le point 100 (température de la vapeur d'eau bouillante sous une pression de 0^m,76).

Tillage ou Teillage. — Quand on a retiré de l'eau le chanvre ou le lin qu'on a soumis au rouissage, on dresse les bottes au soleil et à l'air, pour qu'elles sèchent ; alors, en tirant les fibres par un bout, elles se détachent jusqu'à l'autre, c'est ce qu'on appelle *tiller* ou *teiller* le chanvre, le lin. Ces fibres sont en dedans de l'écorce, qui se brise. Pour aller plus vite, on peut *serancer*, c'est-à-dire briser la tige sous une lame de bois appelée *mâchoire*. La flexibilité des fils les conserve entiers.

Tœnia ou Ténia (dit ver solitaire) ne naît pas dans les intestins de l'homme ; mais il y prend l'état adulte, après y avoir pénétré à l'état d'embryon sous le nom de Cysticerque. Le cysticerque est un ver parasite du porc, et se transforme en tœnia dans le tube intestinal de l'homme. Ainsi, c'est par la chair du porc que le tœnia est introduit dans le corps humain. La chair du porc peut encore nous transmettre un autre parasite microscopique bien autrement redoutable que le tœnia. Ce petit ver filiforme, c'est la trichine, qui se loge dans les muscles et s'y multiplie avec une prodigieuse rapidité. Il n'y a que le microscope qui puisse faire reconnaître si le porc est trichiné. Le plus sûr est de ne jamais manger sa chair crue ; il faut même tenir à ce qu'elle soit suffisamment cuite ; car les trichines ne périssent qu'à 65 degrés de chaleur L'infection trichinale se nomme trichinose : on ne connaît pas de spécifique contre cette maladie.— Il importe de bien noter ces deux points : 1º la chair de porc ne communique la trichinose que lorsque l'animal lui-même est trichiné ; 2º les trichines périssent toujours par la cuisson. (La fumigation ne suffit pas.)

Transparence. — Considérés dans leur rapport avec la lumière, les corps se divisent en corps transparents, corps translucides et corps opaques. Le corps transparent, placé devant les objets, en laisse voir la forme et la couleur, par exemple, l'air. Le corps translucide ne laisse passer qu'une lumière insuffisante pour qu'on puisse distinguer la forme et la couleur des objets, par exemple, le verre dépoli. Le corps opaque intercepte le passage de la lumière, par exemple, une plaque de fer.

Tokay ou Tokai, bourg de Hongrie, sur la Theiss, à 36 kilomètres Sud d'Ujhéli, dans le comitat de Zemplin.

Type. — Les Types se subdivisent en Classes, les Classes en Ordres, les Ordres en Familles, les Familles en Genres, les Genres en Espèces.

Vaulry, village à 12 kilomètres S. de Bellac (Haute-Vienne).

Végétal ou Plante, être organisé d'une manière inférieure ; c'est-à-dire privé d'organes des sens et d'organes de mouvement.

La plante *végète,* c'est-à-dire naît et se développe, mais elle n'a ni instinct, ni organe des sens, ni organe du mouvement.

Ver a soie, expression impropre, car le Bombyx n'est pas un ver, mais un insecte. Zoologiquement il appartient donc à une classe beaucoup plus élevée. Il n'est chenille que dans une des périodes de son développement ; à l'état parfait, c'est un papillon.

Virgile (de l'an 69 à l'an 19 avant notre ère), le plus grand poète de Rome payenne.

Visapour ou Bedjapour, à 370 kilomètres S.-O. de Bombay (Inde anglaise), jadis surnommée la Palmyre de l'Inde, ne présente guère plus que des ruines.

Volta, célèbre physicien de l'Italie (de 1745 à 1827). La science lui doit cette merveilleuse source d'électricité chimique qui porte encore le nom de Pile voltaïque, bien que l'appareil n'ait plus la forme d'une pile. Une des plus précieuses applications de l'appareil électrique est assurément la transmission des dépêches par voie télégraphique.

Vougeot, village de l'arrondissement de Beaune (Côte-d'Or), à 6 kilomètres N.-E. de Nuits.

Zennequin, qui commandait à Cassel les Flamands révoltés, avait érigé devant le camp français un coq de carton, avec l'inscription suivante : *Quand ce coq chanté aura, le roi Cassel conquettera.* Philippe VI répondit à cette bravade par une victoire complète.

Zoologie, description raisonnée des animaux.

TABLEAU DES TROIS RÈGNES.

MINÉRALOGIE.

Ire CLASSE. LES GAZ.

Premier ordre. — LES GAZ SIMPLES.

Espèces.

Oxygène.
Hydrogène.

Azote.

Second ordre. — LES GAZ COMPOSÉS.

Espèces.

Eau (vapeur d').
Air.
Acide carbonique.
Acide sulfureux.

Acide chlorhydrique (ou *muriatique)*.
Acide sulfhydrique (*hydrogène sulfuré*).
Hydrogène carboné (*grisou*).

IIe CLASSE. LES COMBUSTIBLES.

Premier ordre. — LES BITUMES.

Espèces.

Naphte.
Pétrole.

Asphalte.

Deuxième ordre — LES RÉSINES.

Espèces.

Succin.
Résinasphalte.

Elatérite.

Troisième ordre. — LES CHARBONS.

Espèces.

Carbone (diamant).
Graphite.
Houille.

Anthracite.
Lignite.
Tourbe.

Quatrième ordre. — LES SOUFRES.

Espèces.

Soufre.

Sulfure de sélénium.

IIIe CLASSE. LES MÉTAUX.

Premier ordre. — MÉTAUX NATIFS.

Espèces.

Arsenic.
Tellure.
Antimoine.
Bismuth.
Mercure.

Argent.
Cuivre.
Or.
Palladium.
Platine.

Deuxième ordre. — OSMIURES.

Troisième ordre. — AURURES.

Quatrième ordre. — AMALGAMES.
Cinquième ordre. — TELLURES.
Sixième ordre. — ANTIMONIURES.
Septième ordre. — ARSÉNIURES.
Huitième ordre. — SÉLÉNIURES.
Neuvième ordre. — SULFURES.
Dixième ordre. — IODURES.
Onzième ordre. — CHLORURES.
Douzième ordre. — OXYDES MÉTALLIQUES.

IVe Classe. LES PIERRES.

Premier ordre. — OXYDES NON MÉTALLIQUES.
Espèces.

Silice. Alumine.

Deuxième ordre. — HYDRATES NON MÉTALLIQUES.
Espèces.

Hydrate d'alumine. Hydrate de magnésie (*brucite*).

Troisième ordre. — CHLORYDRATES OU CHLORURES.
Espèces.

Chlorhydrate de soude (chlorure de sodium ou *sel marin*). Chlorhydrate d'ammoniaque (*sel ammoniaque*).

Quatrième ordre. — FLURHYDRATES OU FLUORURES.
Espèces.

Flurhydrate de chaux (*spath fluor*). Flurhydrate de soude et d'alumine (*chryolithe*).

Cinquième ordre. — SULFATES.
Espèces.

Sulfate de chaux (*karsténite*). Sulfate d'alumine et de potasse (*alun*).
Sulfate de chaux hydraté (*gypse*). Sulfate de plomb.
Sulfate de strontiane (*célestine*). Sulfate de zinc.
Sulfate de baryte (*barytine*). Sulfate de fer (*couperose*).
Sulfate de soude et de chaux (*glaubérite*). Sulfate de cuivre.

Sixième ordre. — AZOTATES.
Espèces.

Azotate de potasse (*salpêtre*). Azotate de soude.

Septième ordre. — PHOSPHATES.
Huitième ordre. — ARSÉNIATES.
Neuvième ordre. — CARBONATES.
Espèces.

Carbonate de chaux (*craie, marbre, pierre lithographique*). Carbonate de fer (*fer spathique*).
Carbonate de magnésie.
Carbonate de chaux et de magnésie (*dolomie*). Carbonates de cuivre { vert (*malachite*). bleu (*azurite*).

Dixième ordre. — BORATES.

Onzième ordre. — SILICATES.

Espèces.

Silicates d'alumine (*émeraude, grenat, lapis, mica, feldspath*).
Silicates fluorurés d'alumine (*topaze*).
Boro-silicates d'alumine (*tourmaline*).

Douzième ordre. — ALUMINATES.

Espèces.

Aluminate de magnésie (*spinelle*).
Aluminate de fer et de magnésie (*pléonaste*).

Treizième ordre. — TITANATES.

Quatorzième ordre. — TANTALATES.

Quinzième ordre. — TUNGSTATES.

Seizième ordre. — MOLYBDATES.

Dix-septième ordre. — VANADATES.

Dix-huitième ordre. — CHROMATES.

BOTANIQUE ou PHYTOLOGIE

MÉTHODE NATURELLE DE JUSSIEU.

CLASSES.

				CLASSES.
I. ACOTYLÉDONÉES............................				1. Acotylédonie.
II. MONOCOTYLÉDONÉES........		épigynes.....		2. Monoépygynie.
		périgynes....		3. Monopérygynie.
		hypogynes...		4. Monohypogynie.
III. DICOTYLÉDONÉES..	apétales à étamines	hypogynes...		5. Hypostaminie.
		épigynes.....		6. Épistaminie.
		périgynes....		7. Péristaminie.
	monopé-tales à corolle	hypogyne....		8. Hypocorollie.
		périgyne.....		9. Péricorollie.
		épigyne	épico-rollie	10. Synanthérie.
				11. Corisanthérie.
	polypéta-les à étamines	épigynes.....		12. Épipétalie.
		hypogynes...		13. Hypopétalie.
		périgynes....		14. Péripétalie.
	diclines irrégulières....			15. Diclinie.

FAMILLES.   ESPÈCES PRINCIPALES (1).

	FAMILLES.	ESPÈCES PRINCIPALES (1).
ACOTYLÉDO-NÉES.	Algues........	Varech.
	Champignons..	Bolet, agaric.
	Lichens.......	Lichen.
	Fougères......	Capillaire.
	Mousses.......	Mousse.

(1) Les espèces citées dans l'ouvrage sont soulignées.

FAMILLES.	ESPÈCES PRINCIPALES.
MONOCOTYLÉDONÉES.	
Cypéracées	Carex, Souchet.
Graminées	*Froment, seigle, orge, avoine, maïs, riz, canne à* sucre, roseau.
Asparaginées	Asperges, muguet, jonc, salsepareille.
Liliacées	Lis, tulipe, ail, oignon, échalotte, poireau.
Narcissées	Narcisse, perce-neige, ananas.
Iridées	*Safran,* iris, glaïeul, curcuma, gingembre.
Orchidées	Orchis, ophrys, *vanillier.*
DYCOTYLÉDONÉES.	
Aristolochées	Aristoloches, asaret.
Laurinées	Cannelier, camphre.
Polygonées	*Polygonum,* rumex, patience.
Amarantacées	Amarante.
Plantaginées	Plantain.
Primulacées	Primevère, mouron.
Jasminées	Jasmin, *olivier,* lilas,
Labiées	Hysope, sauge, romarin, menthe, lavande, thym, mélisse, lierre.
Solanées	*Pomme de terre, tabac,* belladone, jusquiame.
Boraginées	Bourrache, héliotrope.
Convolvulacées	Liseron, belle de nuit.
Campanulacées	Campanule.
Synanthérées	Chardon, centaurée, laitue, escarole, topinambour, chicorée, salsifis, artichaut, *carthame,* immortelle, dahlia.
Dipsacées	Cardère.
Caprifoliacées	Chèvre-Feuille.
Rubiacées	*Café, garance.*
Ombellifères	Carotte, anis, céleri, cerfeuil, persil, panais, angélique, ciguë.
Crucifères	*Chou,* moutarde, cresson, *caméline,* navet, radis.
Violacées	Violette.
Caryophillées	OEillet.
Renonculacées	Renoncule, ellébore.
Géraniacées	Géranium, capucine, balsamine. — Le *lin* en forme une tribu.
Malvacées	Mauve, guimauve, *cacaoyer, thé, cotonnier.* — La *vigne* en forme une tribu, dont on fait même quelquefois une petite famille sous le nom d'ampélidées.
Rosacées	Rosier, abricotier, prunier, *pommier, poirier,* amandier, cerisier, fraisier.
Légumineuses	Pois, haricot, lentille, trèfle, luzerne, *indigotier,* sainfoin, acacia, baguenaudier, cytise.
Urticées	Mûrier, figuier, *poivrier, chanvre, houblon,* pariétaire, ortie.
Conifères	*Pin,* sapin, mélèze, cèdre, cyprès, if.
Amentacées	Saule, peuplier, bouleau, aulne, charme, *châtaignier, chêne,* noisetier.

ZOOLOGIE

TYPES.	CLASSES.	SOUS-CLASSES.	ORDRES.	FAMILLES ou principaux genres
I. VERTÉBRÉS.	1. Mammifères..	Monodelphes..	primates........	Singe.
			chéiroptères.....	Chauve-souris.
			carnassiers......	*Chien, chat.*
			rongeurs........	*Lièvre, lapin, rat.*
			édentés.........	Pangolin.
			pachydermes....	*Cheval, âne, porc.*
			ruminants	*Bœuf, chèvre, mouton.*
			cétacés	Dauphin, baleine.
		Didelphes		Sarigue.
		Ornithodelphes................		Echidné.
	2. Oiseaux...................		préhenseurs.....	Perroquet.
			rapaces ou ravisseurs.........	Faucon.
			grimpeurs	Pic.
			passereaux ou sauteurs......	Moineau.
			gallinacés ou marcheurs........	*Pigeon, poule, dindon, paon.*
			coureurs........	Autruche.
			échassiers.......	Echasse.
			palmipèdes ou nageurs.........	*Oie, canard.*
	3. Reptiles...................		chéloniens......	*Tortue.*
			sauriens........	*Lézard.*
			ophidiens.......	*Serpent.*
	4. Amphibiens...............		batraciens	Grenouille.
			pseudosauriens..	Protée.
			pseudophidiens..	Cécilie.
	5. Poissons (1)...............		osseux..........	Saumon.
			cartilagineux....	Requin.

(1) Cette division des poissons par Cuvier restera toujours dans la science, comme tant d'autres principes posés par cet éminent naturaliste : mais, quant aux subdivisions, comme aussi pour la classification des mammifères et des oiseaux, nous avons tenu compte des modifications introduites dans la science par de Blainville, Geoffroy-Saint-Hilaire et Duméril.

TYPES	CLASSES	ORDRES	ESPÈCES ou genres principaux
II. ARTICULÉS.	Hexapodes (insectes)	coléoptères......	Hanneton.
		orthoptères.....	Sauterelle.
		hémiptères......	Cigale.
		névroptères.....	Libellule.
		lépidoptères....	Papillon, *bombyx à soie*.
		hyménoptères...	*Abeille*.
		diptères........	Mouche.
		aptères........	Puce.
	Octopodes (arachnides).........		*Araignée*.
	Décapodes.......		Ecrevisse.
	Hétéropodes..... (crustacés)		Lernée.
	Tétradécapodes...		Cloporte.
	Myriapodes..................	Les subdivisions	*Iule*.
	Malacopodes.....	de ces classes en	Péripate.
	Chétopodes...... (annélides)..	ordres exige-	Néréide.
	Apodes..........	raient des détails	Sangsue.
III. MOLLUSQUES	Céphalopodes.................	qui ne peuvent	Sèche.
	Gastéropodes.................	être donnés dans	Limace.
	Ptéropodes..................	cet ouvrage spé-	Clio.
	Brachiopodes................	cialement desti-	Lingule.
	Acéphales...................	né à l'histoire	*Huître*, moule.
	Cirrhopodes.................	naturelle, non	Anatife.
IV. RAYONNÉS	Helminthes..................	dans sa théorie,	Ténia.
	Echinodermes................	mais dans ses	Astérie.
	Malacodermes................	applications.	Méduse.
	Actinies....................		Zoanthe.
	Polypes.....................		*Eponge*.
	Infusoires..................		Monade.

TABLE

Bayonne. — Imprimerie Lamaignère, rue Chegaray, 39.